FRANÇOIS MICHEL

LE TOUR DE FRANCE DU LITTORAL

Regard d'un géologue

Dépôt légal : mai 2020
ISBN : 978-2-603-02687-8

Préparation et relecture :
Claire Lemoine

Conception graphique et mise en page :
Justeciel et Justine Gagnaire

Responsable éditorial :
Stéphanie Zweifel

Assistante d'édition :
Mathilde Blanchard

Fabrication : Nathalie Voyer

Photogravure : Chromostyle

Achevé d'imprimer en mars 2020
par DZS Grafik, d.o.o. (Slovénie).

FSC
www.fsc.org
MIXTE
Papier issu de sources responsables
FSC® C112556

LE TOUR DE FRANCE DU LITTORAL

Regard d'un géologue

DELACHAUX ET NIESTLÉ

brgm
Géosciences pour une Terre durable

SOMMAIRE

L'ESPACE LITTORAL

LE LITTORAL DU BASSIN PARISIEN

LE LITTORAL DU MASSIF ARMORICAIN

LE LITTORAL DU BASSIN AQUITAIN

LE LITTORAL DU BASSIN MÉDITERRANÉEN

LES LITTORAUX D'OUTRE-MER

IMPACTS DU CLIMAT SUR LE LITTORAL

Plage des Grands Sables, île de Groix (Morbihan).

L'ESPACE LITTORAL

Plages, dunes, falaises, chaos de rochers, lagunes, deltas ou estuaires : tel se présente le littoral, ce trait de côte qui découpe la France à l'emporte-pièce dans une extraordinaire diversité de roches et de paysages ! Mers et océans lui font face, plus ou moins agités par les marées, les vagues et les courants. La remontée des eaux depuis la dernière glaciation lui a conféré sa silhouette actuelle.

1

2

5

Un pied dans l'eau, un pied sur terre

Environ 5 850 kilomètres de côtes jalonnent la France métropolitaine sur plus de la moitié de son pourtour et plusieurs milliers de kilomètres pour l'ensemble des départements, régions et collectivités d'outre-mer (DROM-COM). Suivre le sentier des douaniers, quitter la falaise pour rejoindre la plage puis les dunes, traverser l'estuaire, observer les oiseaux de la baie, arpenter le marais, « dorer » sur le sable à la lumière de l'été, construire un château éphémère que la marée détruira, admirer un coucher de soleil…

Petits ports de pêche blottis au fond d'une crique, métropoles urbaines et portuaires tournées vers le large, villes historiques d'où partaient marins et capitaines, villas résidentielles ou campings des flots bleus, digues et polders…

Plus de 7 millions de personnes résident dans les communes du littoral, territoire de plus en plus urbanisé. Espace emblématique et ludique aux multiples attraits, le littoral attire chaque année environ 35 millions d'estivants. Domaine dynamique et convoité, mais fragile et soumis à diverses agressions, les unes naturelles, les autres anthropiques : richesse géologique et patrimoniale à découvrir et à protéger !

Une grande diversité de paysages

Interfaces mobiles entre la terre et l'eau, les rivages vivent et se métamorphosent en fonction d'une multitude de contextes et de paramètres, les uns liés à la nature géologique et rocheuse des sous-sols, les autres dépendant principalement des dynamiques océaniques et climatologiques. Ils dessinent alors quelques grandes familles de morphologies et de paysages que sont les plages et les dunes qui les dominent, les côtes rocheuses à falaises, les chaos, les marais et les lagunes, ainsi que les embouchures des fleuves, estuaires et deltas, sans oublier, sous des cieux outremer : barrières de corail, mangroves, coulées volcaniques ou rivages englacés.

3

4

6

7

8

1. *Plage et lagune de la pointe des Châteaux (Guadeloupe).*
2. *La falaise de flysch de la corniche des Basques (Pyrénées-Atlantiques).*
3. *Le chaos granitique de Brignogan (Finistère).*
4. *Le port du Bec, dans la baie de Bourgneuf (Vendée).*
5. *La plage de Biscarrosse (Landes).*
6. *Plage de sable corallien et lagon sur l'atoll de Rangiroa (Polynésie française).*
7. *Le littoral très urbanisé du Grau-du-Roi (Gard).*
8. *Calotte glaciaire en bord de mer : le littoral de la terre Adélie (Terres australes et antarctiques françaises [TAAF]).*

Le trait de côte : une ligne qui bouge

Le littoral est cette ligne mouvante, trait d'union qui marque la triple frontière entre la terre, la mer et l'air. Ces trois composantes modulent son aspect et façonnent les paysages sous contrôle des changements climatiques qui, depuis toujours, animent et dessinent la géographie de la planète. Un atlas n'est-il pas en premier lieu celui des traits de côte ? N'était-ce pas d'ailleurs le travail des premiers géographes embarqués à bord des navires, que de dessiner les contours des terres inconnues ? Avec le temps, les rivages évoluent au fil des années ou de périodes beaucoup plus longues, mais aussi parfois lors d'une seule tempête. Question changement, sans remonter très loin dans le temps, il y a seulement 18 000 ans, le niveau des mers et des océans se situait environ 120 mètres plus bas qu'aujourd'hui. La Manche était alors un domaine continental, couvert de steppes drainées par la Seine et ses affluents. Cette remontée très rapide du niveau marin depuis la fin de la dernière glaciation conditionne aujourd'hui l'aspect du littoral, et l'histoire continue…

LE LITTORAL

reflet de la géologie

La France présente une extraordinaire diversité de morphologies littorales recoupant ses grands domaines géologiques. À chaque secteur côtier s'accroche un paysage sous-tendu par un substrat rocheux qui lui confère son cachet pittoresque. Suivre les rivages depuis Bray-Dunes jusqu'à Bonifacio, ainsi que ceux des régions d'outre-mer, procure un dépaysement permanent parsemé de transitions étonnantes.

À chacun de ces territoires correspond une nature géologique complexe plus ou moins ancienne ou récente, que la côte souligne de façon explicite. Un rivage se construit par addition ou par soustraction : dépôts et plages qui colmatent, d'une part, érosion qui décape, d'autre part, et permet d'identifier la nature du sous-sol ! Pour le géologue, le littoral constitue un observatoire privilégié pour décoder quelques grands chapitres de l'histoire géologique de la France, en particulier quand il recoupe et incise les structures rocheuses en place, provoquant leur affleurement et une lisibilité sans cesse renouvelée.

Les falaises crayeuses d'Étretat (Seine-Maritime).

Les roches volcaniques anciennes de la presqu'île de Scandola (Corse).

Une grande diversité d'entités géologiques

Un simple coup d'œil sur la carte géologique de la France permet d'en distinguer les grandes unités et de constater que bon nombre d'entre elles débouchent sur les côtes, dont elles constituent le fil directeur. Lire la géologie du littoral ne peut pas s'envisager sans connaître son contexte régional et local, et, par là même, le domaine géologique auquel il appartient. C'est dans ce but que la partie « découvertes géologiques » de ce guide s'organise en fonction des principales régions qui structurent la France et propose pour chacune une introduction générale : Bassin parisien et Flandre, Massif armoricain, Bassin aquitain, Bassin méditerranéen, et outre-mer.

Le Massif armoricain ainsi qu'une grande partie de la Côte d'Azur et de la Corse héritent principalement de l'histoire hercynienne au Paléozoïque, période qui a vu se préparer et se soulever une immense chaîne de montagnes avec son cortège de roches magmatiques et métamorphiques. À la fin du Paléozoïque, toutes les terres, ou presque, étaient rassemblées en un continent unique : la Pangée.

Les autres grands domaines littoraux correspondent à des bassins sédimentaires – parisien, aquitain et provençal – qui se sont développés au Mésozoïque et au Cénozoïque, périodes pendant lesquelles leurs territoires étaient le plus souvent immergés, dans des mers plus ou moins profondes, sièges de dépôts sédimentaires.

Quant aux montagnes et reliefs d'origine plus récente – chaîne pyrénéo-provençale et Alpes –, ils affleurent sur des portions plus délimitées des littoraux : Pays basque, Albères, Languedoc, Provence, région niçoise et cap Corse.

Les régions ultramarines sont, pour la plupart d'entre elles, de nature volcanique et situées en eaux chaudes, localement frangées de récifs coralliens ou de mangroves, ce qui, en de nombreux secteurs, conditionne la nature et l'aspect de leurs rivages. D'autres subissent un climat très froid, voire polaire, comme les Kerguelen ou la terre Adélie : autres latitudes, autres rivages…

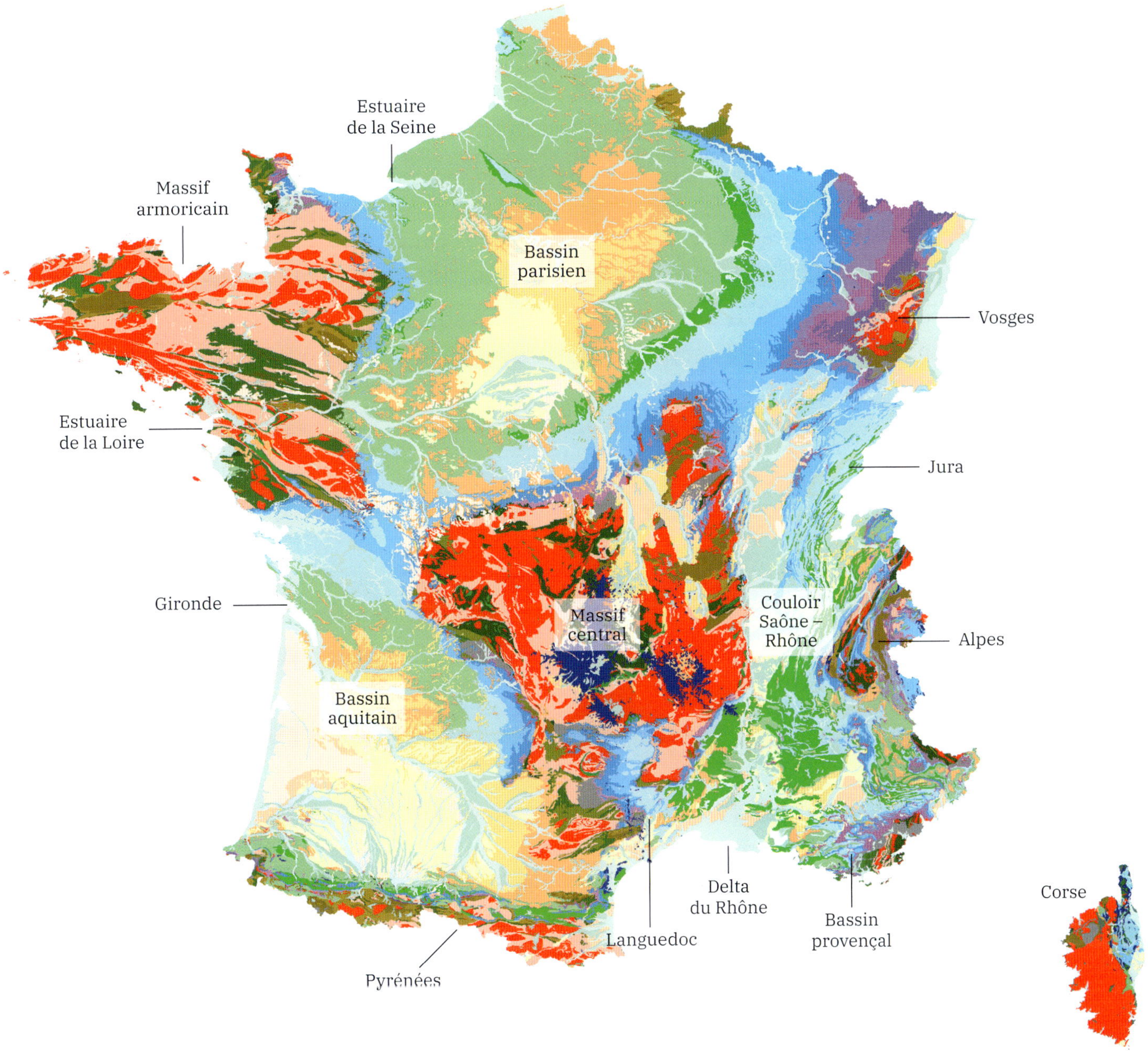

La plage des Sables-Vignier, à Oléron (Charente-Maritime), repose sur un socle crétacé, visible sur l'estran à marée basse.

Carte géologique de la France à 1/1 000 000.

Document de synthèse de la nature des sous-sols, la carte géologique permet d'identifier les grands domaines qui structurent la France et dont bon nombre sous-tendent un secteur du littoral:

- *massifs anciens: Massif central, Massif armoricain, Vosges et Corse, sans compter quelques entités plus délimitées au sein des Alpes et des Pyrénées ;*
- *grands bassins sédimentaires: Bassin parisien, Bassin aquitain et Bassin provençal soulevé et plissé ;*
- *montagnes récentes: Pyrénées, Jura, Alpes et nord-est de la Corse ;*
- *couloir Saône-Rhône débouchant sur la Camargue ;*
- *grandes embouchures: estuaires de la Seine, de la Loire, Gironde, et delta du Rhône.*

MER OU OCÉAN ?

Peuple de la mer, les Grecs de l'Antiquité imaginaient que, chaque soir, le Soleil se couchait derrière l'horizon pour féconder la Terre et faire naître un jour nouveau !

Nous l'appelons Terre, mais elle aurait pu se nommer planète Mer avec 71 % de sa surface couverte d'eau, dont le volume est évalué à 1,4 milliard de kilomètres cubes – 97 % d'eau salée et 3 % d'eau douce aujourd'hui principalement sous forme de glace.

La quantité de glace stockée dans les inlandsis change tout quant au visage de la Terre à une période donnée de son histoire ! Si toutes les glaces venaient à fondre, le niveau moyen des mers et des océans pourrait monter d'environ 60 à 70 mètres. Une très grande partie de l'Europe et des autres continents serait alors sous l'eau ! Si une glaciation analogue à la dernière venait à nouveau s'installer sur la planète, le niveau des mers et des océans baisserait de plus de 100 mètres, ce qui provoquerait l'émergence de grandes surfaces continentales aujourd'hui immergées.

La mer s'en vient, la mer s'en va !

La presque totalité de l'eau de la Terre est répartie dans les océans, dont la profondeur moyenne voisine 3 800 mètres, avec un record à – 11 000 mètres dans la fosse des Mariannes, au large des Philippines, dans le Pacifique. Il n'en va pas de même pour la Manche ou la mer du Nord, dont les profondeurs sont presque partout inférieures à 200 mètres : ce ne sont que de simples « flaques d'eau » à la surface du continent européen ! On les qualifie de « mers épicontinentales ». Par contre, la Méditerranée – étymologiquement « la mer au milieu des terres » – est un véritable océan, avec un fond constitué de croûte océanique.

Alors que les mers épicontinentales recouvrent des espaces continentaux principalement composés de granites et autres roches associées, les océans

La Manche, mer épicontinentale : une simple « flaque d'eau » à la surface du continent. Le phare de Saint-Valery-en-Caux (Seine-Maritime).

La Corse, un petit continent – corso-sarde – isolé dans l'océan Méditerranée.

reposent sur un plancher océanique de nature basaltique : ce sont deux domaines foncièrement différents de la croûte terrestre par leur nature et par leur densité. Les océans s'ouvrent et se ferment au gré de la tectonique des plaques, alors que les mers épicontinentales vont et viennent, avancent et reculent à la surface des continents – transgressions/régressions – principalement au rythme des évolutions climatiques et des glaciations. Ces dernières monopolisent plus ou moins d'eau sous forme de glace et jouent ainsi de façon très importante sur les niveaux d'eau et, par voie de conséquence, sur le dessin de la carte géographique du monde et de ses rivages.

Les océans s'ouvrent et se ferment !

Entraînés par les mouvements de convection qui animent le manteau terrestre, les fonds océaniques s'ouvrent par accrétion de roches volcaniques – basalte – le long des lignes médio-océaniques qui les parcourent en profondeur sur 60 000 kilomètres de longueur. C'est ce qu'il se passe au milieu de l'Atlantique entre la France et l'Amérique du Nord : le domaine océanique s'y élargit à une vitesse moyenne d'environ 2 cm/an. New York s'éloigne de Brest ! Les limites continentales liées à des ouvertures océaniques sont qualifiées de marges passives car, dans leur ensemble, peu sensibles aux séismes, ce qui est le cas de la France métropolitaine.

En compensation des ouvertures, d'autres secteurs des fonds océaniques du monde disparaissent au niveau des zones de subduction – fosses profondes –, où ils plongent dans les profondeurs du manteau, engendrant séismes et volcanisme violent.
C'est ce qu'il se passe en Indonésie, dans les Caraïbes ou le long de la « ceinture de feu » du pourtour du Pacifique : on parle alors de marges actives ; tel est le cas des Antilles, par exemple.

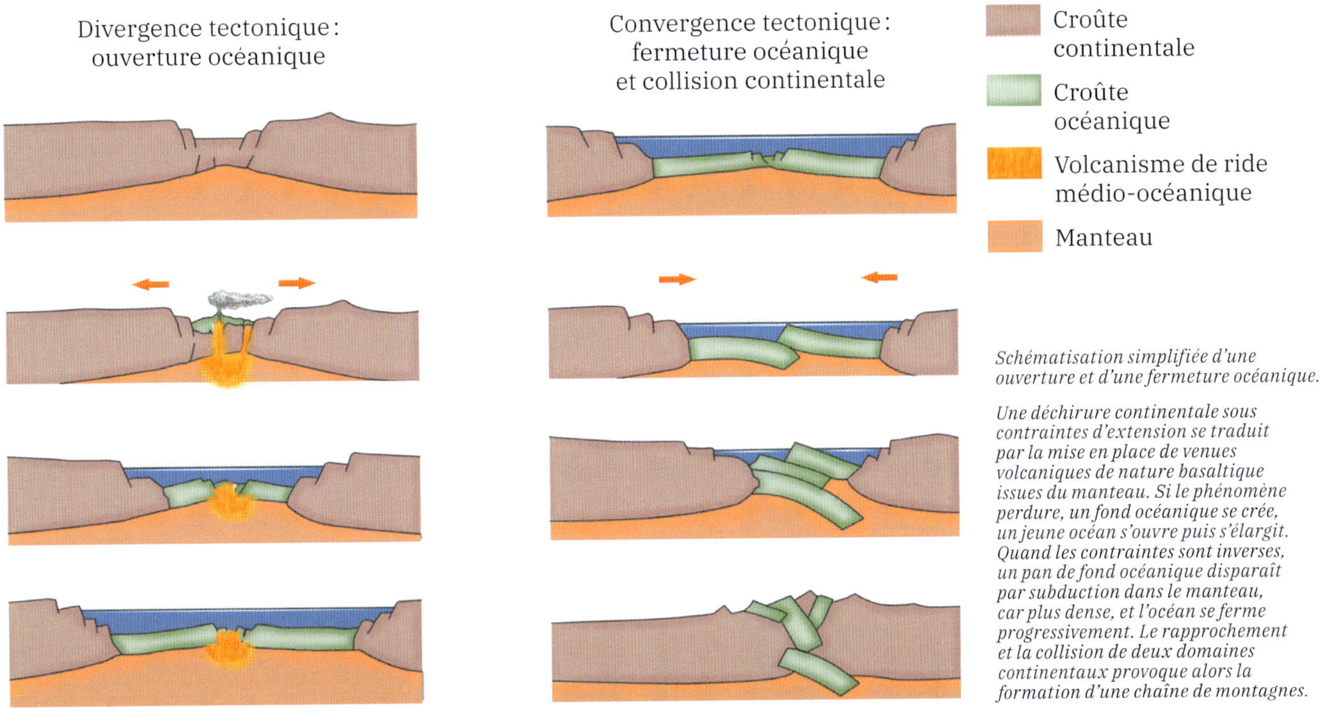

Schématisation simplifiée d'une ouverture et d'une fermeture océanique.

Une déchirure continentale sous contraintes d'extension se traduit par la mise en place de venues volcaniques de nature basaltique issues du manteau. Si le phénomène perdure, un fond océanique se crée, un jeune océan s'ouvre puis s'élargit. Quand les contraintes sont inverses, un pan de fond océanique disparaît par subduction dans le manteau, car plus dense, et l'océan se ferme progressivement. Le rapprochement et la collision de deux domaines continentaux provoque alors la formation d'une chaîne de montagnes.

Séparée du continent par l'ancienne vallée terrestre du pertuis d'Antioche, aujourd'hui vallée sous-marine, Oléron (Charente-Maritime) appartient au domaine du plateau continental et n'est une île que depuis quelques milliers d'années.

Mers et océans autour de la France

Pour trouver la véritable limite géologique du continent européen, il faut tourner notre regard vers l'ouest, vers l'Atlantique. Au large du Finistère, une zone moyennement pentue prolonge la Bretagne sur plus de 100 kilomètres jusqu'à la courbe de niveau – 200 mètres. C'est le plateau continental, qui était en grande partie émergé lors de dernière glaciation. Cette profondeur de – 200 mètres correspond à une zone de rupture du relief sous-marin où le talus continental, en quelques kilomètres, fait passer les fonds de – 200 à – 4 000 mètres, véritable limite du domaine continental. Ce talus correspond à un système de failles et amorce un changement radical dans la nature des roches de la croûte terrestre sous-jacente. Granites, gneiss et roches sédimentaires du continent cèdent la place aux basaltes des fonds océaniques, le tout généralement recouvert de dépôts sédimentaires plus ou moins récents.

Ouessant, Groix, Belle-Île, Yeu, Ré ou Oléron ne sont des îles que depuis très peu de temps, tout au plus quelques milliers d'années ! Cela ne procède que d'un hasard de hauteur d'eau. Elles appartiennent au domaine continental. Quant à Noirmoutier, peut-on vraiment parler d'île ? Le passage du Gois la rattache deux fois par jour à son arrière-pays.

Alors que le plateau continental s'étend sur une grande largeur à l'ouest de la Manche, en mer d'Iroise, son extension se réduit progressivement face aux Landes pour quasiment disparaître au fond du golfe de Gascogne – Pays basque –, en particulier au niveau du gouf de Capbreton, gorge sous-marine en accès direct sur les abîmes océaniques.

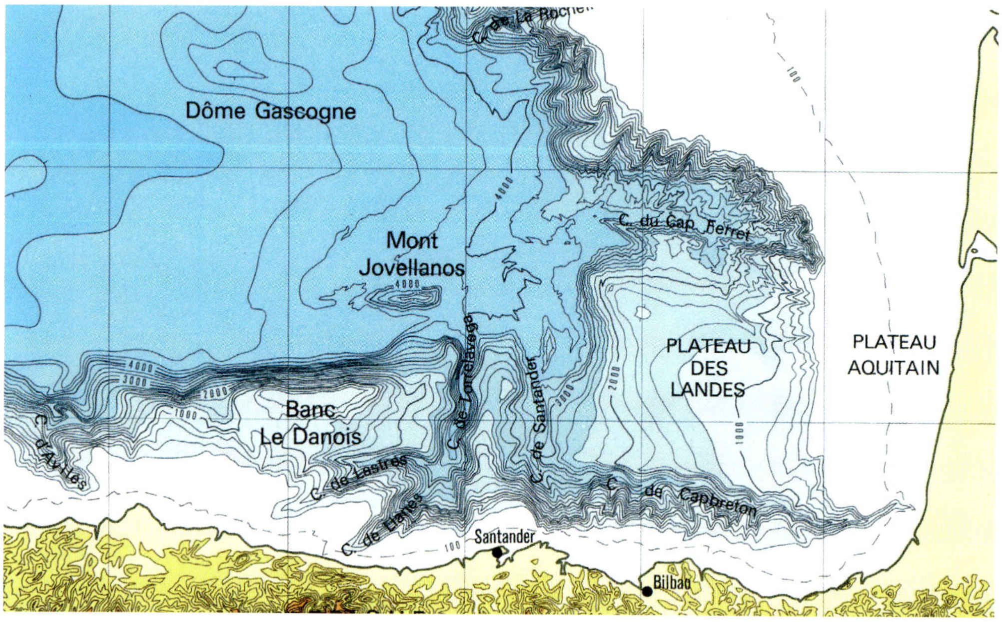

Répartition du plateau continental et des fonds océaniques profonds au niveau du golfe de Gascogne : une morphologie sous-marine héritée de la rotation du bloc ibérique lors de l'ouverture de l'Atlantique et préalablement à la surrection des Pyrénées. Extrait de la carte bathymétrique de la marge continentale de l'ouest de la France.

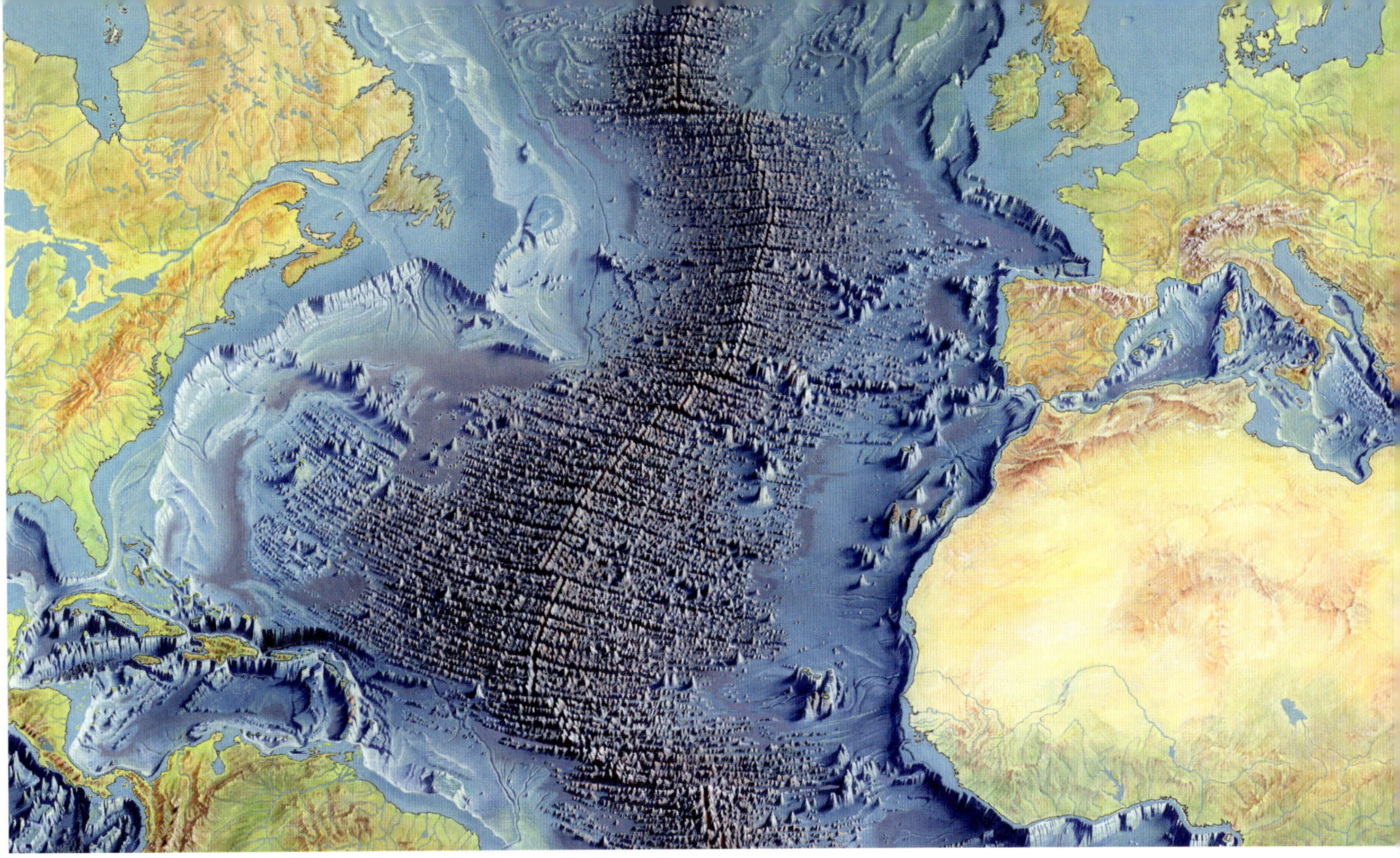

Cette carte des fonds marins du domaine nord-atlantique permet d'identifier :
- *le domaine océanique profond de l'Atlantique, parcouru par la ligne médio-océanique qui s'ouvre à une vitesse moyenne d'environ 2 cm/an, et où se forment et divergent des fonds océaniques de nature basaltique ;*
- *les marges passives qui le bordent ;*
- *l'océan Caraïbe, l'arc des Antilles et la marge active qui le délimite ;*
- *l'échancrure du golfe de Gascogne à – 5 000 mètres ;*
- *le domaine continental, dont les limites s'étendent plus ou moins sous la mer – plateau continental – jusqu'au talus continental ;*
- *les mers épicontinentales de la Manche et de la mer du Nord, simples plans d'eau sur le continent européen ;*
- *le domaine océanique profond de la Méditerranée.*

Pur produit de la tectonique des plaques, le golfe de Gascogne s'est formé il y a une centaine de millions d'années par dérive – rotation antihoraire – de la péninsule Ibérique, en relation avec l'ouverture de l'océan Atlantique. Cette migration tectonique de l'Espagne-Portugal est par ailleurs à l'origine de la formation des Pyrénées.

Dans le golfe du Lion, en Méditerranée, le plateau continental s'étend au sud du Languedoc sur une surface délimitée par une ligne qui va des Pyrénées orientales aux calanques de Marseille. Beaucoup plus chaotique que celui de la façade atlantique, il est haché par un important système de failles, structure résultant de l'ouverture de la Méditerranée occidentale. Plus à l'est, sur la Côte d'Azur, le plateau continental disparaît et les reliefs tombent très rapidement sous la mer face au Bassin liguro-provençal.

La Corse et la Sardaigne, à la différence des îles de la façade atlantique, forment un petit continent – le continent corso-sarde – détaché et isolé du sud de la France par l'ouverture océanique du Bassin ligure, il y a entre – 25 et – 15 millions d'années. Il en va de même pour les Baléares face à la Catalogne.

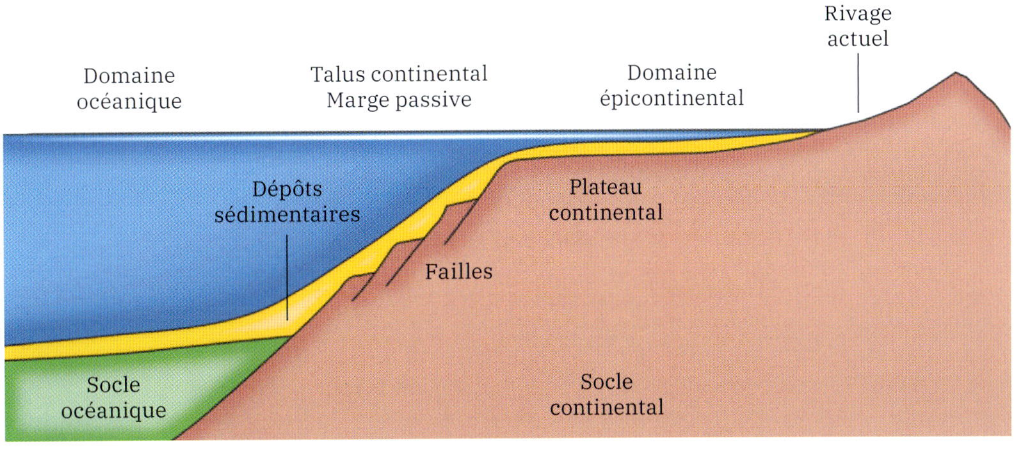

Structure géologique simplifiée montrant la transition entre le domaine océanique et le domaine continental au niveau d'un talus continental.

DES EAUX
fraîches et salées

Au début de son histoire, la Terre ne portait pas d'eau libre.

L'origine de l'eau de mer, libre à la surface de la Terre, nous fait remonter aux débuts de l'histoire de la planète. Née d'une masse rocheuse en fusion, la Terre d'origine ne portait pas d'eau libre. Pendant des millions d'années, des événements volcaniques sans rapport avec ceux que nous connaissons aujourd'hui, beaucoup plus importants et omniprésents, ont dégagé d'immenses quantités de gaz dont la vapeur d'eau, créant ainsi une atmosphère très épaisse et très humide autour de la planète. L'eau pourrait aussi être, tout du moins en partie, d'origine extra-terrestre et avoir été apportée au cours du bombardement de la Terre par des comètes de glace. Aujourd'hui encore, la communauté scientifique n'est pas unanime sur ces hypothèses.

Au fil des millions d'années, la planète allait en se refroidissant progressivement, et la vapeur commença de se condenser : premières pluies, premières flaques d'eau ! Le phénomène s'intensifia sous forme d'un déluge incessant qui dura plusieurs centaines de millions d'années. Au début, les eaux marines n'étaient pratiquement pas salées.

L'addition est salée !

Ce n'est pas un scoop, l'eau de mer est salée, en particulier par le chlorure de sodium, de formule NaCl, à raison de 35 grammes de sel en moyenne par litre, ce qui la rend impropre à notre consommation. Sa composition chimique est relativement constante, avec 55 % de sodium, 31 % de chlorures, 8 % de sulfates, 4 % de magnésium, 1 % de calcium et 1 % de potassium. Ce cocktail salé s'est peu à peu concocté par dissolution et ruissellement – lessivage – de certains éléments chimiques des fonds océaniques et d'autres, contenus dans les roches à la surface des reliefs puis apportés en mer par les rivières et les fleuves, ou encore éventuellement d'origine extra-terrestre. Cette salinité est stable depuis très longtemps, les nouveaux apports étant compensés par des pertes équivalentes : précipitations, dépôts après évaporation, réactions chimiques...

Coulée de lave à la Réunion, qui évoque le contexte d'origine de la Terre.

Dépôts de sel laissés par l'évaporation de l'eau de mer en bordure d'une lagune en Camargue (Bouches-du-Rhône).

Atlantique ou Méditerranée ?

On évalue à 3,5 °C la température moyenne des eaux océaniques de la planète sur l'ensemble de la tranche d'eau (3 800 mètres), valeur moyenne froide qui peut étonner mais qui tient compte des eaux polaires et des eaux des grandes profondeurs. En surface, la température de l'eau peut varier de – 1,8 °C en Arctique à + 35 °C dans le golfe Persique.

Sur la façade atlantique du littoral français, les eaux bénéficient du courant tiède de la dérive nord-atlantique qui prolonge le Gulf Stream et se divise en deux bras en face de la Bretagne. L'un se dirige vers la Manche et l'autre descend vers le golfe de Gascogne, ce qui explique la relative douceur des eaux en comparaison de celles de l'embouchure du Saint-Laurent, au Canada, à la même latitude.

Sur la côte atlantique, la température de l'eau oscille entre 7 et 8 °C en hiver et de 16 à 17 °C en été avec quelques pointes à 18 °C, voire 20 °C pour les plus belles journées. Sur la côte méditerranéenne, les eaux sont plus chaudes, avec des variations de moyennes entre 12 °C en hiver et 22 à 23 °C en été. Sauf très rares exceptions – et hormis dans les Terres australes et antarctique (TAAF) – la mer ne gèle pas sur le littoral de France. Ce fut cependant le cas en Manche lors de l'hiver 1962 – 1963.

Immensité océanique sur la façade atlantique.

La plage de Wimereux (Pas-de-Calais) en 1905. La mode des bains de mer débuta au milieu du XIXe siècle, en particulier grâce aux progrès du chemin de fer.

ELLE MONTE, ELLE DESCEND

la marée

Le port de Barfleur à marée basse et à marée haute (Manche).

Depuis toujours, la marée conditionne la vie des marins qui attendent la pleine mer pour entrer ou sortir du port. Deux fois par jour, la mer monte pour redescendre un peu plus de six heures après. Flux, ou flot, et reflux, ou jusant, rythment ainsi les rivages de l'Atlantique alors qu'ils ne se perçoivent pratiquement pas sur les côtes françaises de Méditerranée – mais peuvent cependant atteindre plus de 2 mètres dans le golfe de Gabès en Tunisie.

Pourquoi les marées ?

La marée, variation de hauteur du niveau d'eau des océans et des mers, sous forme d'une onde périodique qui se propage, résulte de l'attraction universelle causée conjointement par la Lune et le Soleil et impactée par la rotation de la Terre, les courants et les contextes littoraux locaux.

Découverte par Isaac Newton à la fin du XVIIe siècle, la loi de la gravitation universelle – la pomme qui tombe sur le sol – peut s'énoncer ainsi : deux corps en présence s'attirent mutuellement en fonction de leur masse et inversement au carré de la distance qui les sépare. Quand un astre passe en face d'un point, il en attire la matière, et ceci d'autant plus facilement qu'elle est déformable, gazeuse ou liquide.

Ainsi donc, les actions conjuguées de la Lune, dont le rôle est prépondérant car proche de la Terre, et du Soleil, de très forte masse, déforment régulièrement, lors de leur passage, les enveloppes terrestres gazeuses, liquides mais aussi solides. Les marées atmosphériques déforment l'atmosphère et jouent sur la pression de l'air. Les marées terrestres soulèvent le sol de quelques centimètres.

La mer est haute quand la Lune passe à l'aplomb d'un point considéré. Au même moment, elle est également haute aux antipodes, alors qu'elle est basse dans les deux directions perpendiculaires. Quand la Lune et le Soleil sont alignés avec la Terre, les deux forces d'attraction s'additionnent et la mer monte plus haut que d'habitude, donnant une marée de vive-eau. Deux cas peuvent alors se présenter. Soit les deux astres sont du même côté de la Terre : on a alors une conjonction de nouvelle lune. Soit les deux astres sont de part et d'autre de la Terre : on a alors une opposition de pleine lune. À l'inverse, quand la Lune, le Soleil et la Terre dessinent un triangle, les attractions se contrarient pour donner une marée de morte-eau, de faible coefficient. La Lune s'éloignant de la Terre de 3,8 cm par an, les marées étaient plus importantes dans des temps reculés, quand l'astre de la nuit était plus proche de nous !

À propos des marées

Douze heures et vingt-cinq minutes séparent deux marées hautes, ce qui provoque un décalage horaire quotidien d'une petite heure correspondant au rapport entre la durée du jour – vingt-quatre heures – et le cycle de rotation de la Lune – vingt-huit jours – autour de la Terre.

Le marnage – amplitude altimétrique de la marée – est la hauteur de la dénivellation entre la basse mer et la haute mer pour une marée donnée. Il varie en fonction des jours et des lieux. Ces variations dépendent de nombreux facteurs qui viennent s'ajouter ou contrecarrer les effets de la Lune et du Soleil : courants marins locaux, fond de baie, présence ou non d'un plateau continental, pression atmosphérique, force du vent, etc., ce qui explique qu'avec une force d'attraction quasiment identique, la marée peut être différente pour deux points relativement rapprochés. À une marée de 12 mètres à Saint-Malo, il peut correspondre un marnage de 9 mètres dans le nord du Finistère et de 6 mètres à Cherbourg. Le plus fort marnage de France se situe dans la baie du mont Saint-Michel avec un dénivelé maximal de 14 mètres, contre 16 mètres maximum dans la baie de Fundy au Canada, le record du monde. Chaque marnage est notifié par un indice : le coefficient de marée, qui varie de 20 pour la marée la plus faible possible à 120 pour les très grandes marées dites « du siècle ». Les marées d'équinoxe, grandes marées, ont lieu tous les six mois, aux alentours du 21 septembre et du 21 mars – dates des deux équinoxes – car le Soleil est alors situé dans le plan de l'équateur terrestre.

On appelle « estran » ou « zone de balancement des marées » la surface alternativement couverte et découverte par la marée. Cette surface dépend à la fois de la pente du rivage et du marnage. Dans un fond de baie très peu pentu, la mer peut se retirer sur plusieurs kilomètres.

LA MARÉE DU SIÈCLE

La dernière grande marée du siècle a eu lieu le 21 mars 2015 dans la baie du mont Saint-Michel, avec un marnage de 14,15 m, soit l'équivalent d'un immeuble de 5 étages ! Par comparaison, une semaine plus tard, le 28 mars, le marnage de la marée de morte-eau montrait dans le même secteur un marnage de 4,25 m. Les prochaines marées du siècle – car en réalité, elles ont lieu plusieurs fois par siècle – auront lieu le 3 mars 2033 et le 14 mars 2051.

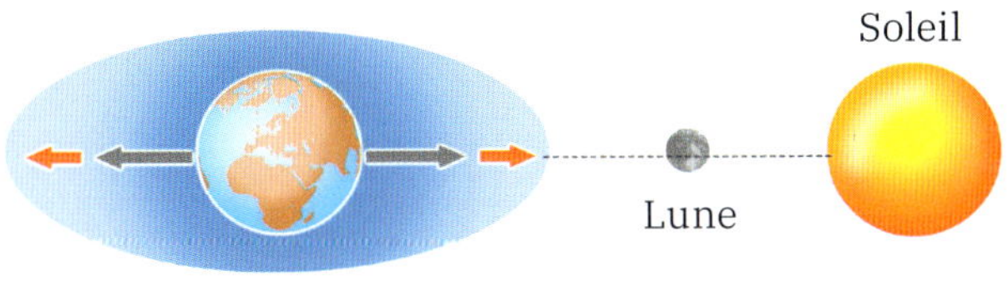

Marée de vive-eau.

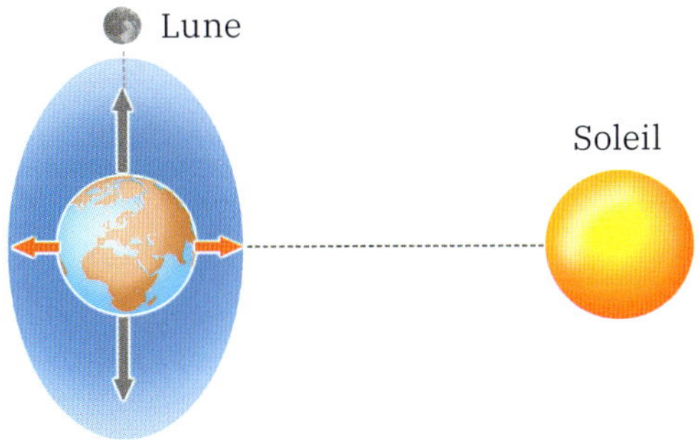

Marée de morte-eau.

Schéma simplifié du phénomène de marées.

Du fait de la faible pente, la mer se retire sur une dizaine de kilomètres lors des grandes marées basses dans la baie de Saint-Brieuc (Côtes-d'Armor).

Des marées très particulières

L'influence des astres est diminuée ou amplifiée par de nombreux facteurs locaux, à tel point que certains lieux de pleine mer sont soumis à des contraintes qui s'annulent entre elles : la marée y est nulle. Ce sont des points amphidromiques, comme celui situé au milieu de la mer du Nord à mi-chemin entre la Hollande et l'Angleterre.

Autre marée singulière, celle de Tahiti a longtemps posé question aux marins, car la mer y est haute de façon très régulière deux fois par jour à midi et à minuit, en phase avec le Soleil, indépendamment de toute logique lunaire. Tahiti se trouve à un point central de bascule de l'attraction lunaire. L'eau s'y balance d'un côté puis de l'autre, mais reste fixe par rapport à ce point, comme lorsqu'on imprime un mouvement de bascule à l'eau d'une cuvette. En un tel point, seul le Soleil exerce son attraction, provoquant une montée des eaux au zénith à midi, et aux antipodes du zénith à minuit. La marée y dure exactement six heures avec des basses eaux au lever et au coucher du Soleil.

Alors que les marées sont relativement faibles en Méditerranée, elles peuvent cependant parfois prendre une amplitude particulière en hiver, notamment au fond du golfe de l'Adriatique, et provoquer l'*acqua alta* à Venise.

Les moulins de marée

Un moulin de marée est un moulin à eau qui utilise le dénivelé du marnage pour entraîner sa roue. Le moulin est installé sur une digue qui délimite un bassin fermé muni de vannes. Quand la mer monte, les vannes sont ouvertes et l'eau pénètre dans le bassin. À marée haute, on ferme les vannes d'entrée d'eau de façon à conserver l'eau dans le bassin. Puis la mer descend. Quand la mer est suffisamment basse, on ouvre la vanne de la roue du moulin. Le bassin se vide et son eau, par différence de hauteur, se déverse dans la mer en actionnant la roue. De nombreux moulins de marée jalonnent les côtes bretonnes, dont ils constituent une richesse patrimoniale. C'est sur ce même principe que fonctionne l'usine marémotrice de la Rance entre Dinard et Saint-Malo.

*Place Saint-Marc. Lors de l'*acqua alta*, la ville est en grande partie inondée (Venise, Italie).*

Le moulin de marée de l'île d'Arz dans le golfe du Morbihan.

Altitude zéro ! Le marégraphe De marseille

Posséder un niveau de référence « zéro » pour connaître l'altitude des reliefs terrestres est depuis toujours une nécessité géographique et technique. Pour la France, ce niveau est déterminé par le marégraphe installé depuis 1884 à Marseille, sur la corniche. Il est constitué d'un flotteur au fond d'un puits de tranquillisation, où l'eau de mer pénètre mais totalement atténuée des mouvements de la houle et des vagues. Le flotteur monte et descend en fonction de la marée, qui est très faible à Marseille : environ 30 centimètres en moyenne. Il est relié par un câble à un appareil, le marégraphe, qui enregistre les variations de la hauteur – marégramme – et permet d'en calculer le niveau médian, lequel sert de point zéro de référence d'altitude pour l'ensemble de la France. Ce marégraphe historique est aujourd'hui secondé par un marégraphe numérique équipé d'un télémètre mesurant en permanence la hauteur d'eau.

Le flotteur dans le puits du marégraphe de Marseille (Bouches-du-Rhône).

LES ÉCLUSES À POISSONS

Construite pour piéger les poissons à la marée descendante, une écluse à poissons est constituée d'un muret en pierres sèches dressé sur un estran rocheux et disposé en forme de fer à cheval ouvert vers le haut. Lorsque la mer monte, elle submerge la structure et remplit le bassin d'eau, poissons compris. À marée descendante, ceux-ci se font piéger par l'enceinte du mur. Il suffit alors, pour récupérer la pêche, de vidanger l'écluse au moyen d'une ou plusieurs vannes, petites passes prévues à cet effet car munies de grilles de façon à évacuer l'eau sans laisser s'échapper les poissons.

Écluse à poissons sur l'estran en contrebas du phare de Chassiron, île d'Oléron (Charente-Maritime).

TRANSGRESSION

régression

Si toutes les glaces des inlandsis des domaines polaires venaient à fondre, le niveau des mers et des océans monterait d'environ 60 à 70 mètres (ci-dessus, le littoral antarctique).

Le dépôt des sables de Fontainebleau, au sud de l'Île-de-France, date de la dernière avancée marine sur le cœur du Bassin parisien, il a 30 millions d'années.

Intersection entre le relief continental et la surface de la mer, le trait de côte évolue au fil des années, des siècles, des milliers et des millions d'années. Quand le niveau des mers s'élève, ou parfois que le continent s'affaisse, l'eau envahit un domaine qui était précédemment exondé : on parle de transgression. À l'inverse, quand la mer se retire d'un territoire, on parle de régression. On qualifie d'eustatisme les variations du niveau marin, sur lesquelles impactent différents facteurs à plus ou moins court ou moyen terme – glaciations, température des masses d'eau –, et à beaucoup plus long terme – tectonique des plaques, avec les changements de dimensions et de volume des bassins océaniques.

Climat et hauteur d'eau !

Lors d'une période générale glaciaire, une partie de l'eau de la planète est mobilisée sous forme de glace à la surface des continents des régions polaires, comme sur l'Antarctique ou le Groenland aujourd'hui. Attention ! Le pôle Nord, quant à lui, est un domaine marin où la banquise ne fait que de l'ordre de 2 mètres d'épaisseur, alors qu'on mesure une calotte de glace – inlandsis – d'environ 2 kilomètres d'épaisseur moyenne sur l'Antarctique.

Lors du dernier maximum glaciaire, le niveau des mers et des océans était environ 120 mètres plus bas qu'aujourd'hui. Les mers épicontinentales comme la Manche ou la mer du Nord n'existaient pas. À l'inverse, si toutes les glaces des inlandsis actuels venaient à fondre, le niveau moyen des mers monterait d'environ 60 à 70 mètres, phénomène alliant alors le volume d'eau libre libéré et sa dilatation par réchauffement généralisé. Ce type de variation eustatique liée à une alternance glaciation/déglaciation peut aller très vite, en simplement quelques milliers d'années, comme en témoigne l'histoire de la planète depuis seulement 18 000 ans.

À titre de réflexion géologique, il faut noter qu'au Jurassique, par exemple, il n'y avait pas de glaciation à la surface de la Terre. Une grande partie des continents était alors inondée, ce qui explique que l'on observe autant de roches sédimentaires d'origine marine – calcaires, craies, marnes, argiles – constituant les sous-sols de France et datant de cette époque. Il y a 30 millions d'années, la mer occupait encore le Bassin parisien ! Cependant, il ne faut pas négliger non plus que la hauteur des continents peut aussi varier en fonction d'autres phénomènes. Tout est toujours plus ou moins relatif ! Rechercher et dessiner les contours des mers et des continents aux différentes périodes de l'histoire de la Terre est l'objet de la paléogéographie.

Tectonique et hauteur d'eau

La tectonique des plaques, qui provoque les ouvertures et les fermetures océaniques, joue aussi, de façon non négligeable mais beaucoup plus lente, sur les dimensions des espaces océaniques et, de ce fait, sur leur hauteur d'eau. Une accélération de l'ouverture océanique au niveau des rides médio-océaniques provoque une augmentation de l'espace océan et, de ce fait, un abaissement du niveau marin. Inversement, une fermeture océanique peut provoquer une diminution de l'espace océan et, de ce fait, une montée du niveau marin, à condition, comme pour le cas précédent, que les deux phénomènes soient décalés et ne se compensent pas.

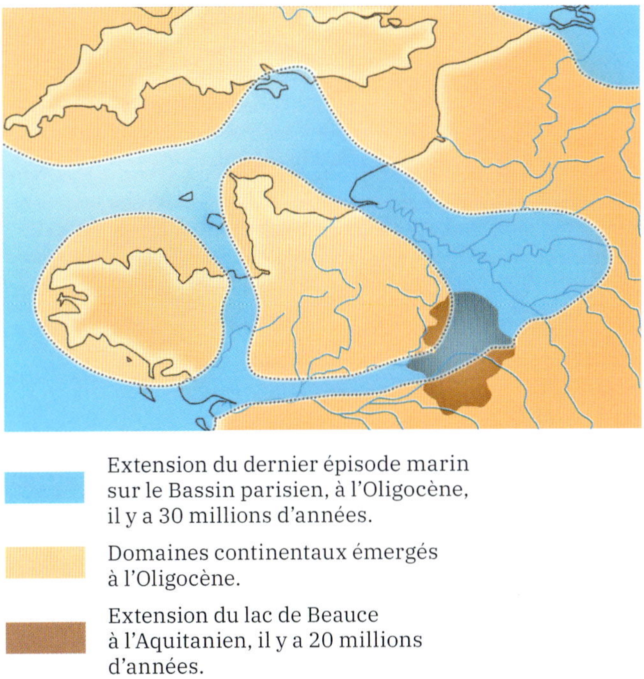

Exemple de reconstitution paléogéographique à partir des données géologiques de terrain.

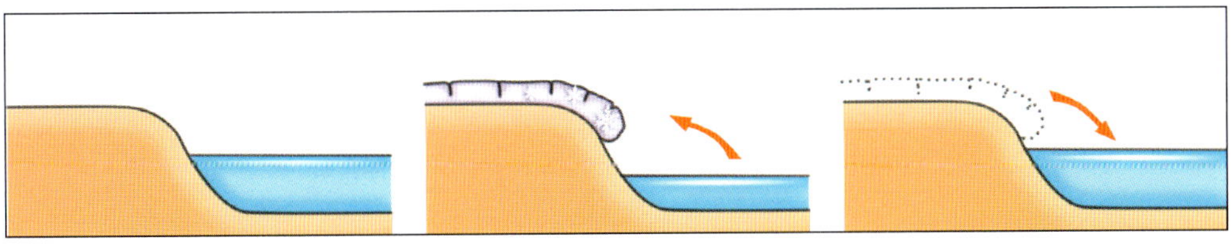

Les glaciations monopolisent une partie de l'eau sous forme de glaciers et de calottes glaciaires, que la fonte restitue à l'océan, faisant varier le niveau général des mers.

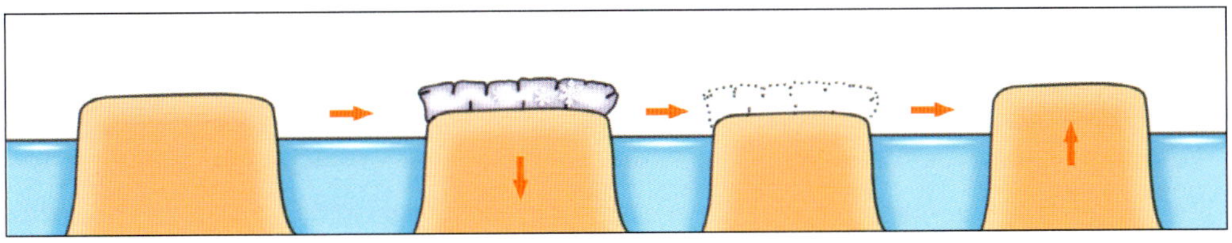

Les surcharges des calottes glaciaires enfoncent les continents, qui se relèvent lentement après la déglaciation.

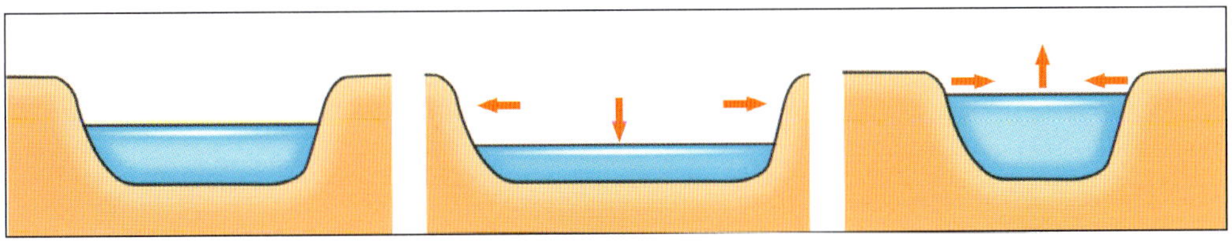

Les mouvements des plaques tectoniques changent très lentement les volumes des bassins océaniques et, de ce fait, les hauteurs d'eau.

Plusieurs phénomènes provoquent des variations des niveaux d'eau entre terres et mers.

La dernière glaciation

Le climat de la planète se situe aujourd'hui dans une phase interglaciaire, au sein des grands cycles de glaciation qui affectent la Terre depuis plus de 2 millions d'années. Le dernier grand épisode glaciaire est très récent ! Il a eu lieu entre – 70 000 et – 18 000 ans. De très épaisses calottes glaciaires recouvraient alors le nord de l'Amérique, de l'Europe et l'Antarctique.

À l'emplacement de la Manche et de la mer du Nord s'étendaient de grandes steppes balayées par des vents très froids : la Seine et ses affluents sinuaient dans les plaines de la Manche, et le littoral se situait, à quelque chose près, à la limite du plateau continental, à plus d'une centaine de kilomètres au large du Finistère. La grotte Cosquer, dans les calanques de Marseille, dont l'entrée est aujourd'hui ennoyée par 36 mètres de fond, dominait la Méditerranée de 80 mètres. Aux antipodes de la planète, l'Australie n'était qu'à une portée de pirogue de l'Indonésie : Bali, Java, Sumatra n'étaient pas des îles, mais entièrement continentales, rattachées à l'Indochine ! La carte géographique du monde, dessinée par les lignes des rivages, était très différente de celle d'aujourd'hui.

Dépôts de lœss au-dessus des calcaires jurassiques, sur la falaise de Lion-sur-Mer (Calvados).

La dernière transgression

À partir de – 18 000 ans – époque de la grotte de Lascaux –, tout a changé et très vite.

Du fait du réchauffement généralisé de la planète, les glaces se sont mises à fondre rapidement et le niveau de la mer est monté jusqu'à atteindre son niveau actuel, il y a environ 6 000 ans.

Le Pas-de-Calais a été franchi par les eaux marines il y a 8 000 ans, ce qui a provoqué la jonction entre la Manche et la mer du Nord, changeant ainsi de façon radicale le sens des courants. On qualifie cette transgression d'« holocène », du nom géologique de cette dernière période de l'histoire de la Terre, ou de « flandrienne » car, lors de son maximum, elle a envahi une grande partie des Flandres. Durant cette transgression, la mer est montée en moyenne de 1 mètre par siècle, avec des poussées pouvant atteindre plusieurs mètres sur des périodes analogues. À cette époque, le littoral n'était habité que par quelques rares peuples qui eurent tôt fait de reculer leurs campements devant la montée des eaux, ce qui ne peut être le cas aujourd'hui, où plusieurs centaines de millions de personnes dans le monde vivent sur les littoraux.

Et cela dure !

Depuis la fin du XIXe siècle, la mer est montée de 20 centimètres, soit environ 2 millimètres par an. Des études montrent une accélération de cette élévation. Entre 1990 et 2005, elle est montée d'une dizaine de centimètres. À ce jour, les hypothèses des experts tendent vers une montée des eaux de l'ordre de 1 mètre, voire plus, d'ici la fin du XXIe siècle. Aujourd'hui comme hier, le niveau moyen des océans augmente à cause d'un réchauffement du climat, qui se traduit par une fonte des glaciers et la dilatation du volume global d'eau.

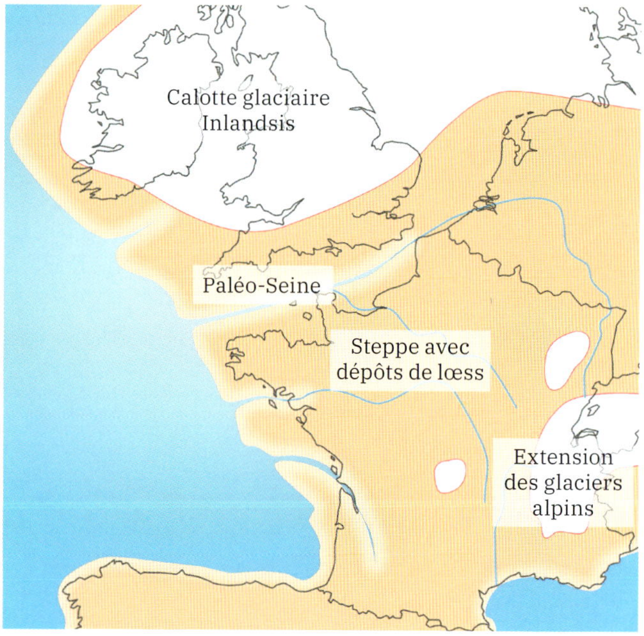

Il y a 18 000 ans, la Manche était parcourue par un grand fleuve, la paléo-Seine (Rhin, Tamise, Seine), qui se jetait dans l'Atlantique. Sur les steppes continentales se déposaient des sédiments éoliens fins de type lœss, que l'on observe aujourd'hui en de nombreux secteurs du littoral.

VAGUES, TEMPÊTES

et courants

Quand la vague jaillit en gerbes d'écume.

Nées du vent

Puissance, parfois danger, mais aussi fascination esthétique que le spectacle des fortes vagues qui viennent s'éclater sur les rochers et jaillir en gerbes d'écume blanche. Le vent crée les vagues principalement par frottement à la surface de l'eau. La mer qui était d'huile s'anime alors d'un mouvement oscillatoire, avec des crêtes et des creux dont la hauteur dépasse rarement quelques mètres. Une petite brise légère ne donne qu'une risée à la surface de l'eau, alors qu'un vent de 10 km/h engendre un train de vagues. Cependant, pour les faire naître, il faut de la place et une surface d'entraînement. Elles ne peuvent donc pas se former sur un plan d'eau de petite taille. La hauteur des vagues – amplitude de l'oscillation – dépend de la vitesse du vent, du temps pendant lequel il souffle, et de la distance et de la surface sur lesquelles il agit.

7 JUIN 2019

Au moment où j'écris ces lignes, j'apprends la mort de trois sauveteurs de la SNSM des Sables-d'Olonne et la disparition d'un marin pêcheur dans la tempête *Miguel* qui sévit ce jour sur la façade atlantique, vendéenne et aquitaine, avec des vents enregistrés à 129 km/h sur l'île d'Yeu (Vendée) et 117 km/h au cap Ferret (Gironde). Pensées pour leurs familles.

Vagues et tempêtes

Malgré son apparence, une vague ne se déplace pas latéralement, mais seulement de haut en bas. L'onde avance mais pas l'eau, comme peut en témoigner un objet flottant. Son éventuel déplacement latéral est dû à un léger courant ou à l'effet direct du vent sur l'objet et non aux vagues.

À l'approche du rivage, quand la profondeur des fonds marins diminue, les vagues se mettent à déferler. L'oscillation verticale, gênée par l'impact du fond, se transforme en translation, et toute la masse d'eau se déséquilibre pour s'abattre sur le rivage. Par contre, quand une vague rencontre un obstacle vertical sans déferler, elle rebondit et croise la suivante, ce qui peut créer une vague d'interférence. Leurs énergies s'accumulent, devenant très puissantes et destructrices. En pleine mer, selon sa force, le vent crée des vagues de tailles et de formes variées qui peuvent, comme tout train d'ondes, se rattraper, se dépasser ou s'entrecroiser. Les marins parlent de la « mer de vent ». Quand le vent forcit, les vagues s'émiettent et emprisonnent des bulles d'air, ce qui forme l'écume, couvrant la surface de l'eau de moutonnements.

Une tempête, terme général utilisé sur terre comme en mer, se forme à partir d'un vent de force 10 sur l'échelle de Beaufort, à savoir dépassant 90 km/h. Lors de très fortes tempêtes, les vagues peuvent atteindre 20 ou 25 mètres de hauteur.

Déferlement de la houle à l'approche du rivage.

Beaufort	Description	Nœuds de	Nœuds à	km/h de	km/h à	Vagues (m) de	Vagues (m) à
0	Calme	0		0		0,0	
1	Trés légère brise	1	3	1	5	0,1	
2	Légère brise	4	6	6	11	0,2	0,5
3	Petite brise	7	10	12	19	0,6	0,9
4	Jolie brise	11	16	20	28	1,0	1,5
5	Bonne brise	17	21	29	38	2,0	2,5
6	Vent frais	22	27	39	49	3,0	4,0
7	Grand frais	28	33	50	61	4,0	5,5
8	Coup de vent	34	40	62	74	5,5	7,0
9	Fort coup de vent	41	47	75	88	7,5	10,0
10	Tempête	48	55	89	102	10,0	12,5
11	Violente tempête	56	63	103	117	12,5	14,0
12	Ouragan	64	>	118	>	16,0	>

L'échelle de Beaufort est une échelle de mesure empirique du vent. Chaque degré correspond à la vitesse moyenne du vent mesurée sur dix minutes consécutives.

La houle

Quand le vent cesse ou change de direction, les vagues continuent de se propager, parfois sur des milliers de kilomètres, et d'animer la mer dans des secteurs où les conditions climatiques peuvent être beaucoup plus calmes : c'est la houle. Les tempêtes en Atlantique nord font ainsi naître la plupart des houles qui atteignent les côtes de France, en particulier dans les Landes où aucun obstacle ne vient perturber leur propagation. En Bretagne et en Vendée, les indentations de la côte, la présence de nombreuses îles et les hauts-fonds rocheux provoquent des interférences qui diminuent la force de la houle. Pour un secteur côtier donné, la houle conserve une direction générale assez constante, qui intervient de façon importante sur les courants littoraux et les déplacements des sédiments.

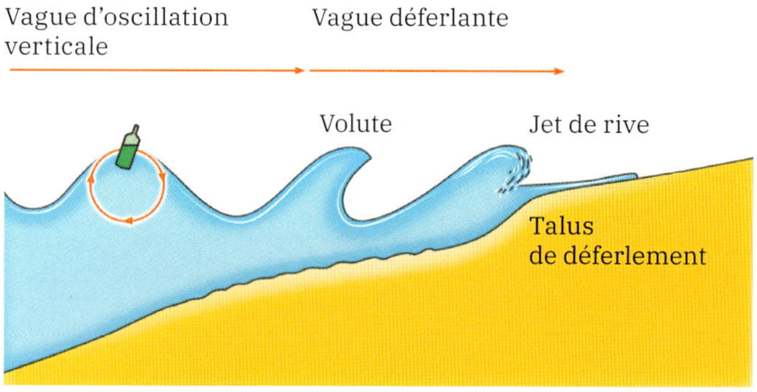

La vague est une onde qui déferle en approchant du rivage.

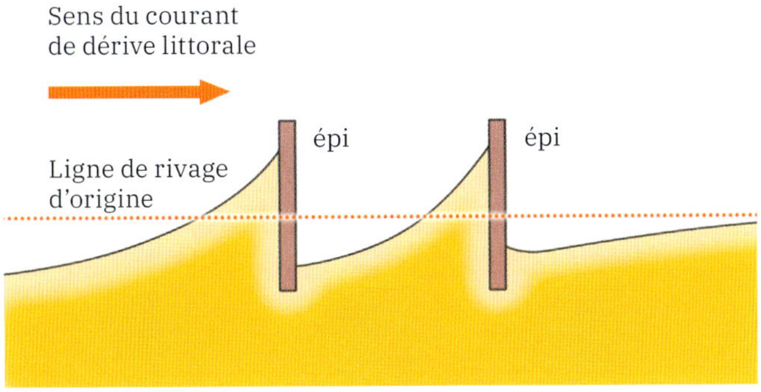

Schématisation de l'impact de l'interposition d'épis perpendiculairement au sens de la dérive littorale.

Accumulation de sable en amont d'un épi en planches témoignant du sens de la dérive littorale : de la gauche vers la droite sur la photo.

Tsunami

Les séismes peuvent provoquer la naissance de vagues qui se propagent, véritable houle d'origine tectonique, en atteignant parfois des hauteurs très importantes. Elles peuvent traverser la totalité de l'océan sur des milliers de kilomètres. En approchant du rivage, elles déferlent avec une grande puissance destructrice, créant un raz de marée, phénomène qui atteint principalement les côtes du Pacifique et de l'océan Indien, mais peut aussi toucher d'autres rivages, et en particulier ceux des Antilles (voir pages 259 à 261).

Les courants

Mouvements réguliers de circulation de l'eau au sein de la mer, les courants naissent de différents facteurs. Certains d'entre eux sont très localisés et parfois très forts, comme celui du jusant, courant de marée qui vide le golfe du Morbihan deux fois par jour entre Port-Navalo et Locmariaquer. Quand la houle frappe la côte de façon oblique, ce qui est le cas général, il en résulte un courant latéral au rivage : la dérive littorale.

Les courants océaniques se développent à très grande échelle, véritables fleuves qui circulent sur des milliers de kilomètres. Leur origine est souvent multifactorielle : vents alizés, différences de température et de salinité entre zones polaires et zones équatoriales, rotation de la Terre, force de Coriolis, etc.

Le Gulf Stream, courant dont la clémence bénéficie à la façade atlantique de la France, naît dans le golfe du Mexique en prolongement du courant de Guyane, longe la Floride, et s'écarte de la côte est des États-Unis, repoussé par le courant froid du Labrador descendant du Grand Nord. Il traverse alors l'Atlantique en direction de l'Angleterre et se divise en deux branches dont une pénètre dans la Manche et l'autre descend vers le golfe de Gascogne.

D'autres courants profonds résultent principalement des différences de densité – température et salinité – entre les masses d'eau à grande échelle. Quand des vents saisonniers forts poussent l'eau à la surface, cela crée une dépression qui provoque une remontée d'eau baptisée *upwelling*, dont l'eau plus froide est riche en phytoplancton et poissonneuse, ce que connaissent bien les pêcheurs.

Ainsi, au gré des vents, des tempêtes, des marées et des courants, la mer bouge, déplace les sédiments et agresse le littoral, agent géologique puissant qui inlassablement façonne l'aspect des rivages.

La présence de la digue du fleuve côtier Boudigau, entre Hossegor et Capbreton (Landes), souligne, par les dépôts de sable, le sens de la dérive littorale du nord vers le sud.

DIVERSITÉ des côtes

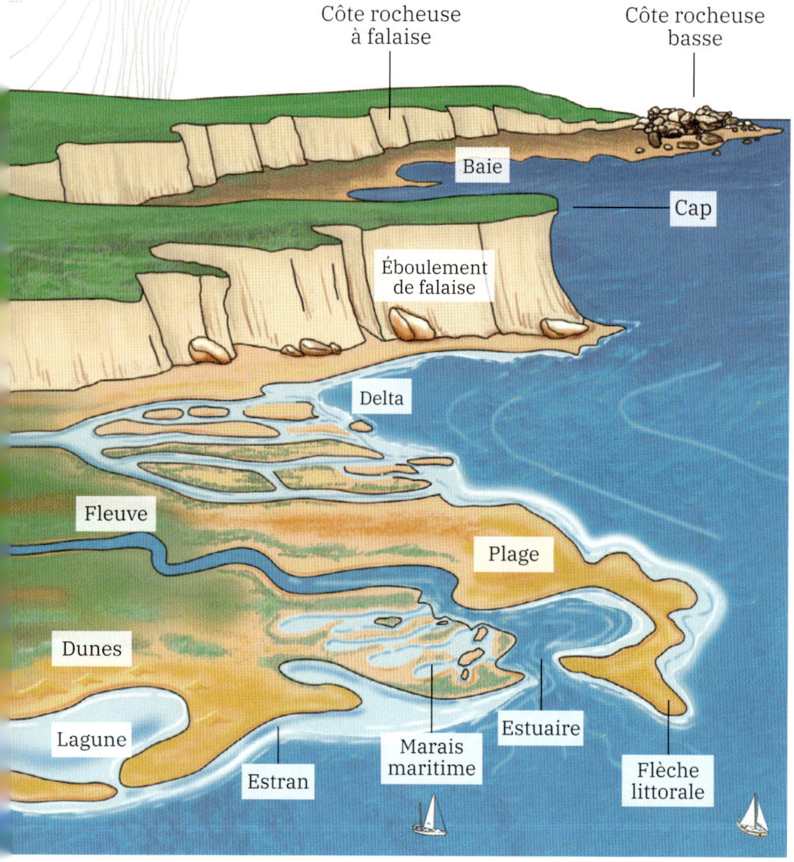

Diversité des morphologies littorales.

Exceptionnel catalogue de paysages, la morphologie côtière se dessine principalement en fonction du relief de l'arrière-pays et de son contexte géologique, le tout impacté par la dynamique de la mer : vagues, marées, courants et variations du niveau marin. De façon habituelle, on distingue les plages de sable ou/et de galets, les systèmes dunaires, les côtes rocheuses à falaises hautes ou basses, les lagunes littorales, les marais maritimes et les divers types d'embouchures : deltas, estuaires et rias, sans compter les îles de proximité et les îlots rocheux.

À ces divers types de morphologies viennent se superposer les indentations du trait de côte que sont les pointes et les caps, les flèches, les golfes, les baies, les rades ou les criques, le tout associé à des estrans rocheux, sableux ou vaseux, plus ou moins développés en fonction des contextes et de la pente des espaces découverts à marée basse. L'ensemble dessine cette interface mobile entre terre et mer, richesse paysagère, patrimoniale et géologique du pourtour de la France. Outre-mer, d'autres morphologies viennent enrichir le dessin des littoraux : reliefs volcaniques, récifs coralliens et mangroves.

Les côtes rocheuses et leurs falaises

Les côtes rocheuses caractérisent de grands secteurs géographiques comme le pays de Caux, le Massif armoricain, le Pays basque, la Côte d'Azur et la Corse. En géomorphologie, le terme de « falaise » correspond à un escarpement à pente forte. Il ne s'applique qu'à des parois dominant le littoral et non à celles des gorges ou des reliefs montagneux, même s'il est souvent employé dans ces autres contextes.

Côte rocheuse à falaise volcanique aux îles Kerguelen (Terres australes et antarctiques françaises [TAAF]) : coulée de lave prismée.

L'aspect et le recul des falaises résultent à la fois de l'action directe de la mer et aussi de leur fragilisation interne par différents facteurs : infiltrations d'eau, gel, gravité. Les falaises, en particulier sur le littoral de la Manche et de l'Atlantique, sont généralement précédées d'un platier, plate-forme d'abrasion littorale située au niveau de balancement des marées et façonnée par l'érosion depuis la dernière transgression. La plus haute falaise d'Europe se trouve au cap Canaille, entre Cassis et La Ciotat, dans les Bouches-du-Rhône. Elle domine la Méditerranée de 394 mètres.

La plupart des falaises sont constituées de roches dures telles que granites, gneiss, schistes, grès ou calcaires. Mais il en existe aussi d'importantes entaillées dans des roches plus molles telles que des argiles ou des marnes. C'est le cas des falaises des Vaches noires entre Villers-sur-Mer et Houlgate, dans le Calvados.

Certaines côtes rocheuses présentent des falaises basses, tout au plus quelques mètres, mais dont le relief est cependant marqué. Dans d'autres secteurs, la mer a disséqué les reliefs rocheux granitiques, soulignant de magnifiques chaos. C'est le cas de nombreux secteurs du littoral de Corse et du Massif armoricain, en particulier sur la Côte de Granite rose, dans les Côtes-d'Armor, le long de l'un des sentiers des douaniers les plus typiques du littoral français.

Les plages de sable ou de galets

Une plage est une frange littorale plane, peu inclinée et plus ou moins recouverte à marée haute, constituée de sables, de graviers ou de galets, matériaux meubles, non consolidés. Il n'est pas rare qu'une plage montre simultanément des matériaux de granulométries différentes : sables et galets, par exemple. Le terme de « plage » ne s'applique habituellement pas aux estrans vaseux qui occupent les marais maritimes. Les plages de France, qu'elles soient méditerranéennes ou sur la façade atlantique, attirent environ 35 millions de vacanciers chaque année, dont 1/3 viennent d'autres pays européens : enjeu touristique, enjeu économique et enjeu environnemental !

Les plages de galets, quant à elles, sont composées d'éléments arrondis, plus gros, de quelques centimètres ou décimètres de diamètre. Localement, leur nature peut dépendre du contexte géologique de la côte rocheuse et ces galets provenir directement de son érosion, ou bien ils ont été transportés en bordure de rivage par les courants, ou encore apportés par un fleuve côtier comme ceux des plages de l'embouchure du Var dans les Alpes-Maritimes. Les plages de galets peuvent aussi se développer sous forme de flèches isolées – comme le sillon de Talbert dans les Côtes-d'Armor –, ou sous forme de cordons successifs terminés en crochet, dénommés « pouliers », tendant à fermer la baie qu'ils délimitent – comme ceux de la pointe du Hourdel au sud de la baie de Somme (voir pages 42-43).

Les falaises marneuses des Vaches noires, entre Villers-sur-Mer et Houlgate (Calvados).

Plage de galets de grès rose dans les Côtes-d'Armor.

Plage et cordon de galets du cap de la Hague délimitant une zone de marais à l'extrémité du Cotentin (Manche).

Plage de sable d'Erquy (Côtes-d'Armor).

Les cordons dunaires

En de nombreux secteurs littoraux, des ensembles dunaires s'édifient sous l'action du vent en arrière des plages. Le vent souffle généralement perpendiculairement au rivage. Il soulève le sable et construit des alignements ou des champs de dunes plus ou moins composites. Les grands ensembles dunaires de France se situent en Flandre, en Picardie, dans le Cotentin, en Vendée et dans les Landes avec, en particulier, la plus haute dune d'Europe : la dune du Pilat (voir pages 44 à 46).

Dans les dunes de la plaine maritime de Flandre (Nord).

Les lagunes littorales

Les lagunes sont des plans d'eau peu profonds disposés parallèlement au rivage, en arrière d'un cordon sableux ou de galets qui les sépare de la mer, avec laquelle elles communiquent par des passes nommées « graus » dans le Languedoc et en Provence. Indépendamment de leur connexion maritime, les lagunes reçoivent des eaux douces des eliefs environnants. Les lagunes peuvent prendre le nom de « bassin » ou d'« étang » selon les régions. De grandes lagunes littorales jalonnent la côte orientale de la Corse au sud de Bastia, ainsi que celle du Languedoc entre la Catalogne et Marseille, y compris les étangs de Camargue associés à la dynamique du delta du Rhône. Le plus célèbre exemple est, sans conteste, la lagune de Venise, séparée de l'Adriatique par le cordon sableux du Lido di Venezia.

Dans les lagunes de l'embouchure du Rhône (Bouches-du-Rhône) en Camargue.

Les marais maritimes et les polders

Les marais maritimes sont des zones littorales relativement étendues, très faiblement pentues, présentant une partie basse – la slikke – soumise à l'influence de chaque marée, et une partie haute – le schorre – uniquement inondée lors des grandes marées et séparée de la slikke par une microfalaise de quelques décimètres. La slikke, parcourue par des chenaux de marée, subit une sédimentation vaseuse régulière, alors que le schorre est couvert de végétation halophile (supportant un fort taux de salinité) comme la salicorne. En arrière du schorre se situent les prés salés, où paissent des moutons réputés pour la qualité et le goût de leur chair.

Ce type de marais se développe dans des lieux où les courants sont très faibles et la sédimentation fine : dans des embouchures, estuaires ou deltas, en arrière de grandes flèches sableuses, au fond des baies. Les sédiments qui s'y déposent montrent une fraction argileuse plus ou moins enrichie en calcaire. Dans ce dernier cas, on parle de « tangue » ou de « bri ». Zones humides biologiquement riches, les marais maritimes abritent de nombreuses espèces animales, en particulier des oiseaux, et servent d'étapes aux espèces migratrices.

Les principaux marais maritimes français se situent dans la baie de Somme, dans la baie du mont Saint-Michel, dans la baie de Bourgneuf entre l'île de Noirmoutier et le Marais breton-vendéen, ainsi que le long du littoral charentais.

De grands secteurs de marais maritimes ont été aménagés pour l'ostréiculture, comme ceux de la Seudre à Marennes en Charente-Maritime, et d'autres en marais salants, à Guérande en Loire-Atlantique ou à l'île de Ré en Charente-Maritime. Les polders correspondent à d'anciens marais maritimes conquis sur l'espace marin par la construction de digues.

Les prés salés des marais des Bas-Courtils, dans la baie du mont Saint-Michel (Manche).

La digue, les canaux et le polder du Marais breton-vendéen (Vendée).

Les embouchures

En fonction des contextes géographiques et géologiques, ainsi que des dynamiques marines et fluviales locales, on distingue trois grands types d'embouchures : les estuaires, les rias et les deltas.

Estuaire est un terme général pour désigner l'embouchure d'un fleuve lorsqu'elle est formée d'un seul bras s'ouvrant vers la mer et imprimant une indentation marquée sur le tracé du littoral. Les eaux marines y pénètrent à chaque marée haute ; il s'y développe un bouchon vaseux à la rencontre des courants opposés, favorisé par le contact de l'eau salée et de l'eau douce. Ses rives sont généralement occupées par des zones humides de marais dans lesquelles circulent quelques chenaux, comme sur les rives de la Gironde, par exemple. Les estuaires correspondent pour la plupart à d'anciennes et larges vallées colmatées d'alluvions lors de la dernière transgression. Les trois principaux estuaires français sont ceux de la Seine, de la Loire et de la Gironde. D'autres embouchures de fleuves moins importants sont également des estuaires, comme ceux de la Canche et de la Somme en Picardie. Les havres de la façade occidentale du Cotentin sont des estuaires très ensablés de petits fleuves côtiers, abrités derrière un cordon dunaire. Faute de débit important, ceux-ci serpentent, ayant quelque difficulté à se frayer un chemin jusqu'à la mer.

Une ***ria***, terme d'origine espagnole, est une sorte d'estuaire de littoral rocheux, vallée fluviale relativement étroite, aux parois plus ou moins marquées, jadis sculptée à la surface du relief continental quand les niveaux marins étaient plus bas, et aujourd'hui envahie par la dernière remontée de la mer. De nombreuses rias ponctuent les côtes de Bretagne – ria d'Étel dans le Morbihan –, où elles prennent localement le nom d'***aber*** – Aber-Wrac'h au nord du Finistère. Les rias sont ennoyées par les marées hautes, qui viennent déposer des vases sur la slikke. Les ***calanques*** de Marseille sont des sortes de rias inscrites dans des gorges calcaires étroites donnant directement sur la Méditerranée et dans lesquelles la marée est inexistante. Les ***fjords***, quant à eux, sont aussi qualifiables de rias, anciennes vallées glaciaires envahies par la mer lors de la dernière transgression.

De forme généralement triangulaire, d'où son nom, un ***delta*** se développe à l'embouchure d'un fleuve par accumulation importante des alluvions qu'il transporte, quand ces apports ne sont pas évacués par la mer. Les deltas ont donc plutôt tendance à se former dans des mers relativement calmes et peu affectées par les marées, d'où leur présence en Méditerranée – comme le delta du Rhône ou celui du Nil, en Égypte. Un delta s'organise généralement en deux domaines : une partie émergée présentant des bras et des chenaux mobiles délimitant des zones humides et des lagunes, d'autant plus que l'on se rapproche du rivage ; et une zone d'accumulation en mer, le delta sous-marin.

La rivière du Guildo, estuaire de l'Arguenon (Côtes-d'Armor).

Dans la plaine deltaïque de la Camargue : secteur des Saintes-Maries-de-la-Mer (Bouches-du-Rhône).

LES ROCHES

une grande diversité

Ossature de l'enveloppe externe de la Terre – lithosphère –, les roches sont formées de constituants élémentaires : les minéraux. Chaque minéral correspond à une composition chimique précise. Celle de la silice – ou quartz – s'écrit SiO_2 (dioxyde de silicium). Celle de la calcite s'écrit $CaCO_3$ (carbonate de calcium) : c'est le minéral qui constitue les roches calcaires.

Aux températures habituelles qui règnent à la surface, entre −60 °C et +60 °C, les roches sont solides. À des températures beaucoup plus importantes, elles peuvent être liquides, comme la lave d'un volcan.

Coulée de basalte sur l'île de La Réunion.

Coulée de basalte fluide solidifiée en lave cordée (La Réunion).

Un peu d'ordre dans les roches

Les géologues classent les roches en fonction de leur origine et de leur composition : roches magmatiques (plutoniques ou volcaniques), roches sédimentaires, et roches métamorphiques.

Les roches magmatiques

Les roches magmatiques proviennent du refroidissement d'un magma liquide généré en profondeur. Elles sont qualifiées :

- de ***roches volcaniques*** quand elles se forment par refroidissement rapide de la lave, lors des éruptions volcaniques (coulées ou explosions) à la surface de la Terre. Elles présentent une texture microlitique avec des cristaux microscopiques et quelques-uns parfois plus gros : basaltes, andésites, trachytes, rhyolites, etc. Les plus fréquentes sont les basaltes.
- de ***roches plutoniques*** quand elles refroidissent lentement et cristallisent en profondeur. Elles présentent alors une texture grenue avec des cristaux visibles à l'œil nu : granites, syénites, diorites, gabbros, etc. Les plus fréquentes sont les granites.

Pour chaque roche plutonique, il existe une roche volcanique équivalente car issue d'un magma de même composition chimique, mais les unes refroidies en profondeur, lentement, les autres en surface, rapidement. Les magmas dont elles sont issues se répartissent en deux grandes familles :

- ceux qui sont riches en silice – magmas qualifiés d'« acides » – et qui donnent naissance à des roches possédant du quartz : granites, rhyolites ;
- et ceux qui sont plus pauvres en silice – magmas qualifiés de « basiques » – et qui donnent naissance à des roches sans quartz : basaltes, gabbros.

LE GRANITE

L'observation d'un échantillon de granite – une surface polie se montre plus révélatrice – permet d'en identifier les différents minéraux.

- Les minéraux foncés et brillants sont des micas. Le mica noir se nomme biotite. Il en existe des blancs – muscovite – ou verdâtres – chlorite. Ce sont des minéraux tendres. Ils sont formés de petites lamelles qui peuvent être séparées avec la pointe d'une aiguille : ils sont clivables. Leur nom vient du latin *mica* qui signifie « miette ».
- Les grains blancs de forme assez géométrique, parfois de grande taille, sont des cristaux de feldspath. Ils sont durs et rayent l'acier. Les feldspaths peuvent prendre d'autres teintes : rose, bleuté...

Feldspaths et micas sont des silicates d'aluminium.

- L'élément spécifique du granite est le quartz remplissant les interstices entre les autres minéraux. Les grains de quartz sont grisâtres, plus ou moins translucides, ont un éclat gras et rayent le verre. Le quartz constitue l'élément le plus dur du granite.

Formule chimique des principaux minéraux des granites

Quartz	SiO_2
Feldspath orthose	$(Si_3AlO_8)K$
Feldspaths plagioclases	$(Si_3AlO_8)Na$, $(Si_2Al_2O_8)Ca$
Mica noir ou biotite	$K(MgFe)_3\ (Si_3AlO_{10}(OH,F)_2)$

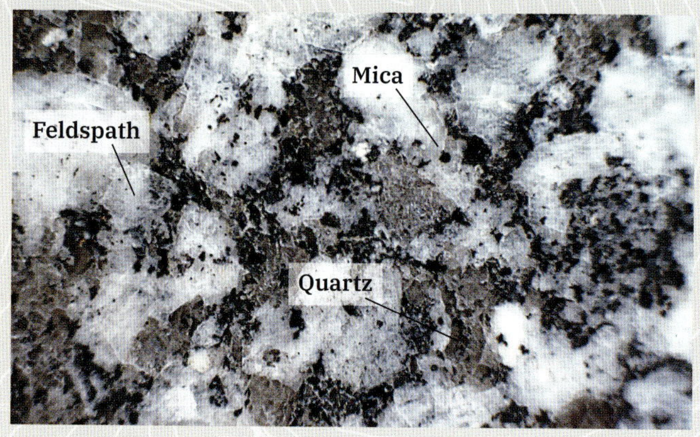

Association minérale composant un granite : quartz + feldspaths + micas.

Roche prépondérante de la constitution des continents, le granite est formé de grains de quartz, de feldspaths, de plus ou moins de micas et, accessoirement, de quelques minéraux annexes : or, tourmaline, etc. Les fonds océaniques sont, pour leur part, de nature basaltique.

Les roches sédimentaires

Les roches sédimentaires se forment à la surface de la Terre, par dépôt, précipitation chimique ou activité biologique : fonds des mers et des océans, littoraux, deltas, surface des continents, lacs, glaciers, etc. ; sables, grès, argiles, calcaires, marnes, gypse, sel gemme, etc.

Par leur genèse en surface, les roches sédimentaires s'opposent aux roches d'origine profonde, magmatiques ou métamorphiques. Elles ne représentent qu'environ 5 % du volume de la croûte terrestre ; cependant, elles en recouvrent 75 % de la surface et sont donc très présentes dans les paysages.

Les roches sédimentaires revêtent différents aspects : soit sous forme meuble comme les sables ou les limons, soit consolidées comme les grès ou les calcaires. Cependant, avec le temps, parfois beaucoup de temps, elles finissent toutes par s'indurer et se consolider. Le passage d'un sédiment meuble à une roche cohérente correspond à des processus de transformation plus ou moins longs nommés « diagenèse ».

Les roches sédimentaires conservent dans leur structure des traces de leur origine par dépôts successifs, comme des stratifications régulières ou entrecroisées, des rides de courant, des gradients granulométriques... Nombre d'entre elles contiennent des fossiles témoignant des contextes et des âges des dépôts.

Les ***sables*** sont des roches meubles constituées de grains indépendants les uns des autres, principalement des grains de quartz.

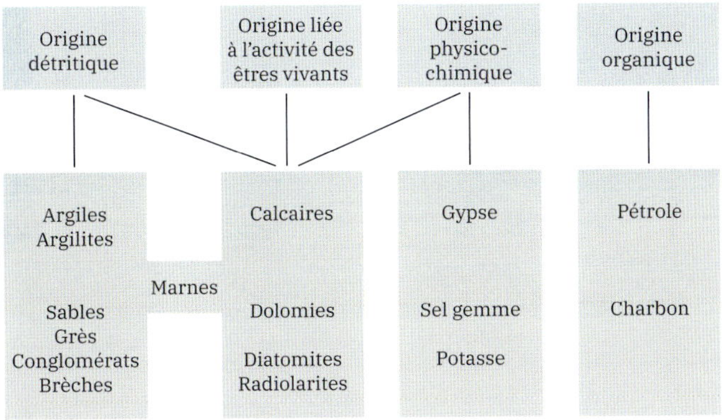

Classification simplifiée des roches sédimentaires.

Les roches sédimentaires conservent généralement dans leur structure, sous forme de strates, les traces de leur origine par dépôts successifs. Falaise calcaire d'Esnandes (Charente-Maritime).

Les ***grès*** sont des roches sédimentaires détritiques composées d'une grande majorité de grains de quartz. Ils proviennent de la consolidation d'anciens sables meubles. Cette diagenèse s'opère par circulation d'eau, dépôt d'un ciment naturel entre les grains, et compaction.

Les ***conglomérats*** – ou poudingues – sont des roches sédimentaires détritiques composées d'éléments plus ou moins grossiers – grains, graviers, galets – soudés entre eux par un ciment interstitiel. Quand les éléments constitutifs sont anguleux, on parle de « brèche ».

Les ***argiles*** sont des roches sédimentaires détritiques constituées de particules très fines, microscopiques : les minéraux argileux, dont il existe une grande variété. Sèches, les argiles sont friables et avides d'eau. Humides, elles deviennent plastiques et malléables – terre du potier. La chaleur transforme l'argile en un matériau dur – la terre cuite, tuile, brique ou poterie.

Les ***calcaires*** sont des roches sédimentaires carbonatées composées de plus de 50 % de calcite ($CaCO_3$). Ils peuvent également contenir de la dolomite (carbonate double de calcium et de magnésium $CaMg(CO_3)_2$. Les calcaires font effervescence à l'acide chlorhydrique.

Détail d'un grès présentant des stratifications obliques avec plusieurs niveaux de granulométries différentes.

Argile en cours de dessiccation.

Fossiles de poissons Dapali *dans le calcaire oligocène du Luberon (Vaucluse).*

La formation des calcaires résulte de l'activité directe ou indirecte des êtres vivants ainsi que de phénomènes chimiques : accumulation de coquilles et de tests macroscopiques ou microscopiques, constructions récifales telles que les récifs coralliens, précipitation chimique, formation d'oolites, dépôt de boues, etc.

Les ***marnes*** sont constituées d'un mélange d'argile et de calcaire.

Le ***gypse*** comme le ***sel gemme*** sont des évaporites, roches provenant de l'évaporation de l'eau de mer dans de grandes lagunes ou des mers fermées.

Les roches métamorphiques

Les roches métamorphiques correspondent à d'anciennes roches préexistantes, magmatiques, sédimentaires ou déjà métamorphisées et qui ont été transformées, en profondeur, à l'état solide, par augmentation de pression et de température, le plus généralement dans les contextes de convergence des plaques tectoniques, subduction, collision et surrection des chaînes de montagnes. Les principales roches métamorphiques se nomment : schistes, micaschistes, amphibolites, gneiss, marbres, quartzites, etc.

Fossiles d'ammonites dans un calcaire d'origine marine. La grande majorité des roches sédimentaires contiennent des fossiles qui témoignent du contexte de leur formation.

Elles présentent assez généralement un feuilletage appelé « schistosité », à savoir qu'il peut se débiter en plaques. Nombre d'entre elles montrent un aspect folié. Leurs minéraux sont orientés selon des plans parallèles et disposés en lits plus ou moins marqués. Parfois, ils sont groupés en paquets allongés et forment des yeux : tels sont les gneiss œillés.

L'une des conséquences du métamorphisme est l'apparition de nouveaux minéraux par recombinaison des éléments chimiques en présence dans la roche : pyrites dans une ardoise, grenats dans un micaschiste...

Le métamorphisme est un phénomène qui peut affecter toutes les roches préexistantes, quelles que soient leur nature et leur origine. Il existe donc une grande variété de roches métamorphiques, dont les principales correspondent aux grandes familles de roches magmatiques et sédimentaires.

Roches d'origine		Roches métamorphiques correspondantes
Granites, rhyolites	⟶	Gneiss (ortho)
Argiles	— Ardoises — Micaschistes ⟶	Gneiss (para)
Sables, grès	⟶	Quartzites
Calcaires	⟶	Marbre, cipolins
Marnes	⟶	Amphibolites
Basaltes, gabbros	⟶	Amphibolites

Classification simplifiée des roches métamorphiques.

Affleurement de schistes à la pointe du Conquet (Finistère).

Les ***ardoises*** sont des schistes argileux à grains fins et homogènes, parfois légèrement satinés. Elles correspondent à d'anciennes argiles ayant subi un métamorphisme de très faible intensité.

Les ***schistes*** sont des roches métamorphiques susceptibles de se débiter en feuillets (schistosité). Ils peuvent présenter des natures différentes. Beaucoup proviennent du métamorphisme d'anciennes argiles. Les micaschistes sont riches en micas, ce qui donne un aspect brillant à leur surface de clivage.

Les ***marbres*** sont des roches métamorphiques issues de la transformation de calcaires ou de dolomies. Dans un marbre, les éléments de calcite sont entièrement recristallisés, ce qui confère une dureté plus importante à la roche et favorise son polissage.

Un ***quartzite*** est un ancien grès entièrement recristallisé, dans lequel les grains de quartz sont imbriqués les uns dans les autres.

Les ***gneiss***, de même composition minéralogique que les granites, s'en distinguent par une succession de lits parallèles montrant une alternance de lits clairs de quartz et de feldspaths et de lits plus sombres de micas. Certains d'entre eux, les gneiss œillés, présentent des amas ovoïdes constitués de feldspaths ou d'un mélange quartzo-feldspathique.

Échantillon de marbre des Pyrénées.

Échantillon de gneiss œillé de la Montagne Noire. Les yeux sont constitués de feldspaths entourés de petits grains de quartz.

PETITE HISTOIRE
d'un grain de sable

De gauche à droite : sable quartzique, sable hétérogène, sable coquillé et sable volcanique.

Matériau omniprésent sur les plages du littoral et dans de nombreux autres contextes ! Qu'est-ce que le sable ? D'où vient-il ?

À la différence d'autres roches, le terme de « sable » ne correspond pas à une nature minéralogique précise mais à un ensemble de grains, miettes de tous types de roches définies par leur taille et leur manque de cohésion. C'est une roche meuble dont les éléments mesurent entre 1/16 et 2 millimètres (arénite, du latin *arena*, signifiant « sable »). Les éléments plus fins (lutites) sont les limons. Les éléments plus grossiers (rudites) sont les gravillons, les graviers et les galets.

Le principal constituant des sables est le quartz (SiO_2), pouvant être mélangé à d'autres minéraux, le plus souvent pour une faible proportion, et à des fragments de coquilles : sables feldspathiques, micacés, calcaires, coquillés, etc. C'est dans le sable que les orpailleurs cherchent les grains d'or ! On rencontre par ailleurs d'autres natures de sables, mais beaucoup moins fréquentes et liées à des environnements spécifiques : sables noirs volcaniques, sables coralliens. La seule plage de sable volcanique de France métropolitaine est celle du Cap-d'Agde, dans l'Hérault.

Beaucoup de grains de quartz ?

L'émiettement de toutes les roches dures, basaltes, calcaires, granites ou grès, donne des grains. Seuls les granites, quelques roches métamorphiques, et les grès contiennent du quartz dans des proportions importantes.

Trois critères principaux commandent à la conservation des grains au cours des vicissitudes de l'histoire géologique : leur résistance à l'abrasion, à l'altération et à la dissolution. Mis à part quelques éléments particuliers et rares – comme l'or –, une très grande majorité des minéraux sont altérables ou solubles à court ou moyen terme et finissent par se transformer en particules argileuses ou en sels minéraux dissous. Seul le quartz résiste au temps car il est quasiment inaltérable et insoluble ! Un grès n'étant qu'un ancien sable consolidé qui s'érode en redonnant du sable, c'est dans les granites (et les gneiss) principalement qu'il faut chercher l'origine première des grains de quartz, la plupart des autres roches en étant dépourvues.

Quelle est l'origine des sables de nos plages ?

Quand un granite « pourrit »

Comme toutes les roches, le granite subit l'action de l'eau, celle de la pluie qui ruisselle et qui s'infiltre dans les sols et les sous-sols. De par son origine et les mouvements qui l'ont affecté, tout massif granitique est fissuré. L'eau qui pénètre et stagne en profondeur va progressivement altérer la roche. Alors qu'elle n'a pratiquement pas d'effet sur le quartz, l'eau va peu à peu entrer en réaction chimique avec les autres minéraux. Feldspaths et micas – silicates – vont s'altérer, ce qui change totalement leur nature et leur aspect. Ils se déstructurent, deviennent pulvérulents et se transforment en feuillets ultramicroscopiques : particules d'argile, boues. On dit alors que le granite « pourrit », terme relativement impropre car il ne s'agit pas de matière organique, mais cependant couramment utilisé. Il naît donc ainsi, par altération progressive, un mélange nommé « arène granitique », composé de grains de quartz, de particules argileuses, de quelques autres grains non encore totalement altérés et de petits restes de granite en cours d'altération.

NB : les argiles naissent aussi de l'altération de nombreuses autres roches composées de silicates, comme les roches volcaniques, par exemple.

Étapes de l'altération du granite : granite sain, granite en cours d'altération, arène granitique.

Affleurement granitique entièrement arénisé dans le granite de Flamanville (Manche).

Bancs de sable sur la Loire aux environs de Saumur (Maine-et-Loire). Ce sable arrive du Massif central.

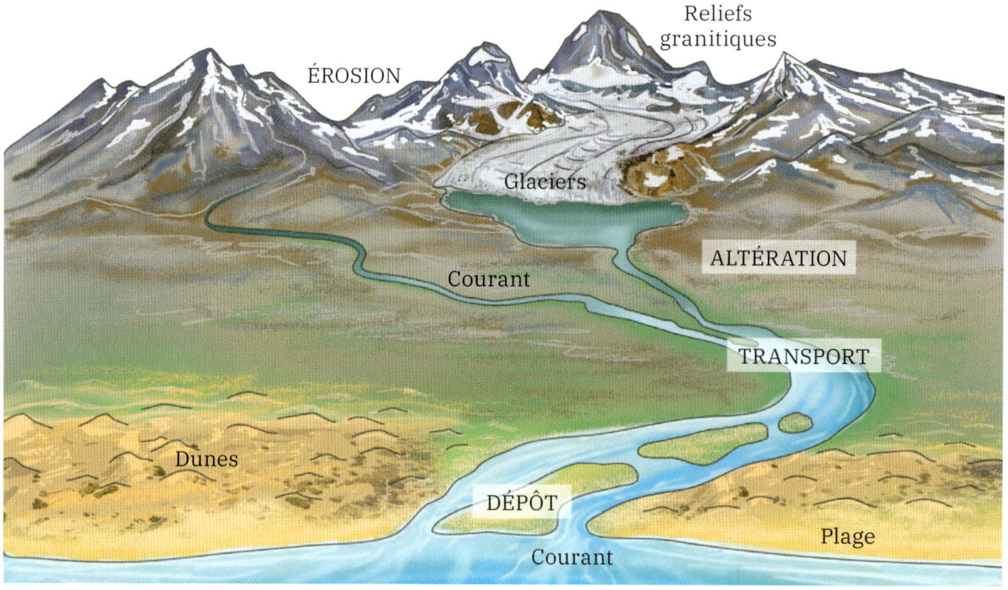

De la montagne à la mer, naissance et voyage d'un grain de sable.

Voyage, voyage !

Issus de l'altération des granites, sables et argiles vont entreprendre un voyage plus ou moins long, parfois très long ! Pluie et ravinement vont emporter grains et particules le long des pentes. Glaciers, torrents, rivières et fleuves vont prendre le relais et acheminer les alluvions vers le bas, en direction de la mer.

Une ségrégation des minéraux va rapidement s'opérer au cours du voyage. Quand le courant est fort, lors d'une crue, il embarque toutes les alluvions en même temps. Par contre, quand son régime diminue, il n'a plus la force de transporter les grains, qui se déposent et forment des bancs, alors que les particules restent en suspension dans l'eau et continuent leur chemin. Les grains de sable repartiront à la crue suivante. La Loire, par exemple, traverse dans son cours inférieur des régions principalement calcaires : son sable, constitué de grains de quartz – sable siliceux – ne peut donc se former sur place, il provient du Massif central ! Dans les régions côtières granitiques, côtes armoricaines ou Corse, par exemple, les granites s'altèrent sur place et le voyage des grains peut être beaucoup plus court !

Arrivée en mer, l'argile se disperse au loin, parfois sur des milliers de kilomètres, au gré des moindres courants. Par contre, il faut beaucoup plus d'énergie pour transporter le sable !

Les courants – dérives littorales – qui longent la côte prennent le relais des fleuves et répartissent progressivement les sables le long des rivages, créant des plages. Ainsi, sur une plage bretonne comme celle de La Baule, pour deux grains côte à côte, l'un peut venir du Massif central et l'autre être né à proximité. Des grains de quartz de certaines plages normandes ont été identifiés de façon incontestable comme arrivant des Alpes, *via* le Rhin et les courants marins.

Une pile de pont crée un obstacle qui ralentit le courant en aval, ce qui favorise le dépôt du sable et la formation d'un banc, ici dans la Loire, en Touraine.

LA FORMATION DES CHAOS DE GRANITE

Paysages caractéristiques très répandus à la surface des continents, les chaos de granite résultent d'un long processus d'altération et d'érosion. Sous le sol et le couvert végétal, à quelques mètres ou dizaines de mètres de profondeur, tout massif granitique est naturellement découpé par un réseau de fissures, les diaclases, espacées les unes des autres de quelques décimètres à quelques mètres ou plus. Un granite trop fracturé ne peut pas donner naissance à un chaos.

Les eaux qui stagnent en profondeur vont lentement attaquer chimiquement le granite et provoquer son altération le long des fissures. Le granite s'y désagrège en arène friable, qui se constitue progressivement sur place. Puis la présence de l'arène, véritable éponge qui retient l'eau, permet la continuation du phénomène. L'arénisation est un phénomène dont la vitesse – de un à quelques dizaines de millimètres tous les mille ans – varie beaucoup selon la nature du climat. Elle est rapide en climat chaud et humide, de type équatorial, et d'autant plus lente que le climat est froid. La vitesse d'altération dépend aussi des différents granites et en particulier de la nature chimique précise des micas et des feldspaths qui les constituent.

Naissance d'un chaos granitique par circulation d'eau dans les diaclases et arénisation progressive de la roche.

Au fur et à mesure que l'altération progresse, la zone altérée des fissures gagne en épaisseur alors que les blocs se dégradent et s'arrondissent peu à peu par formation d'écailles successives. Si le granite reste enfoui, et en particulier si le réseau de fissures est dense, l'arénisation peut transformer l'intégralité du

Évolution progressive de l'arène et individualisation des blocs.

massif en arène et faire disparaître la totalité des blocs, mais ce n'est pas toujours le cas : on peut voir des chaos affleurer encore aujourd'hui.

La deuxième étape importante de la formation de ce type de paysage, la mise à l'affleurement des blocs de granite, nécessite une forte action de l'érosion, qui déblaye les fissures encombrées de l'arène, individualise les boules et dégage le chaos. Cette action érosive est facilitée par divers facteurs, comme un changement climatique et la reprise de précipitations violentes, un léger soulèvement de la région et la reprise d'érosion associée, la montée du niveau marin et le dégagement des blocs sur le littoral.

Chaos granitique à l'air libre, paysage caractéristique de nombreuses régions granitiques. Ici à Brignogan (Finistère).

Par contre, une fois à l'air libre, le chaos évolue très lentement, n'étant plus en permanence au contact de l'eau mais séchant rapidement après chaque pluie. Peu à peu, les blocs situés sur les pentes peuvent s'ébouler, rouler et se déplacer vers les parties plus basses et le fond des vallons, donnant de si jolies « rivières de pierres » lessivées par l'eau d'un ruisseau.

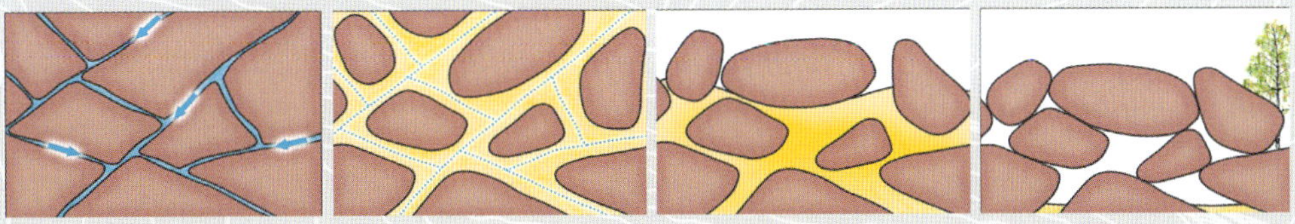

Schématisation simplifiée de la formation d'un chaos granitique.

ANATOMIE DES PLAGES

La plage, théâtre des jeux de notre enfance.

Plage de galets du cap de la Hague (Manche).

Les plages de sable représentent 1/3 du littoral français. Elles peuvent être rectilignes, comme dans les Landes ou le long de la plaine maritime picarde, ou concaves et occuper le fond des baies ou des criques où elles s'accrochent au substratum rocheux en dessinant des courbes harmonieuses. Cependant, une plage de France présente un aspect très particulier : c'est la plage des Grands Sables, de forme convexe, sur l'île de Groix, dans le Morbihan.

Transversalement, les plages présentent des profils assez homologues dans leur ensemble. Elles sont légèrement concaves, avec une partie haute délimitée par un talus sableux plus ou moins marqué. Ce profil évolue en fonction des saisons, avec une tendance à l'engraissement pendant la belle saison et à l'amaigrissement lors des fortes mers et tempêtes en hiver. Le sable est alors prélevé en partie haute de la plage pour s'accumuler en partie basse.

La plage se construit

L'édification d'une plage s'effectue dans un secteur où les courants – dérives littorales – perdent leur énergie de transport : quand leur force diminue, ils déposent les sables. Pour qu'une plage se forme, il faut que l'apport sédimentaire soit supérieur au retrait. Dans le cas inverse, elle reste stationnaire ou diminue et recule, voire disparaît par érosion. Une plage peut naître entre deux promontoires rocheux isolés et éloignés, dont la présence modifie les courants : les sables viennent s'accumuler entre ces deux points d'ancrage. Ils peuvent alors former un cordon littoral ou lido, et localement délimiter une lagune. C'est le cas du cordon sableux qui court du Cap-d'Agde jusqu'à la colline de Sète et délimite le bassin de Thau, dans l'Hérault.

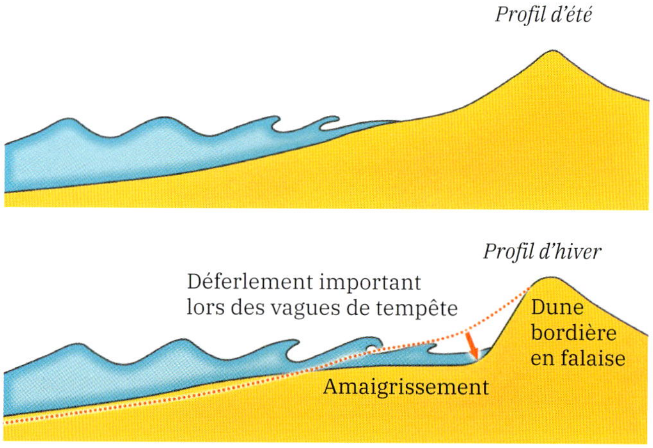

Schéma simplifié de l'évolution d'une plage en fonction de la saison.

Amorce d'une flèche littorale sous l'effet de deux courants opposés.

Baïne sur la côte des Landes.

Flèches et tombolos

Quand une flèche sableuse relie une île au continent, on parle de « tombolo », comme celui de Quiberon dans le Morbihan. Un double tombolo constitué de deux flèches sableuses relie la presqu'île de Giens au littoral dans le Var. Lorsqu'un courant bien alimenté en sable s'écarte du rivage puis voit sa force diminuer, il peut édifier une flèche sableuse, comme celle de la Coubre dans l'axe de l'estuaire de la Gironde ou celle du they de la Gracieuse, en Camargue, dans les Bouches-du-Rhône.

À observer sur la plage

Le sable de la partie basse de la plage dans la zone de balancement des marées est façonné en petites vaguelettes ou rides de courant, en anglais *ripple-marks*. À bien les observer, ces formes rythmiques peuvent présenter deux aspects différents.
Les unes ont un profil transversal asymétrique : elles sont formées par les courants et présentent une pente douce face au courant et une pente plus raide sur l'autre versant. D'autres sont symétriques : ce sont des rides d'oscillation qui résultent des mouvements réguliers de la houle se répercutant sur le fond. Il est fréquent de retrouver de telles rides consolidées et fossilisées dans des grès – anciens sables soudés –, permettant de retracer le contexte de leur origine sédimentaire. On observe aussi des rides dissymétriques sur les dunes, mais alors d'origine éolienne.

Rides d'oscillation sur une plage de Normandie.

Autre figure caractéristique des plages, les tortillons ou serpentins de sable correspondent aux déjections de vers fouisseurs nommés « arénicoles », mesurant entre 15 et 20 centimètres de longueur. Ils creusent leurs galeries en forme de U en ingurgitant le sable pour se nourrir des microaliments qu'il contient, et le rejettent par l'arrière à la surface de la plage.

Une laisse de mer – ce que la mer a laissé – est constituée par l'accumulation en forme de cordon de produits – algues mortes, bois flottés, coquillages, os de seiche, cadavres ou déchets (plastiques, boulettes de pétrole, etc.) – déposés par la mer à la limite de la marée haute. Quand la laisse est riche en matières organiques, sans déchets anthropiques, elle constitue un milieu naturel participant à l'écosystème littoral.

Une baïne – nommée « bâche » sur les côtes de Bretagne et de la Manche – est une dépression littorale qui se forme entre un banc de sable et la plage. La vidange d'une baïne, lorsque la mer descend, peut engendrer un courant violent et dangereux pour qui s'y aventure. On rencontre de nombreuses baïnes sur le littoral des Landes et, d'une façon plus générale, sur les estrans sableux de grande largeur et de faible pente.

Serpentin de plage, déjection de l'activité fouisseuse d'un ver arénicole.

LES DUNES NAISSENT
et se déplacent

Dans les dunes blanches de la plaine maritime picarde (Pas-de-Calais).

Le vent qui vient du large et qui n'a rencontré aucun obstacle pour freiner sa course souffle parfois avec force sur les côtes et les estrans sableux. Quand la mer est basse, la plage se dégage sur une surface plus ou moins importante dont une grande partie a le temps de sécher, libérant les grains que l'eau avait momentanément accolés. Un vent fort – déflation – est alors capable de déplacer les grains vers la terre. Les uns après les autres, ils font prise au vent et se mettent en mouvement. Ils avancent par petits bonds ou sauts successifs, d'où le terme de « saltation » pour qualifier ce mode de déplacement. D'autres roulent les uns sur autres. Quand le vent souffle très fort, les grains s'envolent. À l'arrière de la plage, le vent rencontre des reliefs et de la végétation qui ralentissent sa vitesse et abaissent son pouvoir de transport. Les grains s'arrêtent et retombent. Ils s'accumulent et forment un tas : la dune ! À son tour, la dune naissante fait obstacle au vent, ce qui favorise sa formation. La plus haute dune de France et d'Europe, la dune du Pilat, 106 mètres de hauteur, se situe au sud du bassin d'Arcachon, en Gironde.

La formation des dunes

La croissance des dunes, en particulier des plus grandes d'entre elles, nécessite des vents forts et régulier ainsi qu'une importante réserve d'alimentation en sable, donc en bordure de grandes plages. Il arrive cependant d'en observer associées à des plages étroites. Il faut imaginer que ces dernières, aujourd'hui réduites, étaient beaucoup plus larges il y a quelques siècles ou davantage.

Le vent n'a de pouvoir de transport que s'il souffle à partir de 16 km/h sur un sable sec et fin. La taille des grains de sable de la dune – granulométrie – est dans l'ensemble plus fine que celle de la plage d'où provient le sable, les plus gros éléments étant plus difficilement mis en mouvement. À la différence de leur transport dans l'eau, les grains de sable des dunes transportés par le vent s'entrechoquent à sec, roulent les uns sur les autres et finissent à la longue par se dépolir et s'arrondir. D'une façon générale, les cordons dunaires littoraux se forment perpendiculairement au sens du vent dominant et parallèlement au rivage.

Détail des grains de sable d'une dune, arrondis et dépolis, observés à la loupe.

Dune perchée en arrière du littoral de la côte sauvage du Croisic (Loire-Atlantique).

Les dunes se déplacent. Les grains remontent à contre-pente jusqu'au sommet et retombent de l'autre côté. La dune progresse ainsi vers l'intérieur des terres, menaçant cultures, forêts et habitations. Dans le cas où l'arrière-pays présente un relief en coteau, il arrive que le sable monte sur le relief, s'y accumule et forme ainsi une dune perchée.

Tas de sable dissymétriques

Les dunes présentent le plus généralement un profil transversal dissymétrique, avec une pente faible face au vent, côté mer, et une pente plus raide sous le vent, côté terre. Sous le vent, là où ce dernier n'agit pratiquement pas, la pente obéit à l'équilibre d'un tas de sable, à savoir une pente de 30 à 35 degrés. Par contre, face à la mer, le vent pousse les grains vers le haut et vers la terre, ce qui allonge le tas, diminuant, de ce fait, la pente qui varie d'une dune à l'autre. Le versant au vent d'une dune peut être marqué à sa base par une petite falaise de sable relativement raide, due à l'action de la mer lors de fortes marées hautes. Dans d'autres cas de figure, une grande dune littorale peut être précédée d'un talus sableux, petite dune embryonnaire au profil plus symétrique, parfois éphémère, balayée lors des fortes tempêtes. Les formes paraboliques naissent à partir de dunes droites dans lesquelles les vents tourbillonnants créent une cavité de déflation ou caoudeyre. Une fois amorcé, le phénomène s'intensifie et dessine un édifice en forme de croissant : soit une dune parabolique dont les pointes du versant concave sont tournées face au vent, soit une barkhane dont le versant convexe est tourné face au vent. La juxtaposition de plusieurs dunes en croissant crée un édifice en forme de râteau.

Profil dissymétrique de la dune du Pilat, au sud d'Arcachon (Gironde).

Caoudeyre, cavité de déflation dans une dune du Cotentin (Manche).

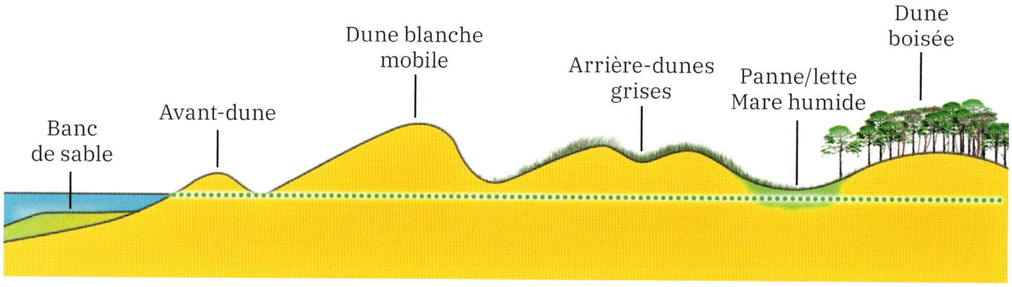

Schéma synthétique d'un ensemble dunaire.

Champ de dunes de Biville (Manche).

Les ensembles dunaires

En arrière de la dune bordière, on peut généralement observer un champ de dunes ou complexe dunaire constitué d'édifices de formes différentes – dunes alignées, paraboliques, barkhanes, en râteau – avec une implantation progressive de la végétation. Certains édifices anciens sont totalement couverts et fixés par une végétation arbustive ou forestière. Côté mer, les édifices plus récents sont moins végétalisés et se déplacent.

Même si chaque secteur littoral est particulier en fonction des différents contextes locaux, on peut cependant schématiser un complexe dunaire, de la mer vers la terre, de la façon suivante :

- le haut de plage, zone d'alimentation en sable ; une avant-dune embryonnaire avec un début de végétalisation ;
- la dune blanche mobile, dénommée ainsi car le sable y est bien visible ; elle est, entre autres, colonisée par des oyats ;
- viennent ensuite les dunes grise, où le sable est moins visible, couvertes d'une végétation herbacée dense associée à des mousses et des lichens ;
- puis les dunes recouvertes d'arbustes ;
- la forêt de pins, souvent associée à des genêts, couvre les dunes suivantes totalement boisées ;
- localement, des dépressions humides marécageuses – d'origine naturelle ou anthropique – peuvent se creuser au sein des dunes jusqu'au niveau de la nappe phréatique. Elles se nomment « pannes » dans le nord de la France et « lettes » en Gascogne.

Dunes couvertes de végétation arbustive avec un début de boisement, montrant au premier plan une zone d'érosion éolienne nommée « siffle-vent ».

PROTÉGER LES DUNES

Milieu naturellement fragile et particulièrement sensible à la surfréquentation touristique, une dune nécessite d'être protégée pour éviter son érosion et sa dégradation. Deux principes président à cette protection : d'une part, fixer le sable et protéger la dune des impacts naturels qui l'agressent, en particulier le vent, et, d'autre part, canaliser la circulation du public.

La fixation du sable peut s'envisager par différentes techniques, telles la couverture de branchages, la plantation de végétaux adaptés, ou la création de brise-vents limitant la déflation et favorisant la retombée du sable transporté.

La canalisation du public, nombreux pour accéder à certaines plages, peut être réalisée par la création de cheminements privilégiés, avec des clôtures en ganivelles de bois ou par l'installation de textiles ou de passerelles de planches, par exemple.

Passerelle d'accès à la plage protégeant la dune du piétinement.

L'implantation de ganivelles permet à la fois de délimiter l'espace dunaire protégé et de canaliser la circulation.

L'OYAT DES DUNES

L'oyat, de son nom scientifique *Ammophila arenaria*, est une plante herbacée, graminée, vivace, qui se développe dans le sable. L'oyat présente la particularité de résister au sel et aux embruns. Ses feuilles repliées longitudinalement sur elles-mêmes en forme de gouttière tubulaire conservent l'humidité et lui permettent de résister à la sécheresse. L'oyat possède un système de tiges souterraines, les rhizomes sur lesquels s'accrochent des racines adventives.

Les rhizomes traçants se développent à la fois verticalement, pour résister à s'ensablement, et horizontalement, ce qui favorise une reproduction végétative, sorte de marcottage permettant l'émergence de nouveaux pieds de proche en proche. Les rhizomes créent un véritable maillage souterrain qui maintient le sable et, de ce fait, participe à stabilisation des dunes. Végétal caractéristique des milieux sableux, adapté à un enfouissement régulier sous le sable, l'oyat se rencontre principalement sur les dunes bordières et sur les dunes blanches.

Peuplement d'oyats sur une dune blanche.

Poussé par le vent, l'oyat dessine de beaux cercles réguliers sur le sable.

Campagne de défrichage des arbustes et de nettoyage des dunes de Flandre (Nord).

La falaise, la porte et l'aiguille d'Aval à Étretat (Pays de Caux, Seine-Maritime).

LE LITTORAL DU BASSIN PARISIEN

De Bray-Dunes, dans le Nord, à Saint-Vaast-la-Hougue, dans la Manche, le littoral du Bassin parisien, constitué dans sa totalité de roches sédimentaires, présente un trait de côte relativement régulier, échancré par l'estuaire de la Seine. De grandes plaines maritimes, des plages et des dunes y alternent avec des côtes à falaises, les unes crayeuses, d'autres calcaires, voire marneuses.

Extrait de la carte géologique de France à 1/1 000 000. Les couches géologiques du Bassin parisien s'organisent en auréoles concentriques autour de l'Île-de-France. Elles se prolongent sous la Manche et se retrouvent dans le sud de l'Angleterre, comme en témoignent les falaises crayeuses du Crétacé et la « Jurassic Coast » du Dorset. De la même façon, les granites des Cornouailles britanniques sont en continuité du Massif armoricain.

Violet, bleu, vert, orange et jaune, teintes claires ou foncées, camaïeu de couleurs en auréoles concentriques, ainsi se dessine le Bassin parisien sur la carte géologique de la France. Chaque couleur correspond à une période de son histoire.

Délimité par le Massif armoricain, le Massif central, l'effondrement de la Bresse, les Vosges et les Ardennes, le Bassin parisien s'ouvre largement sur la Manche et, au-delà, sur le bassin de Londres, ainsi que sur les Flandres dont il est cependant séparé par le seuil de l'Artois. Entièrement constitué de roches sédimentaires, il présente une structure en cuvette relevée sur son pourtour, comme le montre la disposition des terrains, de plus en plus anciens en se dirigeant vers sa périphérie.

Cette disposition des terrains depuis les plus anciens en dessous vers les plus récents au-dessus est héritée des grandes étapes successives de l'histoire géologique au cours du Mésozoïque et du Cénozoïque. Les touches finales ont été données par les contrecoups du soulèvement des Alpes qui, ici comme ailleurs, ont partout marqué le territoire français. Ces mouvements sont, par exemple, à l'origine, vers la fin du Cénozoïque, d'un basculement du bassin vers l'ouest et du changement de direction du cours de la Loire qui, préalablement, s'écoulait vers le nord.

À l'est du Bassin parisien, sur le versant occidental des Vosges et en Lorraine, les couleurs mauves et violettes indiquent la présence de roches du Trias – grès, calcaires, argiles, gypse, sel gemme – déposées entre – 252 et – 201 millions d'années. On retrouve des sédiments du même âge, mais sur une très faible extension, au nord du Massif central et à l'est du Cotentin.

Bloc diagramme très simplifié de la structure géologique du Bassin parisien.

Viennent ensuite les terrains jurassiques, principalement calcaires et marneux, datés entre – 201 et – 145 millions d'années, représentés par différentes nuances de bleu. Ils constituent le littoral dans le Boulonnais et dans le Calvados. À cette époque, la France était en grande partie sous une mer chaude et peu profonde, parsemée d'îles et d'îlots. Le climat était propice à la formation de récifs coralliens, à l'instar de celui du mont Canisy qui domine Benerville, près de Deauville, dans le Calvados.

Les couleurs vertes indiquent que les sous-sols sont constitués de terrains d'âge crétacé – argiles, sables et craie –, datés de – 145 à – 66 millions d'années. Picardie, Champagne, Sénonais, Touraine : les sous-sols crayeux du Crétacé supérieur dessinent une auréole complète soulignée par ses paysages caractéristiques. Ils affleurent le long d'un grand domaine littoral depuis Calais jusqu'à l'estuaire de la Seine, avec en particulier le site emblématique d'Étretat. Des falaises crayeuses analogues constituent le littoral du sud-est de l'Angleterre, de l'autre côté de la Manche. C'est dans un de ces niveaux crayeux – la craie bleue – qu'a été creusé le tunnel sous la Manche.

Le centre du bassin est, pour sa part, constitué de roches plus récentes formées au Cénozoïque de – 66 millions d'années à nos jours, orangé et jaune sur la carte. Elles ne participent pas à la structure du littoral. Une d'entre elles, celle des sables de Fontainebleau, signe le dernier épisode marin au cœur du bassin, il y a 30 millions d'années.

Le Bassin parisien est aujourd'hui, et depuis longtemps, exondé, en terre ferme, mais son altitude reste assez faible en de nombreux points : 32 mètres à Paris-Notre-Dame. Rien n'empêche de penser qu'à une période ou une autre de son histoire future, il ne sera pas de nouveau, en partie ou en totalité, envahi par les eaux marines, qui provoqueront alors le dépôt de nouvelles formations sédimentaires.

De Bray-Dunes en Flandre à Saint-Vaast-la-Hougue dans le Cotentin, le littoral du Bassin parisien recoupe les formations sédimentaires du Jurassique et du Crétacé. Les falaises crayeuses remportent le palmarès des paysages avec, au nord comme à l'ouest, des affleurements d'autres roches plus anciennes, argiles, marnes, grès ou calcaires. Localement, de grandes plages de sable et leurs dunes associées ainsi que des cordons de galets provoquent un changement radical des paysages. Il en va de même pour quelques estuaires qui tranchent sur la ligne de rivage avec leurs marais maritimes, paradis des oiseaux.

Dans les dunes de la plaine maritime picarde, contraste paysagé saisissant avec les hautes falaises du pays de Caux qui leur font suite.

Les falaises crayeuses de la côte sud de l'Angleterre répondent à celles du pays de Caux, dans la continuité des couches de craie du Bassin parisien (Old Harry Rock, Angleterre).

Falaises marneuses des Vaches noires à Villers-sur-Mer (Calvados).

LA PLAINE MARITIME
de Flandre

La plage de Bray-Dunes (Nord), bordée de dunes.

Située au nord du Bassin parisien, la plaine de Flandre, s'étend des collines de l'Artois jusqu'en Belgique et aux Pays-Bas. Elle se subdivise en deux grands domaines géographiques que sont la Flandre intérieure ou Flandre continentale, *houtland* – le « pays du bois » en flamand – et la plaine maritime, le *blootland*, le « pays nu ».

Le sous-sol de la région est principalement constitué d'importantes couches d'argile d'origine marine (argile des Flandres), où s'intercalent des niveaux sableux. L'ensemble est daté de l'Yprésien – Éocène inférieur – entre – 56 et – 48 millions d'années. Le terme d'Yprésien vient de la ville d'Ypres, dans la Flandre intérieure belge, où l'étage a été défini. De cette structure relativement horizontale émergent des monts (mont Cassel, 176 mètres ; mont des Cats, 164 mètres) ayant résisté à l'érosion car chapeautés de niveaux plus résistants correspondant à la grésification d'anciens niveaux sableux. L'ensemble repose en profondeur sur la craie, qui recouvre un soubassement plus ancien, hercynien, daté du Paléozoïque (ère primaire), dans la continuité des Ardennes. L'argile des Flandres est depuis longtemps exploitée pour la fabrication de tuiles et de briques.

La plaine maritime flamande

De Sangatte, dans le Pas-de-Calais, au pied du massif crayeux du cap Blanc-Nez, jusqu'à Bray-Dunes, dans le Nord, à la frontière belge, s'étend la partie française de la plaine maritime. Elle se poursuit le long du littoral de Belgique et borde la mer du Nord jusqu'à l'estuaire de l'Escaut. C'est une région naturelle topographiquement plate et très humide, d'une vingtaine de kilomètres d'extension en largeur, d'altitude partout inférieure à 5 mètres. Elle est bordée par une frange littorale sableuse, de plages et de dunes.

Un important système de canaux et de fossés, les wateringues ou watergangs, draine l'ensemble de la plaine maritime flamande.

GUERRES ET POLDERS : LES MOËRES

Après avoir été inondés en 1914 à des fins défensives pour isoler et protéger Dunkerque, les Moëres connurent leur dernier épisode d'inondation durant l'été 1944, lorsque les troupes allemandes, retranchées dans la ville, utilisèrent à leur tour le même stratagème. Le polder fut de nouveau asséché en septembre 1944.

Il est indéniable que les Moëres, relativement urbanisés, constituent aujourd'hui une importante zone à risque majeur face au changement climatique et à la menace de la montée du niveau marin d'ici la fin XXIe siècle.

Le polder des Moëres (Nord) inondé en 1944, pendant la Seconde Guerre mondiale.

De nombreux secteurs y sont au niveau des hautes mers, voire plus bas et de ce fait très sensibles aux risques d'inondation. La plaine maritime est drainée par de nombreux canaux, en particulier ceux de Calais et de la Haute-Colme et de la Basse-Colme, d'où partent des ramifications et des fossés. Le tout forme un réseau de 1 000 kilomètres de « wateringues » ou « watergangs » associé à des pompes de relevage, ce qui permet d'assécher les zones marécageuses, de garder une nappe d'eau douce en surface et de prévenir les inondations – hautes mers et tempêtes.

La plaine maritime est le pays de l'ancien delta marécageux de l'Aa et des Grande-Moëre et Petite-Moëre, deux anciennes lagunes situées au sud de Ghyvelde, de part et d'autre de la frontière, et dont l'altitude passe par endroits en dessous du niveau de la mer, à - 2,50 m. Les Moëres constituent un polder type, gagné sur la mer au début du XVIIe siècle par des travaux d'endiguement et d'assèchement. Sans leur important système de drainage et de pompage, les Moëres retrouveraient rapidement leur nature lagunaire marine.

La plaine maritime s'est formée par érosion marine dans l'argile des Flandres lors de la transgression flandrienne due à une remontée généralisée du niveau de la mer consécutive à la fin de la dernière période glaciaire (– 18 000 ans).

La montée des eaux, entre – 5 000 et – 2 800 ans, baptisée dans la région « transgression dunkerquienne », a créé le pas de Calais, ouvrant la communication entre la Manche et la mer du Nord. La mer est alors venue jusqu'à Watten, en aval de Saint-Omer, sur le cours de l'Aa, et a envahi une partie de la Flandre, creusant une plate-forme d'abrasion, l'actuelle plaine maritime sur laquelle se sont déposés de nouveaux sédiments très récents : les sables pissards imbibés d'eau (d'où leur nom) douce en partie superficielle et d'eau saumâtre en profondeur – ils sont associés à des niveaux de vases et de limons argileux, avec localement de la tourbe.

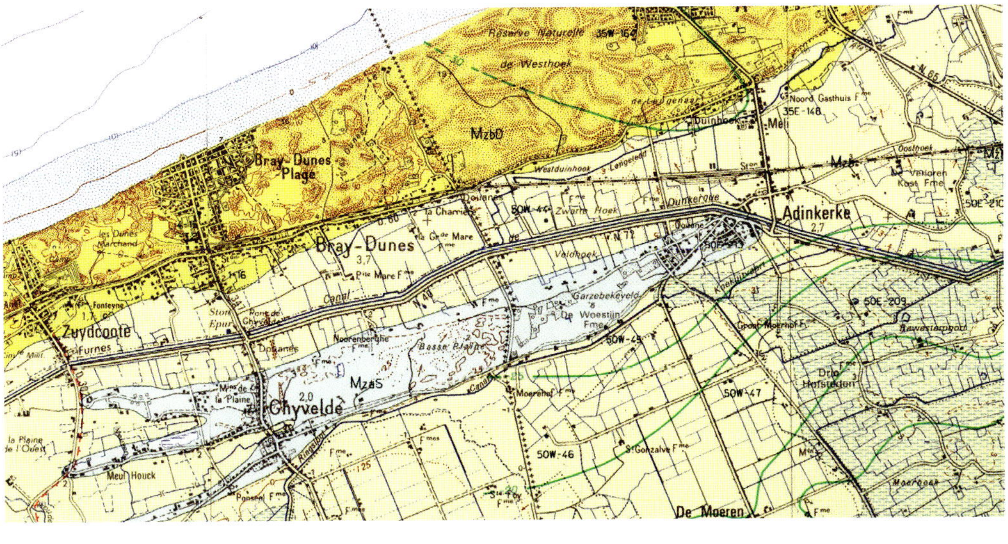

Extrait de la carte géologique à l'échelle 1/50 000 de Dunkerque – Hondschoote. Le système dunaire côtier et le polder des Moëres (Nord), en retrait de la côte, quadrillé de canaux.

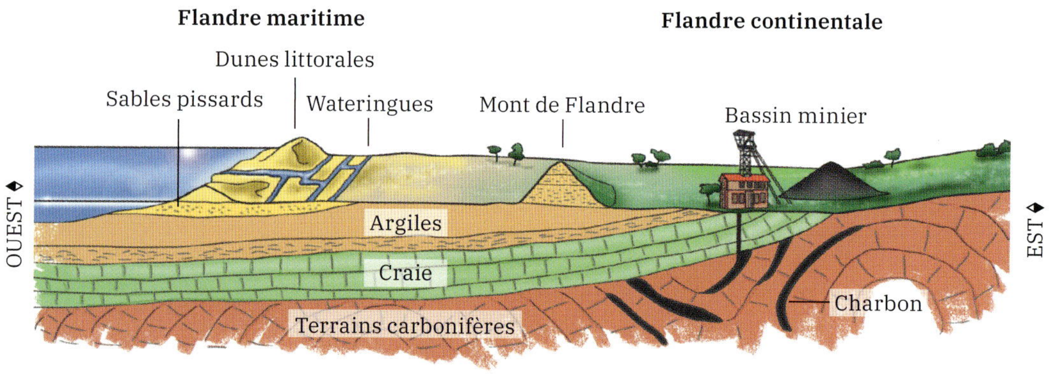

Schéma simplifié de la structure géologique de la plaine flamande.

À cette époque, le paysage de la région pouvait être comparé à celui des Wadden, au nord des Pays-Bas, avec de grandes lagunes en eaux peu profondes, voire marécageuses et jalonnées d'îles sableuses et de cordons dunaires, dans lesquelles se déposent actuellement des sédiments sablo-limono-argileux, de natures plus ou moins mélangées.

Plus récemment, au début du Moyen Âge, du IVe au VIIe siècle, un nouvel envahissement marin a eu lieu sur la plaine maritime, connu sous le terme de « transgression dunkerquienne II ». Peut-être faut-il alors parler d'une très importante inondation plutôt que d'une transgression au sens fort du terme. Les Gallo-Romains, qui avaient préalablement occupé le territoire, durent battre en retraite. Le plan d'eau s'est envasé progressivement, favorisant la formation de tourbe. Puis la région a commencé à être peu à peu asséchée au Xe puis au XIIe siècle, en particulier sous l'impulsion de Thierry d'Alsace, comte de Flandre, jusqu'aux travaux de Wenceslas Cobergher en 1626 qui finalisa l'assèchement des Moëres en drainant la zone grâce à des canaux et à l'implantation de 23 moulins à vent, chacun actionnant une grosse vis d'Archimède pour pomper l'eau. Visiter les Moëres : l'occasion de découvrir les polders et leurs aménagements.

Le littoral de la Flandre maritime

De Bray-Dunes à Sangatte s'étend, sur une soixantaine de kilomètres, la côte sableuse de Flandre maritime, de direction est-nord-est – ouest-sud-ouest, marquée par de grandes plages et des cordons dunaires, ces derniers souvent masqués par les aménagements et les habitations. Deux secteurs y sont spécifiquement préservés par des réserves naturelles : les dunes et le platier d'Oye entre Dunkerque et Calais, ainsi que la dune Marchand entre Bray-Dunes et Zuydcoote, à l'est de Dunkerque.

Immensité de l'estran sableux et des dunes de Flandre (Nord).

Les plages de Flandre

Les plages de Flandre présentent un estran étendu en pente douce, ce qui les fait se découvrir largement à marée basse. Dans le secteur ouest, entre Dunkerque et Sangatte, la tendance est à l'engraissement, en particulier au niveau des Hemmes de Marck, où l'accolement récent d'un banc de sable à la plage a créé une grande plate-forme sableuse dans le secteur du phare de Walde, aujourd'hui ensablé et prisé par une population de phoques. Par contre, à l'est de Dunkerque, la tendance est à l'amaigrissement, comme en témoignent les blockhaus aujourd'hui sur la plage alors qu'ils ont été construits sur les dunes pendant la Seconde Guerre mondiale.

Les sables des plages ont été apportés par la mer à partir des fonds marins proches présentant de nombreux bancs : les ridens. Neuf bancs sont ainsi répertoriés en face de Dunkerque, contraignant le cheminement des bateaux pour l'entrée au port. La présence de ces bancs à faible profondeurs tient au fait que les courants forts au niveau de l'étroitesse du pas de Calais voient leur régime diminuer en arrivant dans la mer du Nord, ce qui favorise les dépôts sédimentaires.

Jadis édifié en mer, l'ancien phare de Walde (Pas-de-Calais) est aujourd'hui pris dans un banc de sable littoral. Ce secteur côtier, à la différence d'autres, a gagné sur la mer.

Les blockhaus aujourd'hui sur la plage ou dans l'eau témoignent du recul important de la partie orientale de la côte depuis 1944.

Les dunes de Flandre

Entre la frontière belge et Dunkerque, un très important système de dunes s'étend sur une quinzaine de kilomètres et une superficie d'environ 1000 hectares avec les dunes récentes, Dewulf, Marchand et du Perroquet, et, plus en retrait les dunes plus anciennes, dites «fossiles», de Ghyvelde. Leur extension en largeur varie de 700 à 1100 mètres. Différents circuits ont été tracés et aménagés pour découvrir ces vastes complexes dunaires.

SISMICITÉ

La Flandre n'est pas totalement à l'abri des séismes, comme en témoigne celui de Calais qui secoua le ville le 6 avril 1580 et dont l'intensité a été évaluée à VII-VIII sur l'échelle MSK (dégâts et destructions sur les bâtiments). Ce séisme était lié à un mouvement de failles affectant le socle hercynien. Plus proche de nous, le 22 mai 2015, un séisme de magnitude 4,4 s'est produit au large de Calais dont l'épicentre était proche de celui de 1580.

Les dunes récentes bordent le littoral. Elles se sont développées sous l'action du vent qui souffle dans le sens ouest-est, parallèlement à la côte, ce qui est une particularité régionale. Dans d'autres régions, les dunes littorales s'édifient perpendiculairement au rivage, sous l'action des vents dominants venant du large : dunes picardes ou des Landes, par exemple.

La structure des massifs dunaires flamands s'organise en deux grands secteurs :

- une avant-dune bordière, la dune blanche, haute d'une quinzaine de mètres, borde la plage, faisant face à la mer. Elle est principalement couverte d'oyats et localement accidentée de couloirs de déflation au sein desquels le sable peut s'accumuler en petits tas : les pourrières. Elle est qualifiée de «blanche» car le sable y est très visible, subissant une importante dynamique éolienne, à la différence des dunes internes beaucoup plus végétalisées. Selon les contextes météorologiques et les saisons, elle présente ou non un front plus ou moins sculpté en «petite falaise» dû à l'action directe de l'érosion lors des hautes mers à fort coefficient de marée ;
- en arrière de la première dune se développe un ensemble composé de dunes paraboliques en forme de croissant alternant avec des pannes et quelques mares. La présence de l'eau y varie en fonction des battements de la nappe. Les pannes constituent un écosystème riche. En s'éloignant de la dune bordière, le couvert végétal s'intensifie et tend à fixer les édifices avec des dunes dites «grises» couvertes de mousses et de lichens, puis on trouve des dunes à fourrés couvertes d'arbustes, et plus en retrait, des dunes boisées.

Le platier d'Oye (Pas-de-Calais) : plage et lagunes gagnées sur la mer.

- dans le secteur de Ghyvelde, à 3 kilomètres de la mer, se trouve une dune plus ancienne – la « dune aux pins » – qualifiée de « fossile » car ne recevant plus du tout d'apport sableux, protégée du vent par les dunes littorales. Longue de 6 kilomètres, elle se prolonge côté belge. Elle s'est formée il y a environ 5 000 ans. La dissolution des coquillages par circulation d'eau (lessivage) l'a décalcifiée et a par conséquent provoqué son acidification, ce qui en fait un terrain pauvre. Elle marque un ancien rivage avant le recul de la mer : c'est une dune paléocôtière. Un circuit pédestre de 8 kilomètres permet de la découvrir.

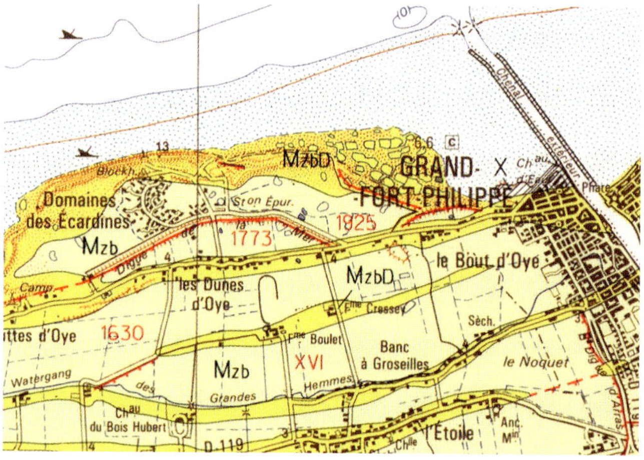

Extrait de la carte géologique à l'échelle 1/50 000 de Calais, montrant l'avancée en mer et la structure du platier d'Oye au sein d'une succession de cordons dunaires.

PANNE DUNAIRE

Une panne dunaire est une dépression creusée par le vent au cœur des dunes jusqu'au niveau de la nappe phréatique. La présence de l'eau y varie en fonction des battements de la nappe. Elles constituent un milieu – écosystème – humide et riche. Les unes sont d'origine naturelle et d'autres anthropiques, comme d'anciennes carrières par exemple. On peut y observer localement des pelouses humides, des mares et des roselières. Certaines d'entre elles conservent une grande quantité de débris de coquillages, ce qui enrichit le sable en calcaire et change la nature du sol, comme dans la panne à coquillages de la dune Marchand, dans la plaine maritime flamande.

La dune Marchand (Nord) et la panne dite « à coquillages », avec l'amorce d'une cavité de déflation.

Le platier d'Oye

Prairies humides, vasières, chenaux et marais : le platier d'Oye, situé sur le littoral entre Dunkerque et Calais, espace protégé par une réserve naturelle, s'est formé de manière naturelle il y a une centaine d'années en bordure de la zone de comblement de l'estuaire de l'Aa. Situé à une altitude de 2 mètres, atteint uniquement par les grandes marées, il constitue, à l'abri des dunes littorales, une importante zone d'alimentation pour les oiseaux migrateurs. Un parcours aménagé permet d'en découvrir la diversité et la richesse.

BLANC-NEZ GRIS-NEZ

la côte d'opale

En quittant Calais en direction de Boulogne-sur-Mer, dans le Pas-de-Calais, la côte amorce un virage complet vers le sud, marqué par des reliefs et des paysages caractéristiques ponctués de deux caps emblématiques, le Blanc-Nez et le Gris-Nez. Leurs noms sous-entendent à l'évidence la différence de leur nature rocheuse. Ce secteur géologique correspond à un bombement de la structure du sous-sol – bombement de l'Artois – où l'érosion a progressivement décapé les différentes couches, dessinant une sorte de boutonnière géologique et provoquant l'affleurement de roches beaucoup plus anciennes, datées du Crétacé et du Jurassique au niveau de l'anticlinal du Boulonnais. Suivre pas à pas la côte et découvrir les grèves et ses falaises permet d'observer une grande diversité de roches et de nombreux objets géologiques. Ce secteur littoral est à découvrir dans deux cartes géologiques à l'échelle 1/50 000: feuilles de Marquise et de Boulogne-sur-Mer.

Le cap Blanc-Nez

À partir de Sangatte et de l'entrée du tunnel sous la Manche, la route littorale D940 s'élève rapidement pour rejoindre le plateau du mont d'Hubert et du Blanc-Nez dont les falaises s'élèvent à 134 mètres. Ce changement radical tient dans la nature du sous-sol. L'argile des Flandres cède la place au plateau crayeux, ultime affleurement de la craie au nord de la France. La craie est un sédiment calcaire fin, friable et blanc. Une description de sa nature précise est proposée en page 68 de cet ouvrage. Les couches de craie y ondulent et

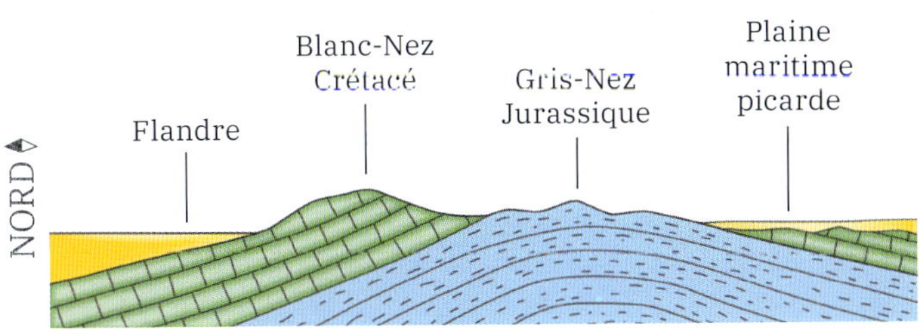

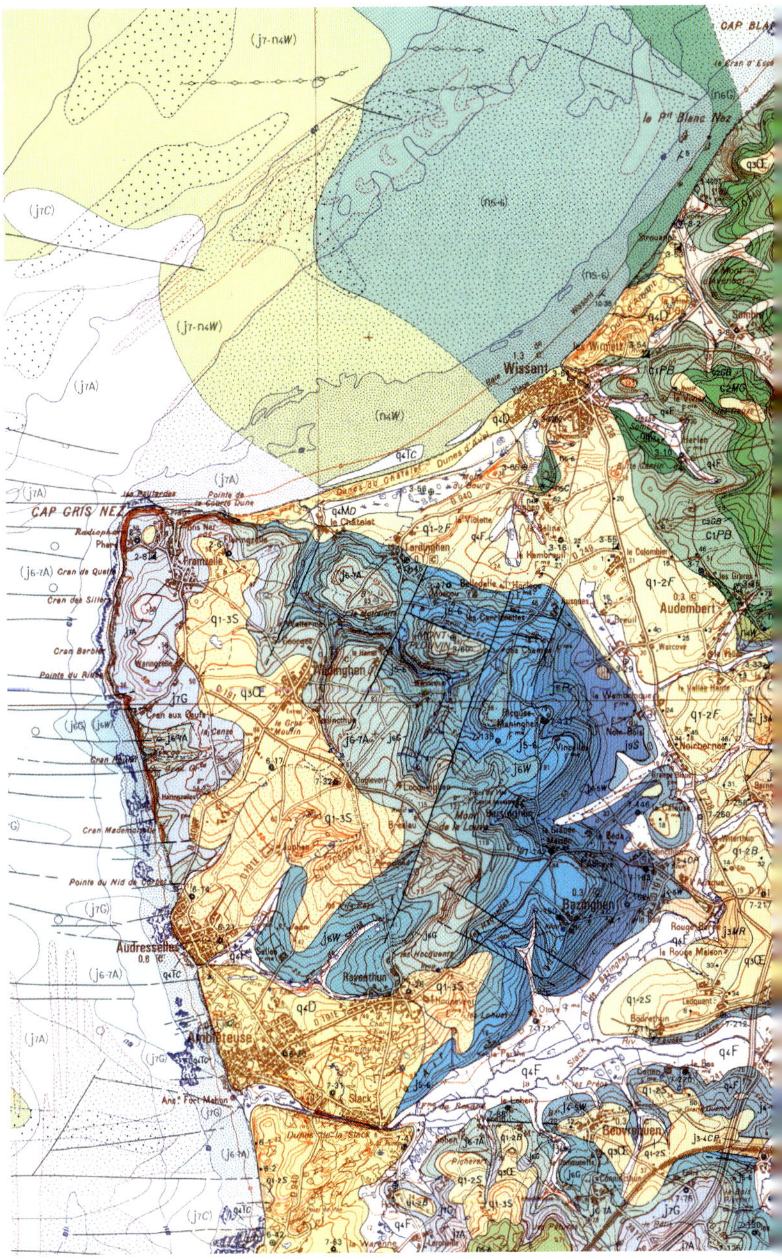

Extrait de la carte géologique de Boulogne-sur-Mer (Pas-de-Calais) à l'échelle 1/50 000.
Les falaises crayeuses crétacées (en vert) et celles du Jurassique (en bleu) encadrent la baie de Wissant. Au sud: l'estuaire de la Slack à Ambleteuse.

façonnent deux principaux affleurements le long du littoral : le Grand et le Petit Blanc-Nez, séparés par le cran d'Escalles. Ce dernier est une ancienne vallée, aujourd'hui suspendue au-dessus de la grève – valleuse – qui débouchait jadis au niveau du rivage, quand le plateau s'avançait plus loin en mer.

De cap, il n'en est point, car le Blanc-Nez ne s'avance pas en mer. Il correspond à une simple proéminence altimétrique. Par beau temps, il constitue un magnifique point de vue sur le bras de mer du pas de Calais et les falaises de Douvres et de Folkestone qui, à une trentaine de kilomètres, barrent l'horizon sur la côte sud de l'Angleterre. Vers le sud-ouest, on distingue le cap Gris-Nez, qui s'inscrit dans les terrains plus anciens, jurassiques, du Boulonnais.

La craie du Blanc-Nez

L'observation de la falaise est aisée depuis le cran d'Escalles, d'où l'on peut accéder à la grève constituée de galets de silex. Ces derniers ne proviennent pas de la craie locale, qui n'en contient pas : ils ont été apportés depuis le pays de Caux par les courants venant du sud.

Deux niveaux géologiques superposés, datés du Crétacé supérieur, constituent la paroi du Blanc-Nez : en partie basse, la craie du Cénomanien (– 95 millions d'années), et au-dessus, celle du Turonien (– 90 millions d'années). L'argile du Gault, matériau plastique, facteur d'instabilité, affleure à la base de la falaise. Les roches ont livré de nombreux fossiles et en particulier des ammonites.

Le Petit Blanc-Nez s'inscrit principalement dans la couche de craie bleue de nature marneuse et, de ce fait, imperméable. De par le pendage incliné vers le nord, cette formation se retrouve en profondeur à Sangatte et sous la mer, ce qui explique qu'elle a été utilisée, en raison de son imperméabilité, pour y implanter le tunnel sous la Manche.

Le cap Blanc-Nez à marée basse et le cran d'Escalles (Pas-de-Calais).

Le cap Blanc-Nez à marée haute, entouré de l'opalescence crayeuse de l'eau de mer : c'est bien la Côte d'Opale !

Comme toutes les côtes de nature crayeuse, le Blanc-Nez subit une érosion intense puisqu'il a reculé d'une vingtaine de mètres depuis 1945, soit en moyenne de 30 centimètres par an.
Trois raisons principales expliquent ce recul rapide :

- la déstructuration spontanée sous son propre poids de la masse crayeuse, par action de sape interne due à l'infiltration de l'eau dans les fractures ;
- la nature relativement fragile du matériau ;
- et la force des vagues à marée haute, en absence d'obstacle en direction du large.

Peu à peu, la mer évacue et dissout les éboulis crayeux du pied de falaise, procurant à l'eau une couleur laiteuse, d'où le nom de Côte d'Opale donné à cette partie du littoral.

La baie de Wissant

Ancrée entre le Blanc-Nez et le Gris-Nez, la baie de Wissant correspond à des roches tendres, anciennes couches argilo-sableuses du Crétacé inférieur. La baie est comblée par des alluvions récentes – cailloutis, argiles et sables –, en particulier des sables littoraux remaniés en dunes en arrière des plages : dunes d'amont, d'aval et du Châtelet. Le nom de Wissant dérive du néerlandais *wit zand*, « sable blanc » !

LE TUNNEL SOUS LA MANCHE

Constitue sans doute un des plus extraordinaires ouvrages du XXe siècle, pour lequel la géologie a totalement guidé le choix du tracé. Ce dernier suit pas à pas une couche de craie, mais pas n'importe laquelle : la couche de craie bleue, d'une trentaine de mètres d'épaisseur.

Pourquoi cette couche ? Parce que la craie bleue est peu perméable, pas trop dure pour le travail des tunneliers, de bonne tenue mécanique, et peu fracturée. Cependant, sa relativement faible épaisseur nécessitait de viser juste, car il fallait éviter de toucher la craie grise située au-dessus, très perméable, et l'argile du Gault, située en dessous et très gonflante au contact de l'eau, ce qui aurait énormément gêné le travail des engins de forage.

Il était donc important de détecter le profil exact du sommet de la couche. Ce travail fut réalisé par plusieurs milliers de sondages et par le repérage systématique d'un microfossile uniquement présent sur une épaisseur de 1,5 à 2 mètres sous le toit de la craie bleue, ce qui en fait un excellent marqueur géométrique.

Ce travail représente un exemple particulièrement explicite de l'importance des études géologiques et paléontologiques pour des applications industrielles et techniques.

Les falaises d'Opale

Au sud de Wissant, le bombement anticlinal de l'Artois, érodé en son cœur, fait apparaître des roches plus anciennes du Jurassique supérieur (Kimméridgien et Tithonien, de −155 à −145 millions d'années), colorées en bleu sur la carte géologique. Elles sont formées d'une alternance de marnes, de bancs calcaires et de grès. De nombreux lieux portent le nom de « cran », tels le cran aux Œufs, le cran des Sillers, le cran Mademoiselle, le cran aux Oies… Leur morphologie correspond à des vallées suspendues, recoupées par l'érosion littorale.

Comme son nom l'indique, le cap Gris-Nez – à 12 kilomètres au sud-ouest du Blanc-Nez – s'oppose en tous points à ce dernier : âge, couleur, nature des roches et hauteur de la falaise. Avec ses voisins plus au sud, le cran aux œufs, la pointe aux Oies et, plus loin, l'anticlinal de la Crèche à Boulogne, le littoral mérite que l'on s'y attarde en parcourant l'estran en divers points pour observer les roches et leurs structures géologiques. Les grès plus durs sous-tendent les reliefs. Leur érosion génère des blocs et des boules qui s'accumulent sur l'estran.

Le cap Gris-Nez

Plissements et failles ont bousculé la structure du cap Gris-Nez, composé d'argiles, de marnes calcaires et de grès, roche plus dure qui le chapote et en assure, protégé par les blocs éboulés à sa base, la résistance face à la mer. Le Gris-Nez s'inscrit dans une structure anticlinale complexe héritée des soubresauts de phases tectoniques du plissement alpin qui ont joué sur la structure du Bassin parisien. Au sud du cap, les couches, moins perturbées, ont, de ce fait, conservé une structure quasiment horizontale. Au pied de la falaise, on peut observer quelques fossiles, en particulier des huîtres du genre *Exogyra* et des ammonites. Sur l'estran, au pied du cap, la marée basse dégage un large platier subhorizontal où la structure plissée se dessine en traces concentriques soulignées par l'érosion.

Le cap Gris-Nez (Pas-de-Calais) s'inscrit dans les terrains jurassiques du Boulonnais. Les niveaux plus résistants apparaissent en relief sur l'estran.

Structure en auréoles concentriques correspondant aux niveaux rocheux les plus résistants de la structure plissée du cap Gris-Nez, recoupée sur l'estran par l'abrasion horizontale de la plate-forme littorale.

Le Cran aux Œufs (Pas-de-Calais) avec les blocs de grès de forme arrondie : les œufs !

Le cran aux Œufs

Ce cran, marqué par une petite valleuse caractéristique, à Audinghen, au sud du cap Gris-Nez, tient son nom de la présence des blocs de grès de forme ovoïde qui se détachent de la falaise et couvrent le platier rocheux, évoquant, avec beaucoup d'imagination, de gros œufs.
En de nombreux lieux – cran Barbier, cran Poulet, Audresselles –, on peut observer des failles qui viennent hacher la falaise. Elles sont indiquées sur la carte géologique par un trait noir bien marqué. Plus au sud, entre Ambleteuse et Vimereux, l'estran permet d'observer des bancs de tourbe holocène (formés il y a 3 000 à 4 000 ans) reposant sur le socle jurassique. Ces niveaux de tourbe correspondent à d'anciennes forêts en bord de mer.
À Ambleteuse, l'estuaire de la Slack, vu du promontoire nord, est l'occasion de découvrir un étonnant poulier constitué d'une succession de cordons de galets.

L'anticlinal de la Crèche, au nord de la plage de Boulogne-sur-Mer (Pas-de-Calais).

L'anticlinal de la Crèche : système pétrolier

L'excursion à marée basse sur la plage de la Crèche, au nord de Boulogne, permet de prendre du recul et d'observer, sur la falaise, la structure inclinée et légèrement incurvée des couches correspondant au flanc nord de l'anticlinal de la Crèche, dont l'axe, bien visible, se situe au sud de l'affleurement. L'ensemble se compose, de bas en haut, d'une couche d'argiles, puis d'une de grès, le tout surmonté d'une couche d'argiles, ensemble daté du Jurassique. Cet anticlinal formé par contrecoup du plissement alpin souligne la structure de la boutonnière du Boulonnais.
La nature et la disposition des couches présentent un caractère géologique particulièrement spécifique : elles correspondent à un système montrant les conditions nécessaires pour la formation d'un gisement de pétrole.

- La base de l'anticlinal est constituée d'une couche d'argiles sombres dites « argiles de Châtillon ». Elles doivent leur couleur à la matière organique qu'elles contiennent, datant de leur formation en mer il y a environ 150 millions d'années : plancton, micro-organismes, algues... Cette couche constitue une roche-mère dans laquelle les matières organiques se transforment lentement en hydrocarbures. Elle se prolonge très loin en mer du Nord, où elle est à l'origine des importants champs pétrolifères aujourd'hui exploités.
- Pendant et après leur maturation, les hydrocarbures, moins denses que les roches encaissantes, tendent à remonter, ce qu'ils font s'ils trouvent au-dessus d'eux une ou des couches poreuses, comme c'est le cas ici, au niveau des grès de la Crèche. On parle alors de migration du pétrole vers une roche-magasin ou roche-réservoir.
- Cependant, pour que le pétrole reste piégé, il est absolument nécessaire que cette couche réservoir soit chapeautée par une structure formant un couvercle, à savoir un anticlinal présentant une couche sommitale imperméable bloquant sa migration, ce qui est le cas ici avec les argiles de la Crèche.
- L'histoire géologique en a décidé autrement : ce dispositif a été bousculé par la tectonique, qui a provoqué l'affleurement de la roche-réservoir et permis d'évacuer le pétrole à l'air libre.

LA PLAINE MARITIME

picarde

La plage de Berck (Pas-de-Calais) borde la plaine maritime picarde.

Entre Boulogne-sur-Mer, dans le Pas-de-Calais, et Cayeux, dans la Somme, s'étend la plaine maritime picarde, dont la morphologie tranche radicalement sur celle des falaises du Boulonnais, au nord, et du pays de Caux, au sud. La côte y est très plate, marquée de grandes plages où la mer dégage un large estran à marée basse, piste prisée des chars à voile. La grande extension des plages à marée basse tient à la fois de la morphologie subhorizontale des fonds sableux et d'un fort marnage local qui peut atteindre 9 mètres lors des gros coefficients de marée.

En arrière des plages s'étendent d'importants champs de dunes, sur plusieurs kilomètres de largeur. En de nombreux secteurs, une falaise morte, crayeuse, délimite la plaine vers l'est. Les estuaires de trois fleuves incisent fortement la ligne du rivage : la baie de Canche, celle d'Authie et la baie de Somme. Le tout constitue un ensemble géologique homogène, dont la formation récente repose directement sur un substratum crayeux jadis raboté par l'érosion. On retrouve ici, de part et d'autre du bombement du Boulonnais, les couches de craie faisant le pendant au secteur du cap Blanc-Nez et se poursuivant au sud sur le littoral du pays de Caux.

Lors de la remontée des eaux consécutive à la dernière déglaciation, la mer a sculpté et provoqué le recul de la falaise, comme sur le reste du pays de Caux plus au sud. Il y a 5 000 ans, la plaine maritime n'existait pas et la Manche battait ses flots contre la falaise aujourd'hui abandonnée et localement érodée. À partir de cette époque, l'activité des courants provoqua non plus une érosion mais des apports sédimentaires et la constitution de cordons de galets et de sable au pied de la falaise, dans un premier temps sous-marins puis finissant par émerger et délimiter un espace lagunaire propice à l'envasement.

En construisant des digues, l'homme acheva le processus naturel et favorisa l'assèchement de la région. Les renclôtures – digues – du Marquenterre datent des XVIIe et XVIIIe siècles. Rue et Abbeville, dans la Somme, étaient alors encore des ports francs. Quant à la ville de Berck, dans le Pas-de-Calais, elle se situait au bord du petit estuaire de l'Arche, qui a totalement disparu. Aujourd'hui, le littoral picard est en recul, comme de nombreux secteurs de côtes sableuses de France. Au sud de la baie d'Authie, il a ainsi reculé d'environ 1 kilomètre depuis 300 ans.

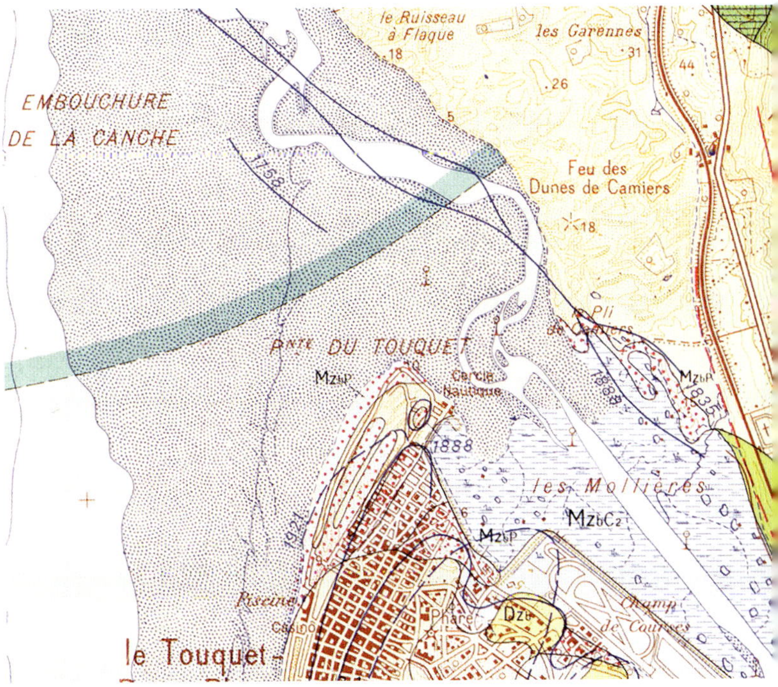

Extrait de la carte géologique de Montreuil (Pas-de-Calais) à l'échelle 1/50 000 : l'estuaire de la Canche, progressivement dévié vers le nord par les courants marins de la Manche.

Grandes marées en baie de Somme.

Dans les dunes d'Écault et d'Hardelot

La plaine maritime possède de nombreux systèmes dunaires comme celui d'Écault, près d'Hardelot, dans le Pas-de-Calais, dont les plus hautes, les dunes de Condette, avoisinent 100 et 90 mètres d'altitude, ce qui en fait les deuxièmes plus hautes de France après celle du Pilat dans les Landes de Gascogne. Des sentiers sillonnent le massif d'Écault, large de 5 kilomètres, et permettent de découvrir, de la mer vers l'intérieur, les différents types de structures associées : dunes embryonnaires, dune blanche à oyats, dunes grises à mousses et lichens, dunes arbustives – principalement des argousiers – et dunes boisées. À la différence de la Flandre maritime, le système dunaire s'est construit perpendiculairement au littoral de direction nord-sud, sous la pression des vents dominants d'ouest. Les principales étapes de sa formation datent du XVIIe siècle, avant qu'il ne soit en partie fixé par des plantations de pins. L'établissement des dunes est venu barrer des petits rus favorisant des zones humides également alimentées par des sources issues des dunes, en particulier au sud d'Hardelot dans les dunes du mont Saint-Frieux. Dans ce secteur, le vent a emporté le sable contre la falaise morte et édifié des dunes perchées au sommet du plateau crayeux, ce que montre explicitement la carte géologique de Boulogne-sur-Mer.

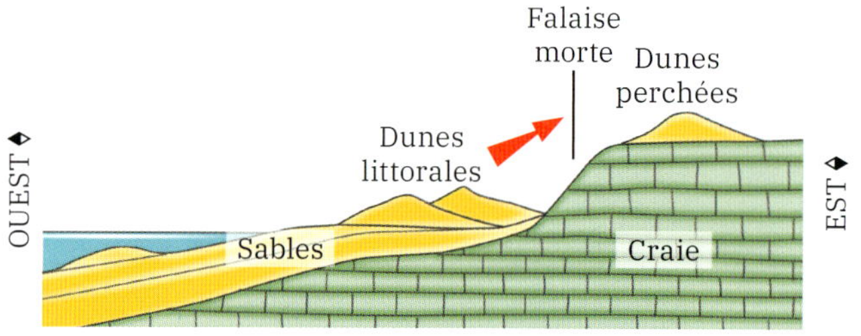

Poussées par le vent du large, les dunes montent à l'assaut des reliefs.

Trois estuaires

Les estuaires de la Canche, de l'Authie et de la Somme sont, à divers titres – géologique, morphologique, historique, écologique et touristique –, des espaces emblématiques de la côte maritime picarde. D'une façon assez similaire, ils 'ouvrent vers le nord. Ce profil correspond à une migration progressive depuis les temps historiques, due aux forts courants marins qui circulent vers le nord face au littoral. Ils sont également responsables d'importants transports sédimentaires de vases, de sables, mais aussi de galets. La baie d'Authie, par exemple, s'est déviée d'environ 5 kilomètres depuis le Moyen Âge, comme en témoignent les digues construites à différentes époques. La plus ancienne, au sud de Fort-Mahon, dans la Somme, date de 1199. Ce fait explique que l'estuaire ne se trouve plus dans l'axe de sa vallée au niveau de l'arrière-pays.

Dans les baies et en avant des polders se situent des mollières, terme local désignant un schorre, espace caractéristique des marais maritimes recouvert uniquement lors des grandes marées hautes.

Dans la baie de Somme, on évalue à plusieurs dizaines de tonnes l'apport quotidien de sédiments. Il s'agit d'un mélange – la tangue – composé de particules calcaires provenant du pays de Caux, de vases fines et de micro-organismes également calcaires. À marée basse, l'estran se découvre sur une largeur de 7 kilomètres au droit de la pointe du Hourdel et sur une quinzaine de kilomètres dans l'axe de la baie.

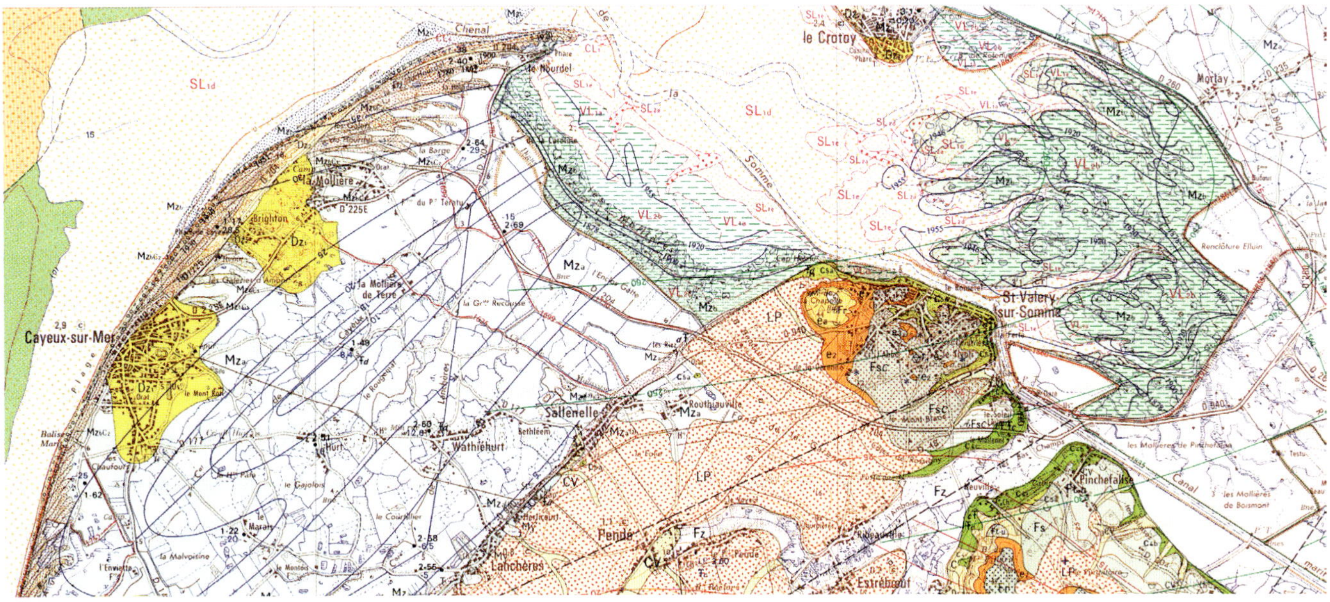

Extrait de la carte géologique de Saint-Valery-sur-Somme – Eu à l'échelle 1/50 000 : le territoire des bas-champs, délimité par le poulier du Hourdel (Somme) disposé en crochons successifs.

Les Bas-Champs et la pointe du Hourdel

À l'extrémité sud de la plaine maritime, le domaine des bas-champs de Cayeux-sur-Mer dessine un triangle bien marqué entre la baie de Somme et Ault. Au début du Moyen Âge, le littoral cauchois – jalonné par Dieppe et Le Tréport en Seine-Maritime, Ault dans la Somme – se poursuivait de façon rectiligne jusqu'à Saint-Valery-sur-Somme, suivant le tracé de l'actuelle route D940. De cette époque date le début de l'édification d'un premier cordon de galets ancré à Onival. Ce cordon, aujourd'hui long de 15 kilomètres, se termine à la pointe du Hourdel sous forme d'un poulier constitué de crochons distribués en éventail, tournés vers l'estuaire. Sa formation correspond à une progression d'environ 10 mètres par an depuis 1 500 ans. Les galets proviennent des silex des falaises de craie du pays de Caux, soit un apport d'environ 2 000 tonnes par an aujourd'hui ralenti par les constructions portuaires. Ce cordon délimite un espace bas qui a commencé d'être progressivement endigué transversalement en polders à partir du XVIIe siècle, comme en témoigne l'âge des digues inscrit sur la carte (feuille de Saint-Valery-sur-Somme – Eu).

Cayeux tient son nom du mot « caillou » ! Rien d'étonnant ! Le terme « caillou » provient du gaulois *caljo*, lui-même hérité du radical indo-européen *cal*, désignant la « pierre ». Le mot « cal » – cal osseux, par exemple –, du latin *callus*, est issu du même radical.

Au Moyen Âge, le Hâble d'Ault – déformation du mot « havre », c'est-à-dire « port » – était une lagune reliée à la mer, constituant un mouillage abrité. Progressivement, son embouchure s'est déportée vers le nord pour finir par se fermer.
Il y a trois siècles, le poulier s'arrêtait à proximité de Cayeux, à Mollière d'Aval, à plus de 2 kilomètres de son emplacement actuel. Au bord de l'estuaire, les Bas-Champs se terminent par les mollières, inondées aux grandes marées.
Peu à peu, le poulier tend à se refermer vers la baie, ce qui ralentit sa vidange régulière à chaque marée et favorise son envasement (évalué à environ 500 000 à 800 000 m^3/an).

Sur le cordon de galets de la pointe du Hourdel.

LE PAYS DE CAUX

La Manneporte, Étretat (Seine-Maritime).

Taillées vertigineusement sur une centaine de kilomètres de longueur entre le cap de la Hève, en Seine-Maritime, délimitant au nord l'estuaire de la Seine, et la baie de Somme, les falaises du pays de Caux constituent un des rivages les plus étonnants des côtes de France : horizontalité et verticalité de la Côte d'Albâtre, paysage attachant dont on ne peut se lasser. Sculpté par les facéties de l'érosion, le site d'Étretat y a acquis une notoriété particulière.

Le long de la falaise cauchoise, la régularité du paysage correspond à l'homogénéité de la structure géologique de l'arrière-pays, constitué de couches de craie d'environ 150 mètres d'épaisseur disposées de façon quasiment horizontale. Seules quelques échancrures, vallées et valleuses, viennent perturber cette morphologie littorale. Longer la grève à marée basse ou observer les falaises depuis le plateau et ses valleuses sont autant de façons d'approcher le littoral et d'en découvrir sa richesse géologique et morphologique. Comme partout dans le Bassin parisien, les formations crayeuses du pays de Caux datent du Crétacé supérieur. Il s'agit principalement de craie blanche, très homogène et pure, dans laquelle on observe de nombreux lits de silex disposés horizontalement.

Falaises crayeuses

Comme l'ensemble de l'arrière-pays, les falaises du pays de Caux s'inscrivent dans des couches de craie du Crétacé supérieur : Turonien, Coniacien et Santonien. La craie y est blanche, intercalée de lits de silex qui soulignent l'horizontalité des structures. Leur proportion dans la roche augmente depuis le nord (environ 1 %) vers le sud (10 %). La craie renferme des fossiles, en particulier des oursins du genre *Micraster*.

Les couches de craie surmontent des couches du Crétacé inférieur qui, à leur tour, reposent sur des assises du Jurassique supérieur (– 150 millions d'années) qui n'affleurent pas, sauf dans le secteur du cap de la Hève, au sud, où elles forment la base de la falaise sur une très faible épaisseur. Le plateau crayeux est localement recouvert de poches d'argile rouge à silex riche en oxydes de fer, provenant de son altération et dont le ravinement marque la falaise, par endroits, de nombreuses traînées brun rougeâtre.

En quelques secteurs, des terrains plus récents d'âge cénozoïque (Éocène) surmontent les couches de craie. Ils sont formés de sable et d'argile, comme ceux de Varengeville et du cap d'Ailly, à l'ouest de Dieppe, où ils occupent une légère inflexion synclinale, ce qui les a jusqu'à présent protégés de l'érosion.

L'extension du platier, plate-forme d'érosion marine, correspond au recul récent du littoral, à Vattetot (Seine-Maritime).

Ces terrains affleurent en quelques autres points du pays de Caux, ce qui permet de penser qu'ils recouvraient jadis l'ensemble de la région. Le plateau est entièrement recouvert en surface par le limon des plateaux ou lœss (LP sur la carte géologique), plus ou moins calcaire ou argileux selon le niveau déposé par l'activité éolienne lors de la dernière glaciation.

L'aspect des falaises, véritables murs de craie dont les plus hauts dépassent 100 mètres, dépend du niveau géologique et de l'homogénéité du matériau dans lequel elles se situent. Un niveau de craie dure en partie basse favorise la présence d'un ressaut au pied de la falaise. Une couche crayeuse totalement homogène permet la formation d'une falaise parfaitement verticale. La présence de niveaux tertiaires argilo-sableux au sommet de la craie donne une falaise à deux pentes : verticale à sa base et inclinée au-dessus. Quant aux falaises du sud, entre Antifer et le cap de la Hève, elles sont entaillées dans des niveaux plus hétérogènes et montrent de nombreux éboulis et affaissements qui leur confèrent un aspect moins pittoresque que sur le reste du littoral.

Face à la mer, un estran rocheux, le platier, en partie découvert à marée basse, précède partout le pied de la falaise. Son extension correspond au recul du littoral depuis la dernière transgression. Il est recouvert en partie haute d'une plage de galets.

La falaise recule !

Une des particularités du pays de Caux est de voir sa falaise reculer rapidement, puisqu'elle a perdu entre 1 et 2 kilomètres depuis de début de notre ère. Le premier phare du cap d'Ailly, édifié au XVIIIe siècle à 150 mètres en retrait de la falaise, s'est éboulé en 1964, ce qui correspond à une érosion moyenne de presque 1 mètre par an dans ce secteur du littoral. Les fréquents éboulements font du rebord une zone dangereuse où la prudence s'impose. On imagine volontiers que c'est la mer qui sape la falaise et provoque directement son recul. Cependant, certains secteurs comme les abords d'Étretat, Fécamp ou Saint-Valery-en-Caux ont peu bougé depuis des siècles, alors que la mer les harcèle quotidiennement. En réalité, la falaise s'use toute seule de l'intérieur par le travail de sape des eaux d'infiltration. Des pans entiers de craie s'éboulent ainsi sous leur propre poids, leur chute pouvant par endroits être favorisée par un sous-cavage dû à l'action des vagues. Puis la mer à marée haute désagrège progressivement les blocs éboulés et dissout la craie, libérant les silex.

La surface du platier, façonnée par les phénomènes de dissolution.

Mur de craie balafré de coulées d'argile de décalcification. On remaque un niveau plus tendre à la base, favorisant l'érosion du pied de la paroi et, de ce fait, la destructuration de pans entiers de falaise.

Érosion marine, érosion continentale

Le littoral cauchois constitue un exemple très explicite du mode de formation des falaises où se combinent les actions conjuguées d'une érosion continentale et d'une érosion par la mer. Les assauts des vagues à marée haute sapent le pied des parois jusqu'à y creuser des cavités. Ce fait est favorisé en bon nombre de secteurs par la présence à la base d'un niveau crayeux plus tendre. Dans le même temps, les eaux de pluie s'infiltrent dans la couche de craie et fragilisent la roche de l'intérieur. Une fois déstabilisés, les pans de falaise s'écroulent. Il ne reste plus à la mer qu'à les dégager. Le pied de falaise se retrouve ainsi libéré de sa protection par les blocs et le travail de sape marine peut reprendre.

Face à la mer, un platier, estran rocheux, précède partout la falaise avec une pente d'environ 2 % face au large. Il correspond au recul de la côte depuis les dernières phases transgressives de la Manche. Cette plate-forme d'abrasion littorale se développe au niveau de la zone de balancement des marées, la découvrant à marée basse et la recouvrant à marée haute. On évalue le recul actuel des falaises du pays de Caux à environ 20 centimètres en moyenne par an. Ce recul se poursuit jour après jour, comme en témoignent les grandes cassures fraîches et blanches qui ponctuent les falaises et les éboulis qui les soulignent à leur pied.

Les valleuses

Des petites vallées suspendues et sèches jalonnent le littoral et viennent distraire le paysage régulier. Ce sont les valleuses, si caractéristiques du pays de Caux. La valleuse du Curé, face à l'aiguille isolée de Belval, est sans doute la plus connue dans la région. Les valleuses finissaient jadis au niveau de la mer, quand le littoral s'avançait plus loin dans la Manche. Le recul de la falaise et la disparition des cours d'eau qui les ont creusées les laissent aujourd'hui suspendues au rebord du plateau.

Sur la paroi des falaises, on peut observer par endroits des échancrures plus ou moins marquées contenant un matériau brun orangé dont les écoulements forment des taches. Ces poches contenant un mélange de sable, d'argile et de silex résultent de phénomènes de dissolution de la craie à la surface du plateau et de l'accumulation des matériaux résiduels dans les parties creuses.

Valleuse vue de l'estran : une vallée suspendue consécutivement au recul de la falaise.

La valleuse du Curé à Bénouville (Seine-Maritime), à l'est d'Étretat, vue du sommet du plateau.

Galets du pays de Caux issus des rognons de silex de la craie.

Plages de galets

Des étalements de galets tapissent le pied des falaises et constituent quelques plages littorales comme celle d'Étretat, de Fécamp, de Dieppe, du Tréport ou de la pointe du Hourdel au sud de la baie de Somme. Les galets sont une des célébrités du pays de Caux. Ils sont en silex et proviennent de l'érosion des couches de craie.

La migration littorale des galets, qui dure depuis plusieurs milliers d'années, est responsable de la construction des cordons littoraux de la plaine maritime picarde et en particulier de celui qui limite la plaine des Bas-Champs entre Ault, Cayeux-sur-Mer et la pointe du Hourdel dans la baie de Somme. Rappelons que le toponyme Cayeux vient de « caillou », attribution non usurpée dans ce pays de galets !

Des milliards de galets

En s'érodant et en s'éboulant, la craie libère les silex qu'elle contenait, ce qui explique la présence de plages de galets dans ce secteur du littoral. La mer disperse leur gangue crayeuse et les rognons se cassent en morceaux, que les mouvements des vagues ne tardent pas à arrondir en les roulant les uns sur les autres.

Les galets bougent ! Chaque vague qui vient claquer sur la plage remonte les galets, qui redescendent ensuite, aspirés par le retrait de l'eau, sonorisant de façon caractéristique l'ambiance de la grève. Au passage, les galets se translatent dans le sens du courant. Certains peuvent ainsi, par forte mer, se déplacer de 10 à 15 mètres par jour et avancer de 1 kilomètre par an ! D'une façon générale, ils remontent vers le nord-est et viennent s'accumuler au niveau de Cayeux, où ils constituent le poulier de la pointe du Hourdel fermant la baie de Somme.

La falaise franche et en partie surplombante des Grandes Dalles à Saint-Pierre-en-Port (Seine-Maritime), bordée d'une plage de galets.

Inlassablement, la falaise recule, sapée par le double jeu de l'érosion continentale et de l'érosion marine. Un niveau plus tendre marque le pied de la falaise, favorisant sa déstructuration et l'éboulement de pans entiers de roche. La paroi est balafrée de coulées d'argile de décalcification.

Alignements de silex dans la craie.

La régularité des alignements de silex dans la craie serait due au fait qu'à des périodes précises, donc à des niveaux donnés de la roche, la quantité de silice déposée aurait été plus importante qu'à d'autres périodes, ceci étant lié à la fois :

- aux conditions climatiques d'une époque donnée sur les continents libérant beaucoup de silice dans l'eau de mer ;
- et à des variations périodiques des conditions du milieu marin favorisant la croissance du plancton siliceux.

L'origine des silex de la craie

De nombreuses couches de craie contiennent des niveaux à silex, ces derniers étant composés de silice (SiO_2). Chaque rognon ou nodosité montre une forme globuleuse plus ou moins torturée, dont le centre est compact et noir alors que la périphérie, également siliceuse, est poreuse, avec de petites alvéoles qui lui donnent un aspect blanchâtre. Certains animaux comme les éponges, ou des organismes du plancton tels que les radiolaires et les diatomées fixent de leur vivant un peu de silice, comme d'autres le font pour le calcaire. Ils se construisent des squelettes, des spicules ou des tests siliceux qui s'accumulent au fond de l'eau après leur mort. Cette boue siliceuse se dépose en même temps que le sédiment qui l'englobe, ici la craie. Elle s'y retrouve comme un élément dispersé dans un contexte étranger. Dans un deuxième temps, cette silice, qui est en déséquilibre chimique avec le sédiment crayeux, va migrer vers des points de ralliement (petits fossiles, grains de sable…) et s'y regrouper lentement pour faire naître des nodosités ou rognons.

Qu'est-ce que la craie ?

La craie est un calcaire – carbonate de calcium, $CaCO_3$ – généralement très pur, qui fait fortement effervescence à l'acide. Roche tendre, poreuse et pulvérulente, elle se raye facilement à l'ongle et tache les vêtements.

La craie livre de nombreux fossiles témoignant de son origine marine. Cependant, sa nature précise est restée relativement énigmatique jusqu'à ce qu'elle soit révélée par le microscope électronique. La poudre de craie s'avère être principalement constituée par l'accumulation de fragments de tests, coquilles ultramicroscopiques, d'organismes (algues) planctoniques flagellés marins : les coccolithes. Leur accumulation sur les fonds marins donne des épaisseurs de boue calcaire qui se compactent avec le temps (diagenèse) pour faire naître une roche cohérente : la craie. Les couches de craie du Bassin parisien actuellement connues peuvent atteindre par endroits jusqu'à plus de 600 mètres d'épaisseur, ces dernières ayant pu être localement plus importantes puis érodées.

La porte d'Aval et l'aiguille, Étretat (Seine-Maritime).

Fossile d'oursin du genre Micraster *dans la craie.*

Le microscope électronique révèle la nature exacte de la craie, constituée de fragments de tests d'algues microscopiques : les coccolithes.

La mer de la craie

Les couches de craie du Bassin parisien datent du Crétacé (« âge de la craie », du latin *creta*) supérieur, entre – 100 et – 65 millions d'années. Elles se sont déposées dans une mer épicontinentale de 100 à 200 mètres de profondeur qui recouvrait alors la région et une grande partie de l'Europe. L'épaisseur des couches s'explique par l'affaissement progressif des fonds en même temps que par l'accumulation des dépôts. Les analyses géochimiques ont mis en évidence que le niveau moyen des mers était alors plus haut de 100 à 200 mètres que le niveau actuel. Le climat général de la planète était plus chaud qu'aujourd'hui, caractérisé par l'absence de calotte glaciaire et une dilatation importante des volumes océaniques due à la température moyenne de la surface de la Terre et des océans.

Ammonites, oursins, mollusques, crustacés, poissons, tortues, ptérosaures, pliosaures, plésiosaures… : la craie livre de nombreux fossiles qui ont permis de reconstituer le contexte de la faune marine de cette époque.

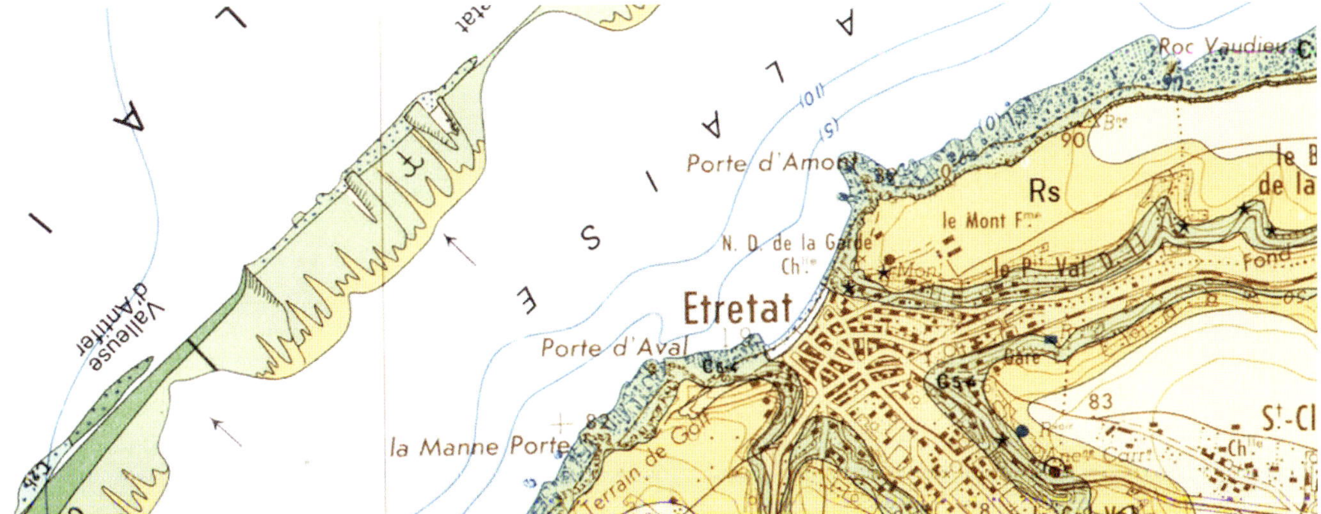

Extrait de la carte géologique d'Étretat à l'échelle 1/50 000.
La carte permet de distinguer la vallée sèche dans laquelle est installée la ville au sein du plateau crayeux, l'extension du platier rocheux sur l'estran, ainsi que la structure en coupe des falaises avec les niveaux géologiques concernés entaillés par la vallée d'Étretat et la valleuse d'Antifer.

L'ESTUAIRE

de la Seine

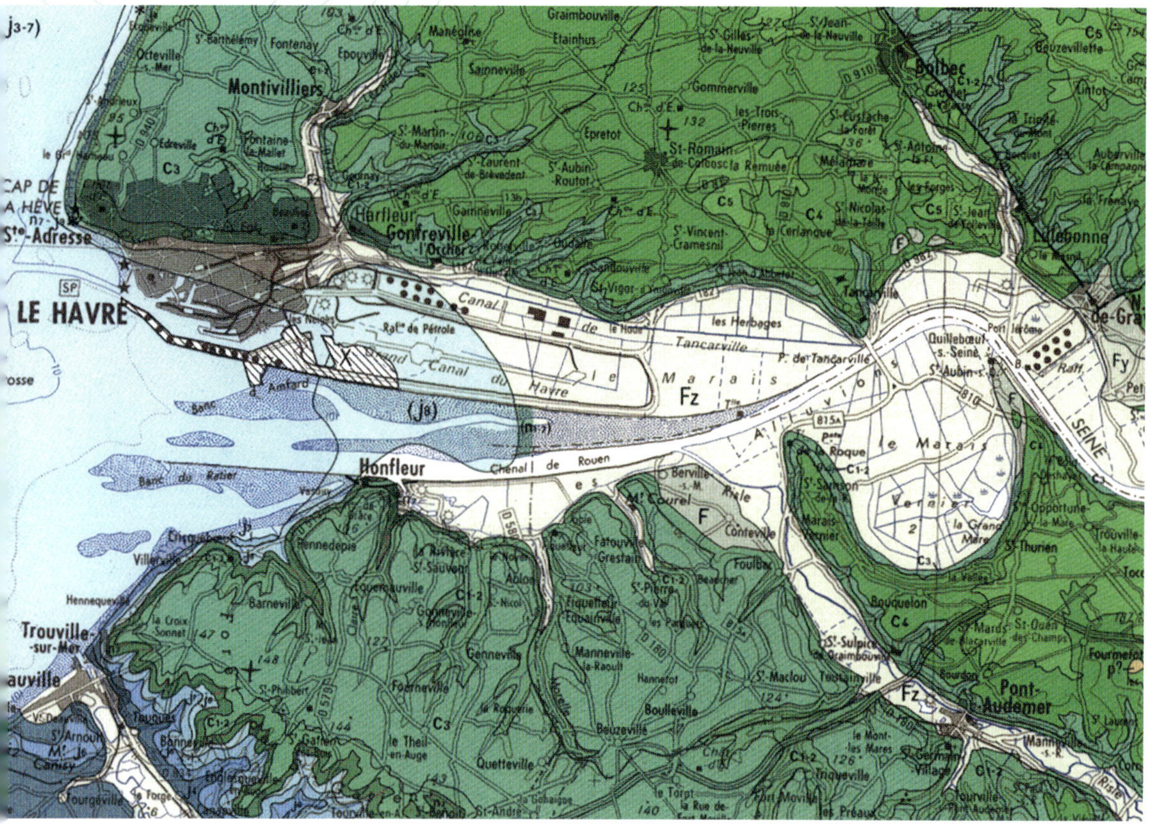

Extrait de la carte géologique de Rouen (Seine-Maritime) à l'échelle 1/50 000 : l'estuaire de la Seine entaille en serpentant les plateaux crayeux du Crétacé supérieur.

Indentation large et profonde dans le paysage normand, entre le pays de Caux au nord et le pays d'Auge au sud, l'estuaire de la Seine s'inscrit dans sa totalité au sein des plateaux crayeux du Crétacé supérieur.

Son creusement date du Quaternaire, aux époques où le niveau marin était plus bas. Le fleuve, qui continuait alors son parcours vers la mer à travers la Manche exondée, bénéficiait par périodes d'un régime beaucoup plus important qu'aujourd'hui. C'est ainsi qu'il a creusé son lit par étapes successives dans le substratum crayeux, 35 mètres en dessous du lit actuel. Des sondages ont permis de retrouver des terrasses anciennes ennoyées dans des sédiments plus récents. Depuis la fin de la dernière déglaciation, la remontée de la mer a ennoyé la vallée, créant une sorte de ria que le fleuve a progressivement comblée d'alluvions provenant aussi de ses affluents, drainant en amont la majeure partie du Bassin parisien et des terrains sédimentaires associés.

Les sondages réalisés dans les dépôts alluvionnaires profonds de l'estuaire ont révélé trois principaux niveaux :

- au fond, de 3 à 10 mètres de graviers mélangés à des silex et du sable ;
- un étage intermédiaire de sédiments plus fins argilo-sableux avec une fraction calcaire, sur quelques mètres. Il contient des niveaux de tourbe datés entre – 10 000 et – 7 000 ans ;
- et un niveau supérieur formé de sables gris-vert.

Bilan sédimentaire

En débouchant en mer, la Seine perd une grande partie de sa puissance de transport. Elle a déposé une quantité importante des alluvions qu'elle transportait, colmatant la vallée, ce qui explique la présence de deux grands marais, le marais Vernier, au sud, et celui du Hode, au nord, ce dernier en partie occupé par la zone d'activité industrielle associée au port du Havre.

Dépôts vaseux en bordure de l'estuaire.

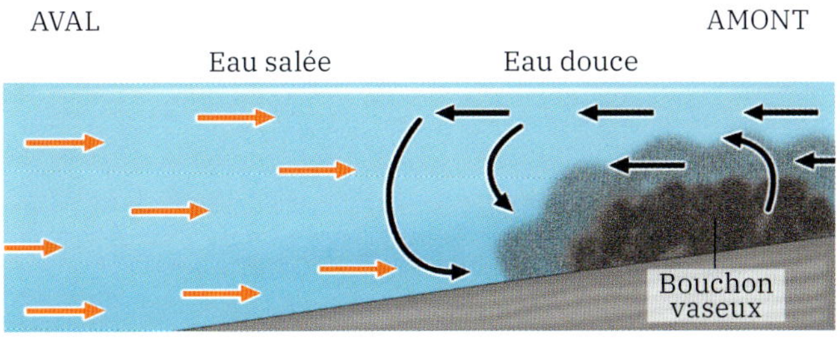

Un bouchon vaseux, se déplaçant avec les allers-retours de la marée, se forme au contact des eaux douces du fleuve et des eaux salées.

Cependant, cette sédimentation est aussi le fait de la mer qui, à chaque marée, apporte des matériaux fins. Elle continue de nos jours et l'on estime à environ 5 millions de mètres cubes l'apport sédimentaire annuel, dont environ 1/5 par le fleuve et 4/5 par la mer. Les sédiments se déposent principalement au niveau de plusieurs bancs au sein de l'estuaire : banc d'Amfard et vasières au nord, et banc des Ratelets, banc Ratier et vasières au sud. Ces bancs correspondent à une avancée deltaïque au sein de l'estuaire, au milieu de laquelle le canal de navigation est maintenu par dragage en direction du port maritime de Rouen très en amont, dragage d'environ 4,5 millions de mètres cubes de vases fines par an.

L'estuaire, comme d'autres, notamment ceux de la Loire et de la Gironde, est le lieu de rencontre des eaux douces du continent avec les eaux salées de la mer. Ce phénomène, qui a lieu dans les estuaires soumis à la marée – estuaires dits « marnants » – provoque la formation, par floculation des matières en suspension, d'un bouchon vaseux qui se déplace avec la marée et participe à la sédimentation générale et au maintien des vasières bordières – slikke et schorre – caractéristiques des marais maritimes estuariens, milieux biologiquement très riches, enjeu majeur des zones humides.

L'estuaire de la Seine vu vers l'aval depuis le pont de Normandie.

Par ailleurs, signe que les rivages évoluent, il a été retrouvé au bas des plages du Havre et de Sainte-Adresse, en Seine-Maritime, un gisement paléolithique daté de l'Acheuléen moyen – environ - 600 000 ans – présentant une industrie de bifaces en silex et des ossements d'éléphant : ces traces d'une occupation humaine à une période clémente où la mer était plus basse témoignent des importantes variations climatiques pendant le Quaternaire.

Les falaises qui bordent l'estuaire, aujourd'hui à l'abri de l'action directe des divagations du fleuve, sont en partie empâtées sous des éboulements de pente argilo-crayeux, avec des silex provenant de l'érosion des terrains environnants. On les qualifie de « falaises mortes ». Elles présentent des poches de dissolution (karstification) parfois profondes, à remplissage essentiellement argileux issu de l'altération de la craie. L'ensemble est en grande partie recouvert de limon des plateaux – lœss – déposé, comme sur l'ensemble de la Picardie, lors des périodes glaciaires du Quaternaire. Quelques vallées sèches suspendues, dont les eaux se perdent dans les réseaux karstiques du plateau, jalonnent les escarpements rocheux. Une seule rivière importante, la Risle, conflue avec le fleuve à Berville-sur-Mer, dans l'Eure.

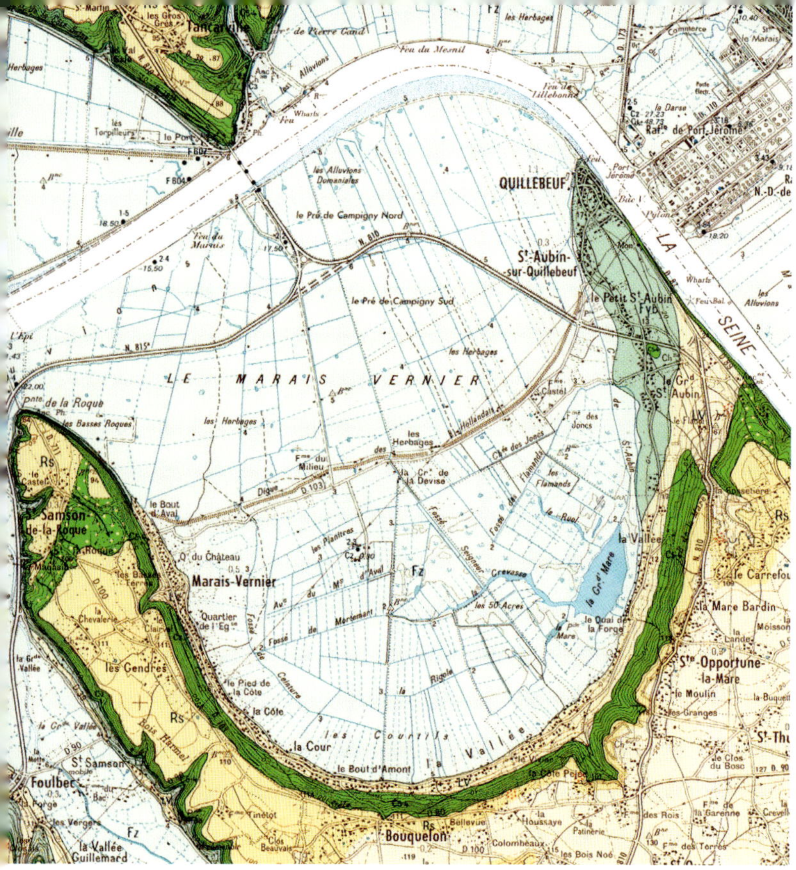

Extrait de la carte géologique de Pont-Audemer (Eure) à l'échelle 1/50 000 : le méandre abandonné du marais Vernier et son système de drainage radiant – les courtils – confluant vers la Seine.
La carte souligne l'étroite crête rocheuse (craie) qui le sépare de la vallée de la Risle à l'ouest.

Le marais Vernier

Les rives de l'estuaire dessinent des courbes qui correspondent à d'anciens méandres aujourd'hui abandonnés, dont le plus bel exemple abrite le marais Vernier, au sud du pont de Tancarville, dans l'Eure. L'ancien lit du fleuve longe le pied du coteau et est emprunté par la petite route très pittoresque qui passe par Saint-Aubin-sur-Quillebeuf, La Cour et le village de Marais-Vernier. Depuis les points de vue panoramiques de Bouquelon et de la Roque, on peut découvrir l'ensemble du paysage et imaginer l'ancien cours, quand la rivière venait saper le pied de la falaise. La poursuite du phénomène d'érosion de la rive concave, vers le sud, aurait vraisemblablement provoqué l'accentuation du méandre et, de ce fait, la capture de la Risle située seulement 1 kilomètre en arrière.

Le marais Vernier s'organise en deux secteurs distincts. L'intérieur du méandre, constitué des alluvions les plus anciennes, fut endigué à partir de 1607 par des ingénieurs hollandais mandatés par Henri IV– la route D103 suit la digue –, alors que le secteur proche du lit actuel de la Seine est constitué d'alluvions plus récentes. Des canaux drainent le marais et leurs eaux aboutissent à la Grand-Mare, qui se déverse dans la Seine par le canal de Saint-Aubin. La disposition des clôtures délimite des parcelles rayonnantes, les courtils, géométrie héritée du découpage des terres de façon équitable lors des partages familiaux.

La zone des marais en aval du marais Vernier, ponctuée de mares.

Falaise abandonnée sur la rive droite de l'estuaire, à la sortie nord du pont de Tancarville (Seine-Maritime). On peut y observer, au-dessus de la craie, des poches d'argile rouge de décalcification, le tout recouvert de limon des plateaux.

LE LITTORAL du Calvados

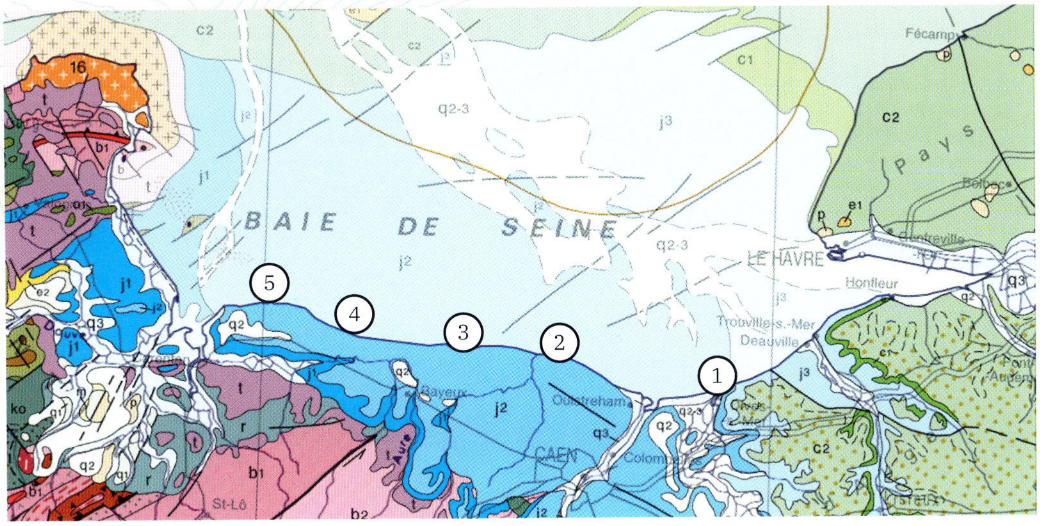

1. Falaises des Vaches noires – Flèche de Cabourg
2. Falaise des Confessionnaux – Cap Romain
3. Chaos de Longues-sur-Mer – Port-en-Bessin – Littoral des Hachettes – Stratotype du Bajocien
4. Omaha Beach
5. Pointe du Hoc – Grandcamp-Maisy

Extrait de la carte géologique de France à l'échelle 1/1 000 000. Le littoral du Calvados s'inscrit dans des terrains du Jurassique moyen et supérieur.

Depuis Honfleur jusqu'au Cotentin, la côte normande borde la baie de Seine le long du département du Calvados. À la différence des falaises cauchoises entaillées dans la craie et hormis les hauteurs de Honfleur, ultimes accroches locales à la craie du Crétacé, le littoral s'inscrit partout dans des terrains du Jurassique moyen et supérieur, de couleur bleue sur la carte géologique. On peut y observer une grande diversité de paysages où alternent des côtes à falaises calcaires ou marneuses, et des côtes basses, plages de sable, dunes et estuaires. Les estrans résonnent encore du débarquement des Alliés le jour J, précisément à partir du 6 juin 1944.

Au Jurassique, la région correspondait à une plate-forme marine de profondeur variable, en bordure du Massif armoricain et face, au large, à un sillon marin plus profond. Sur les plates-formes se déposèrent différents niveaux de calcaires – plate-forme carbonatée – et des marnes, sous un climat chaud et dans un contexte sédimentaire comparable à celui des Bahamas aujourd'hui.

Selon les périodes, il s'est formé différents types de calcaires : calcaires oolithiques, calcaires bioclastiques composés de débris de coquilles, calcaires qualifiés de micritiques car formés de boues fines, le tout accumulé sur des fonds plus ou moins calmes ou agités, où çà et là se sont développées des prairies d'éponges donnant des calcaires à spongiaires. Par la suite, au Jurassique supérieur, les apports et les dépôts devinrent plus terrigènes, où dominaient des sables et des marnes provenant de l'érosion du Massif armoricain.

D'est en ouest, la côte s'inscrit dans des terrains sédimentaires de plus en plus anciens, en concordance logique avec la structure du Bassin parisien. De nombreux secteurs littoraux y sont soumis à une forte érosion, avec des zones très instables et des éboulements parfois spectaculaires pouvant aller jusqu'à détruire des habitations et des pans entiers de falaise.

Quelques sites géologiques y ont acquis une réputation mondiale, comme les falaises des Vaches noires ou celles des Hachettes, entre Port-en-Bessin et Sainte-Honorine-des-Pertes. Loin de tout décrire, ce guide passe, d'est en ouest, par quelques sites remarquables, objets géologiques référents tels que les falaises des Vaches noires, l'estuaire de la Dives, la falaise des Confessionnaux de Luc-sur-Mer, le cap Romain et la côte du Bessin.

LES FALAISES des Vaches noires

Troupeau de « vaches cénomaniennes » au pied des falaises marneuses de Villers-sur-Mer.

Site classé d'intérêt scientifique et paysager depuis 1995, les falaises des Vaches noires, d'une hauteur moyenne de 110 mètres, s'étendent sur 8 kilomètres entre Houlgate et Villers-sur-Mer, en contrebas du village d'Auberville à partir duquel on peut accéder à un point de vue panoramique. Cet affleurement, connu du monde entier pour sa richesse fossilifère, est aussi un paysage géomorphologique remarquable, archétype des falaises en terrains mous argileux et marneux, généralement désignés par le terme anglo-saxon de *badlands*, littéralement « mauvaises terres ». Ce nom de Vaches noires a été donné par les marins qui, depuis la mer, observaient les rochers sur la plage. Couverts d'algues et de moules, d'aspect sombre, ils évoquent, avec beaucoup d'imagination, un paisible troupeau de bovins circulant au pied des falaises.

Les Vaches noires sont des gros blocs de craie datés du Crétacé supérieur (Cénomanien, – 100 millions d'années), éboulés du sommet. Sous cette couche de craie sommitale, l'ensemble s'inscrit dans des terrains marneux – marnes de Villers – entaillés par de nombreux ravins où s'intercalent localement en partie haute des bancs calcaires plus résistants, le tout daté de l'Oxfordien, un étage du Jurassique supérieur (– 160 millions d'années). Ces calcaires plus résistants que les marnes forment une corniche qui sous-tend un replat plus ou moins marqué, formé de sables glauconieux, gorgés d'eau (Crétacé inférieur). Ces derniers sont dominés, en retrait, par la couche de craie, d'une quarantaine de mètres d'épaisseur.

Des falaises très instables

Les eaux qui s'infiltrent dans la couche de craie ressortent dans les falaises au niveau intermédiaire des sables glauconieux et provoquent le ravinement et l'érosion permanente des marnes situées en dessous. Celles-ci se gorgent d'eau et s'affaissent en coulées – solifluxion – et en panneaux formant des pinacles.

Au niveau de la plage, à la base des falaises, les coulées de boue s'accumulent et forment un bourrelet épais sapé par la mer à marée haute. On a pu évaluer le recul à environ 0,5 m en moyenne par an, ce qui correspond à une quantité de roches érodées et évacuées d'environ 150 000 m³ par an. L'érosion permanente des niveaux marneux provoque l'éboulement de blocs de craie, qui roulent sur la plage et se couvrent d'algues : les Vaches noires.

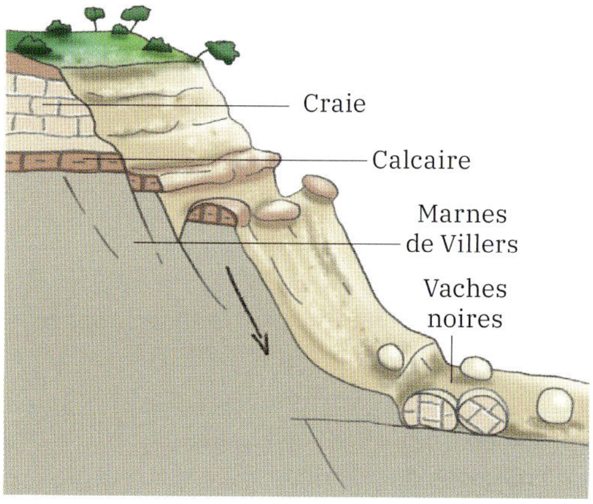

Bloc diagramme schématique de la structure des falaises des Vaches noires.

Datées de l'Oxfordien (– 160 millions d'années), les marnes de Villers se sont formées par accumulation de dépôts terrigènes – argiles, sables fins et boues calcaires – dans une zone marine occupant une dépression autour du Massif armoricain alors exondé et d'où provenaient les sédiments par érosion des reliefs. La présence de certaines variétés d'ammonites vivant en eaux froides semble indiquer que ce grand bras de mer était parcouru par des courants froids venant du nord. En regardant les âges des différentes formations géologiques présentes sur les falaises, on remarque dans la partie haute une grande lacune sédimentaire d'environ 50 millions d'années entre le sommet de l'Oxfordien et le Cénomanien ! Absence de sédimentation ou érosion des sédiments déposés entre ces deux époques ? Difficile de répondre !

Les fossiles des Vaches noires sont extrêmement diversifiés, avec des vertébrés (crocodiliens, ichtyosaures, poissons) et des invertébrés (mollusques céphalopodes – ammonites et bélemnites –, des bivalves et des gastéropodes). L'accès aux pentes ainsi que le ramassage des fossiles sur les falaises est interdit. Par contre, la récolte est tolérée sur la plage.

Fossiles de Gryphaea dilatata *des falaises des Vaches noires.*

Fossiles de Lopha gregarea *(variété d'huîtres) dans les marnes oxfordiennes des falaises des Vaches noires.*

Vue satellite de la flèche de Cabourg fermant l'estuaire de la Dives.

L'estuaire de la Dives et sa flèche sableuse

À Cabourg, à l'ouest des falaises des Vaches noires, se situe l'estuaire de la Dives et sa flèche sableuse, que l'on peut observer depuis la corniche d'Houlgate sur la D513. Cette flèche constitue un exemple très caractéristique de ce type de morphologie développée à l'embouchure d'un petit fleuve côtier. En amont de l'estuaire, la Dives serpente dans une dépression bien marquée, les marais de la Dives, qui rentrent dans les terres sur plusieurs dizaines de kilomètres au sein de formations du Jurassique supérieur. Cette dépression a été creusée pendant les périodes glaciaires, quand le niveau des mers était plus bas. Puis elle s'est peu à peu colmatée – limons, vases marines, tourbe – lors de la dernière transgression, par des apports sédimentaires venant à la fois de l'arrière-pays et de la mer. Au cours de ses divagations, la Dives y a changé plusieurs fois de lit, comme en témoignent son cours tortueux et ses méandres abandonnés, zone humide écologiquement riche de laquelle dépassent quelques tertres dominant un entrelacs de canaux, lesquels correspondent à d'anciens chenaux de marée ponctués de plans d'eau.

Une grande quantité d'alluvions, principalement des sables, se sont par la suite déposées à l'embouchure, formant une flèche. Cette dernière s'est progressi-vement développée vers l'est, dans le sens du courant marin dominant. Couverte de dunes, elle vient buter contre la falaise d'Houlgate, ne laissant que le passage du fleuve. La formation d'une telle flèche, en travers d'un estuaire, dépend à la fois :

- des apports sédimentaires déposés par et dans le sens de la dérive littorale, latéralement au rivage ;
- et du débit de la rivière, pas suffisamment important pour créer une embouchure rectiligne en déblayant les matériaux au loin. Cet équilibre précaire peut évoluer dans le temps.

LA FALAISE des confessionnaux

Sur l'estran des Confessionnaux, entre Luc-sur-Mer et Lion-sur-Mer.

Morphologie très insolite que celle de la falaise des Confessionnaux, entre Luc-sur-Mer et Lion-sur-Mer, au nord de Caen ! Pour y accéder : à Luc-sur-Mer, prendre le chemin qui descend jusqu'à la cale à bateaux et suivre le littoral à marée basse. Attention ! Danger à marée haute, et risque d'éboulement dans les cavités des Confessionnaux.

La falaise s'inscrit dans une couche de calcaire datée du Jurassique supérieur (Bathonien supérieur, – 166 millions d'années). Elle s'organise en une succession régulière de cavités en forme d'ogive ouvertes sur l'estran. Chaque « confessionnal » correspond à une fracture (diaclase) verticale agrandie au fil du temps par les actions répétées des assauts de la mer à marée haute et en particulier lors des tempêtes.

La couche de calcaire est constituée de bancs stratifiés de faible épaisseur, ce qui facilite son érosion. La falaise recule, et les Confessionnaux y étaient plus nombreux et mieux dessinés il y a seulement un siècle, comme en témoignent les documents de l'époque. Le site présente un réel danger d'éboulement et il vaut mieux ne pas s'en approcher et rester à une distance respectable d'une dizaine de mètres. Deux collectionneurs de fossiles sont morts en 1993 pour avoir enfreint cette règle de sécurité. Le ramassage des fossiles, interdit sur la falaise, est toléré sur la plage à marée basse.

Une importante couche de limon des plateaux (LP sur la carte géologique), d'origine éolienne et datée des dernières périodes glaciaires, coiffe le sommet de la falaise.

Un « gas » sur la plage du cap Romain, bloc erratique échoué lors de la dernière glaciation.

LES ÉPONGES du cap Romain

Les colonies d'éponges du Jurassique de la falaise du cap Romain, surmontées de sédiments datant des dernières périodes glaciaires.

Site patrimonial remarquable protégé par une réserve naturelle géologique, la falaise du cap Romain se dresse en contrebas de la route côtière D514 à Saint-Aubin-sur-Mer, sur la Côte de Nacre. Il faut descendre sur la plage en bordure du mur maçonné pour observer un affleurement très particulier de petits récifs d'éponges. Les premières descriptions de ces fossiles datent de 1821.

Haute de 6 à 7 mètres au maximum, la falaise s'étend sur environ 500 mètres de longueur à la limite des plages de Bernières-sur-Mer et de Saint-Aubin-sur-Mer. Sa partie supérieure présente des dépôts récents de sables et de graviers marins traduisant l'existence d'une ancienne plage fossile surmontée de limons brunâtres, d'origine éolienne (lœss) et datés les dernières périodes glaciaires. Les prélèvements de fossiles sont interdits. Le cap tient son nom des traces d'une occupation gallo-romaine découvertes alentour.

Un mur d'éponges

Sur la paroi, on peut observer plusieurs structures coloniales de spongiaires, en forme de V évasé, tournés vers le haut. Ces éponges sont datées du Jurassique moyen (Bathonien, – 166 millions d'années). Les éponges se présentent sous une forme aplatie, empilées et soudées les unes aux autres. Ces récifs d'éponges se sont développés sur le fond marin à partir de premiers individus, puis par bourgeonnements successifs, sur un substratum calcaire, dans une mer chaude et peu profonde à une époque où la région était située en zone tropicale. Autour s'est déposé un mélange de sable et d'argile riche d'une grande variété d'invertébrés : mollusques, oursins, bryozoaires, brachiopodes, etc. Les récifs sont morts à la suite d'importants apports de sable qui les ont enfouis et étouffés. Les squelettes des éponges, siliceux à l'origine, ont été ultérieurement remplacés par de la calcite.

Autre particularité des lieux, la plage montre des blocs rocheux – les « gas » – constitués de granite ou de grès alors que ces deux roches n'existent pas à proximité dans l'arrière-pays. Force est alors d'imaginer qu'ils ont été transportés par des « radeaux de glace » en provenance du Cotentin et sont venus s'échouer sur place lors des dernières grandes glaciations.

LA CÔTE DU BESSIN

6 juin 1944

Omaha Beach : plage du débarquement des Alliés, le 6 juin 1944, au pied du cimetière américain de Colleville-sur-Mer.

Au nord de Bayeux, entre Arromanches et la base du Cotentin, s'étend la côte du Bessin, constituée de falaises rocheuses vives. Fortement sujettes à l'érosion et à d'importants éboulements, celles-ci délimitent le plateau du Bessin, formé de calcaires et de marnes jurassiques du Bajocien (– 170 à – 168 millions d'années) et du Bathonien (– 168 à – 166 millions d'années). La marée basse y découvre un très vaste platier rocheux témoignant d'un recul de la côte de plusieurs kilomètres. Entre Colleville-sur-Mer et Vierville-sur-Mer, les falaises sont abandonnées par la mer : ce sont les falaises mortes dominant Omaha Beach. Plus à l'ouest, sur la plage de Grandcamp-Maisy, on peut observer des blocs de granite et de grès alors que l'arrière-pays est calcaire et marneux : ces blocs ont vraisemblablement été transportés par des radeaux naturels de glace lors des dernières débâcles glaciaires.

Quelques sites géologiques célèbres marquent le littoral du Bessin : le chaos de Longues ; la falaise et l'estran des Hachettes, entre Port-en-Bessin et Sainte-Honorine-des-Pertes, présentant le stratotype du Bajocien ; et la faille des Hachettes.

Omaha Beach

Entre Colleville-sur-Mer et Vierville-sur-Mer, en avant de la falaise aujourd'hui abandonnée par les assauts de la mer, les courants marins sont venus déposer sur 6 kilomètres de longueur la plage de sable d'Omaha Beach et son cordon de galets. L'ensemble délimite une zone marécageuse avec des petites dunes. La plage repose sur les marnes de Port (Bathonien inférieur et moyen), alors que la falaise s'inscrit dans les calcaires de Saint-Pierre-du-Mont (Bathonien moyen) que l'on retrouve plus à l'ouest formant la pointe du Hoc et les falaises alentour. À marée descendante, des baïnes – ou bâches – se forment sur la plage.

La falaise et l'aiguille de la pointe du Hoc.

La plage d'Arromanches et les restes du port du Débarquement. Au fond : la falaise bathonienne du cap Manvieux.

La falaise, l'aiguille et le platier, à marée basse, de la pointe du Hoc.

La pointe du Hoc

La pointe du Hoc se situe dans la falaise qui forme la partie ouest de la côte du Bessin, au nord de Saint-Pierre-du-Mont. À son extrémité, elle se présente sous la forme d'une aiguille pyramidale caractéristique, que l'érosion a découpée et laissée en avant de la falaise telle la proue d'un navire. La paroi y est abrupte, avec des zones éboulées en partie haute et des excavations sapées par la mer en partie basse. Un grand platier s'étend à son pied à marée basse ; comme partout sur la côte, il provient du recul de la falaise. L'ensemble s'inscrit dans les calcaires bathoniens – formation des calcaires de Saint-Pierre-du-Mont – en bancs bien marqués. Leur observation détaillée montre des stratifications obliques, permettant de situer ces dépôts calcaires dans une zone de très faible profondeur d'eau agitée par les marées.

De la pointe, la vue s'étend vers l'est et l'ouest sur les falaises taillées dans les mêmes calcaires, avec de nombreuses zones éboulées témoignant que le littoral subit une importante érosion. Des dépôts bruns quaternaires de lœss recouvrent le plateau.

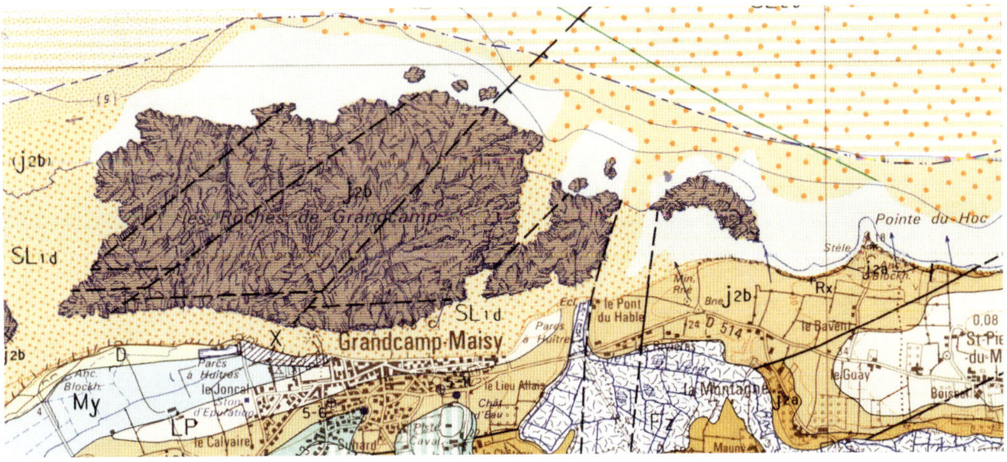

Extrait de la carte géologique de Grandcamp-Maisy à l'échelle 1/50 000 : secteur de la pointe du Hoc, des falaises et du platier des Roches de Grandcamp.

LE CHAOS de Longues-sur-Mer

Pans de falaise totalement déstructurés du chaos de Longues. Le sommet des pans éboulés comporte encore les sols herbus qui les chapeautaient.

Entre Arromanches et Port-en-Bessin, au nord de Bayeux et du hameau du Mesnil, s'étend un secteur côtier particulièrement instable, dangereux, qui constitue un très bel exemple géomorphologique d'érosion littorale et de son évolution progressive : le chaos de Longues. Les falaises littorales, hautes d'une soixantaine de mètres, y sont affectées par de grands éboulements et glissements de terrain découpant d'importants pans de roche qui glissent vers la mer. Ces rochers confèrent à l'ensemble un aspect totalement chaotique.

Connus depuis très longtemps, ces glissements de terrain ne sont pas directement dus à l'action de la mer sur la falaise, mais à la déstructuration interne de la couche de calcaire sommitale (calcaires de Saint-Pierre-du-Mont) par la dissolution interne – karstification – du réseau de fissures qui le parcourt, le tout surplombant le niveau marneux et mou des marnes de Port sous-jacentes. Cette structure cause la fragilité interne de la falaise, favorisant sa dislocation. L'ensemble de ces roches appartient à l'étage du Bathonien (– 168 à – 166 millions d'années).

Un glissement spectaculaire de la falaise de Longues s'est produit le 5 août 1981 : un pan de roche calcaire de plusieurs millions de tonnes reposant sur la couche de marnes s'est décroché et a glissé sur la plage, générant la morphologie chaotique actuelle, reprise depuis par l'érosion.

Ce grand pan de falaise affaissé permet d'observer la structure stratifiée des calcaires de Saint-Pierre-du-Mont, dont les sédiments, il y a 167 millions d'années, ont été largement chahutés lors de leur dépôt par les courants marins, comme en témoignent les figures sédimentaires dessinant le litage qui les affecte.

Les sources pétrifiantes

Le littoral du Bessin offre aussi l'occasion d'observer en divers endroits, sur les falaises, des sources pétrifiantes ou tufantes, également appelées « tufières ». Ces sources se forment à des points de résurgence des eaux souterraines qui circulent dans les couches calcaires du plateau et sont à l'origine de la formation d'amas de tuf calcaire.

Dans son voyage souterrain, l'eau chargée de dioxyde de carbone (CO_2) a circulé dans des fractures de la roche et dissous du calcaire.

En sortant à l'air libre, elle perd une partie du CO_2 qu'elle contenait, sous l'action de différents facteurs (photosynthèse végétale, variations de pression, de température, etc.), ce qui provoque la précipitation d'une partie du calcaire qu'elle avait préalablement dissous, édifiant une masse rocheuse dans laquelle s'imbriquent généralement de nombreux débris végétaux. Cette réaction chimique de formation du calcaire par précipitation à partir du calcium dissous dans l'eau s'écrit de la façon suivante :

$$\underbrace{Ca_2^+ + 2\,(HCO_3^-)}_{\text{Calcaire dissous}} \rightarrow \underbrace{CaCO_3 + CO_2 + H_2O}_{\text{Dépôt de calcaire par précipitation}}$$

La résurgence des eaux du système karstique qui affecte les calcaires de Saint-Pierre-du-Mont est à l'origine de la formation de sources pétrifiantes dans le secteur littoral de Longues-sur-Mer.

LE STRATOTYPE du Bajocien

L'aiguille des Hachettes sur le littoral de Sainte-Honorine-des Pertes.

Longer à pied le littoral des Hachettes entre Sainte-Honorine-des-Pertes et Port-en-Bessin est l'occasion d'observer une grande diversité d'objets et de phénomènes géologiques et de s'initier très concrètement à la stratigraphie : coupe géologique de la falaise, stratotype du Bajocien, diversité des roches et des fossiles, figures sédimentaires, faille des Hachettes, formation d'aiguilles, cavités et confessionnaux, éboulements, sources artésiennes, sources pétrifiantes, importantes plates-formes d'abrasion littorale, morphologie du platier, etc.

Attention ! Il est important d'entreprendre la découverte à marée descendante, de façon à avoir du temps devant soi. En cas de traversée complète, l'arrivée à Port-en-Bessin ne doit pas se faire trop tardivement, le passage de la digue pouvant être pris par la marée et nécessiter, pour quitter le platier, de grimper par l'échelle de sécurité !

Le stratotype du Bajocien

Le Bajocien est un étage du Jurassique moyen qui a duré environ 2 millions d'années, de – 170 à – 168 millions d'années. Il a été décrit pour la première fois en 1859 par Alcide d'Orbigny, qui l'a baptisé ainsi en référence au toponyme latin de Bayeux : Bajocae. Un stratotype est un affleurement précis et localisé servant de référence pour la définition d'un étage géologique donné. On peut facilement observer le stratotype du Bajocien au niveau de l'aiguille des Hachettes, que l'on atteint par l'estran à marée basse en un quart d'heure de marche environ à partir de la plage de Sainte-Honorine-des-Pertes. Il s'inscrit dans la coupe géologique générale de la falaise, avec à la base le Bajocien surmonté des couches plus récentes du Bathonien.

Les différents niveaux rocheux qui constituent la falaise correspondent à une suite de contextes de dépôts sédimentaires ayant eu cours durant ces deux étages du Jurassique dans la mer qui s'étendait sur la région à proximité des côtes armoricaines. Le fait de retrouver, aujourd'hui, l'ensemble en position subhorizontale indique que la région n'a pas subi de déformation tectonique importante depuis le Jurassique. À l'époque du Bajocien, le milieu correspondait à une plate-forme marine aux eaux chaudes, comparable à l'actuelle plate-forme des Bahamas, à l'est de Cuba et au sud de la Floride.

Ensemble stratigraphique de la falaise des Hachettes.

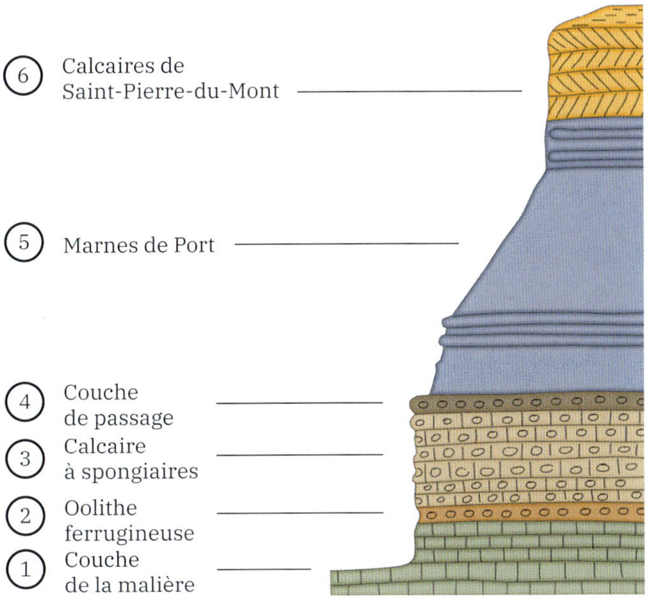

Coupe géologique simplifiée présentant la stratigraphie de la falaise des Hachettes entre Port-en-Bessin et Sainte-Honorine-des-Pertes, avec à sa base le stratotype du Bajocien.

Base du stratotype du Bajocien avec le sommet de la couche de la malière, l'oolithe ferrugineuse au-dessus, et la base de la couche à spongiaires ; et détail des couches ferrugineuses avec les oncolithes en partie basse et le niveau à oolithes fines au-dessus.

De bas en le haut, le stratotype du Bajocien est constitué par :

- à sa base, une couche de calcaire grisâtre dite « malière », englobant des silex. Elle forme la base de l'aiguille ainsi que le platier, empreint de nombreuses figures de dissolution ;
- la malière est surmontée par un niveau facilement identifiable de couleur rougeâtre, constitué à la base d'oncolithes ferrugineuses enrobées dans du calcaire, puis d'oolithes ferrugineuses : l'oolithe de Bayeux. Les oolithes sont des petites billes très fines (de 0,5 à 2 millimètres) constituées ici de fer ayant précipité autour d'un minuscule débris ou grain, sur le fond marin. Les oncolithes, sphériques ou ovoïdes, président au même type de formation, mais de plus grosse taille ;
- au-dessus et pour terminer l'empilement du stratotype, se développe, sur une dizaine de mètres d'épaisseur, le calcaire à spongiaires. De nature plus résistante, il déborde en surplomb au-dessus de l'oolithe ferrugineuse de Bayeux ;
- une couche de passage marquée par un niveau calcaire saillant, identifiable sur la falaise, assure la transition avec l'étage du Bathonien situé au-dessus. Ce dernier est ici constitué des marnes gris foncé de Port que surmontent les calcaires de Saint-Pierre-du-Mont.

1. *Fossiles de spongiaires du Bajocien observables au niveau de blocs éboulés sur l'estran.*
2. *Fossile de rostre de bélemnite du Bajocien.*
3. *Fossile de bivalve du Bajocien.*
4. *Fossile d'ammonite du Bajocien.*

La plage de Sainte-Honorine-des-Pertes offre l'occasion d'observer une intéressante source pétrifiante (voir explication page 81).

Détail des figures de dissolution à la surface du platier.

LA FAILLE des Hachettes

Objet géologique particulièrement démonstratif, la faille des Hachettes, de par son architecture et son graphisme très contrasté et explicite, constitue un très bel exemple de faille normale, souvent décrit en référence.

Une faille normale

La faille des Hachettes est une faille normale, c'est-à-dire une faille qui répond à des contraintes d'extension se traduisant sur le terrain par un affaissement du compartiment situé au-dessus du plan de faille – ici incliné à 60 degrés – par rapport au compartiment situé en dessous. Elle met latéralement en contact des terrains d'âges différents, à savoir ici :

- les marnes de Port, de couleur sombre, datées du Bathonien (–165 millions d'années), au-dessus du plan de faille et à droite sur l'image ;
- avec les calcaires à spongiaires du Bajocien (–169 millions d'années), plus anciens, en dessous du plan de faille et à gauche sur l'image.

Cette disposition correspond donc à un affaissement du compartiment de droite sur l'image (côté terre) par rapport à celui de gauche (côté mer). La faille des Hachettes appartient à un réseau de failles normales, orientées est-ouest, délimitant un système de zones effondrées. Ces failles normales sont liées au contexte extensif du début de l'ouverture de l'océan Atlantique nord au Jurassique. On peut suivre cette faille tout au long de la côte jusqu'à Port-en-Bessin, tantôt sur la falaise, tantôt sur l'estran. Son rejet – décalage du coulissage – est estimé, selon les secteurs, à une dizaine de mètres de hauteur.

La faille des Hachettes, sur le littoral de Sainte-Honorine-des-Pertes.

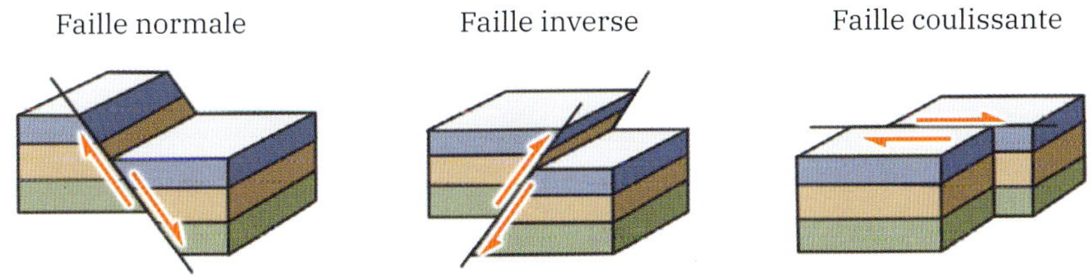

Les trois types de failles.

LE LITTORAL
de Port-en-Bessin

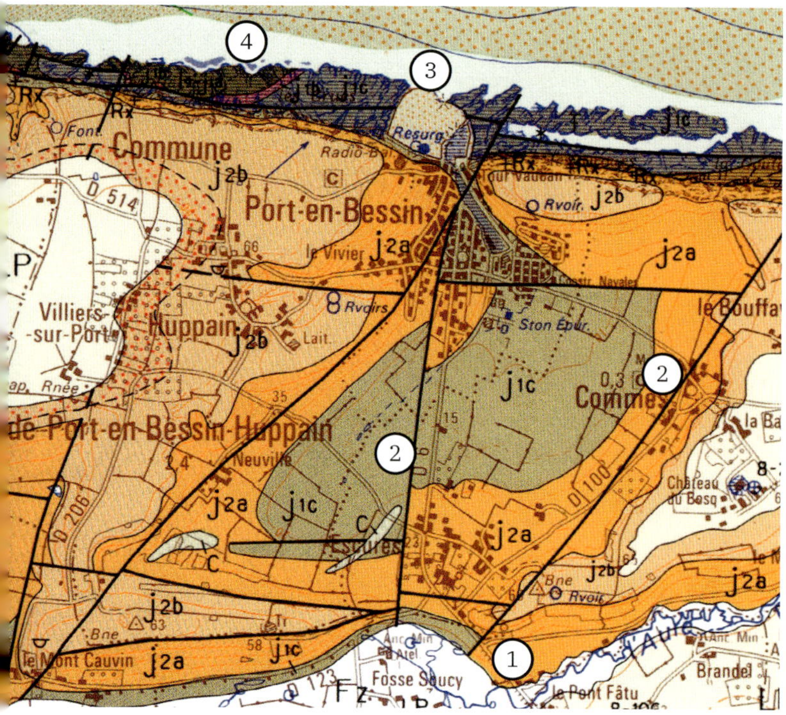

1. Fosse Soucy — Pertes de l'Aure
2. Réseau de failles à l'origine des pertes et de l'affaissement de la cuvette de Port-en-Bessin
3. Résurgence au niveau de l'estran du port
4. Littoral des Hachettes – Stratotype du Bajocien – Faille des Hachettes

Extrait de la carte géologique de Grandcamp-Maisy à l'échelle 1/50 000 représentant les failles qui délimitent la dépression en arrière et au sud de Port-en-Bessin, et dans laquelle se perdent les eaux de l'Aure pour rejaillir sur la plage.

Les plages de Port-en-Bessin, de part et d'autre du port, offrent l'occasion d'approcher la stratigraphie locale et de la comparer avec celle du littoral des Hachettes (pages 82 à 85). Côté ouest, vers Sainte-Honorine-des-Pertes, la falaise s'inscrit dans les calcaires à spongiaires et les marnes grises, alors qu'à l'est, elle est uniquement formée des marnes grises reposant sur les couches de passage, le sommet des calcaires à spongiaires y formant le platier. Sur ces plages, on peut également observer des sources artésiennes.

Du côté est de Port-en-Bessin (Calvados), les couches s'abaissent et la base de la falaise s'inscrit dans les marnes grises du Bathonien, alors que le platier correspond au sommet du Bajocien et aux couches de passage.

La falaise des Hachettes, côté ouest du port, entre Port-en-Bessin et Sainte-Honorine-des-Pertes, avec, de bas en haut, les calcaires à spongiaires du Bajocien surmontés par les couches de passage et les marnes grises.

Au niveau de la fosse Soucy, à 3 kilomètres au sud de Port-en-Bessin (Calvados), les eaux de l'Aure disparaissent en profondeur dans un important réseau karstique souterrain.

Pertes de l'Aure et sources artésiennes

En retrait de l'escarpement rocheux formant le littoral, l'arrière-pays de Port-en-Bessin correspond à une dépression très marquée, effondrement encadré par des failles bien répertoriées sur la carte géologique (feuille de Grandcamp-Maisy). Dans ce secteur, les eaux de l'Aure disparaissent dans des fractures, au niveau des pertes Tourneresses et de la fosse Soucy. Les eaux y pénètrent dans un important réseau karstique de galeries souterraines, pour ressortir 3 kilomètres plus loin sous forme de résurgences, en fontaines jaillissantes, sur le platier rocheux de la plage, spectacle insolite observable à marée basse.

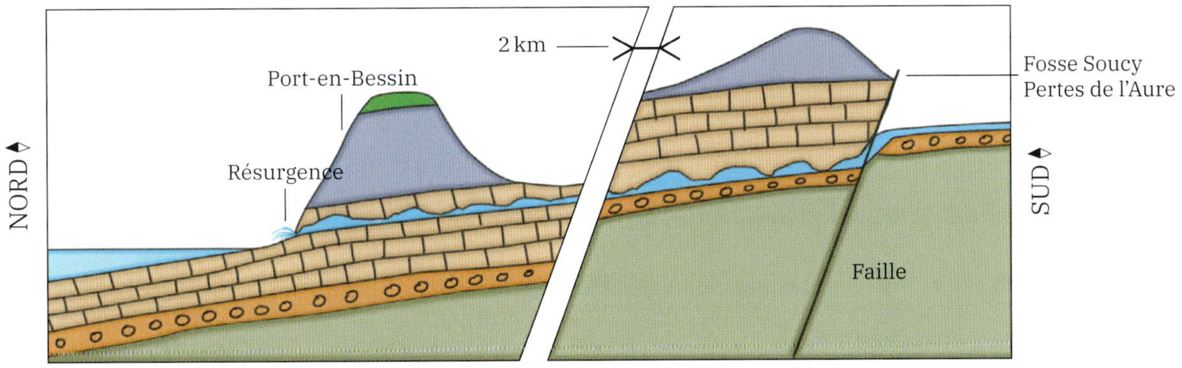

Schéma de la structure karstique faisant disparaître l'Aure au niveau des pertes et provoquant les résurgences sur l'estran de Port-en-Bessin.

Jaillissement spectaculaire des sources artésiennes sur l'estran de Port-en-Bessin.

Dentelle paysagère du littoral armoricain aux indentations façonnées entre granites, schistes et grès, falaises et plages.

LE LITTORAL DU MASSIF ARMORICAIN

Véritable puzzle de paysages aux rivages très découpés, entre criques et baies, plages, rochers, falaises et estuaires, le littoral du Massif armoricain – Cotentin, Bretagne et Vendée – s'inscrit dans une grande diversité de roches : granites, grès ou schistes. Leur présence témoigne des chaînes de montagnes anciennes qui ont marqué l'histoire géologique et précédé sa morphologie actuelle.

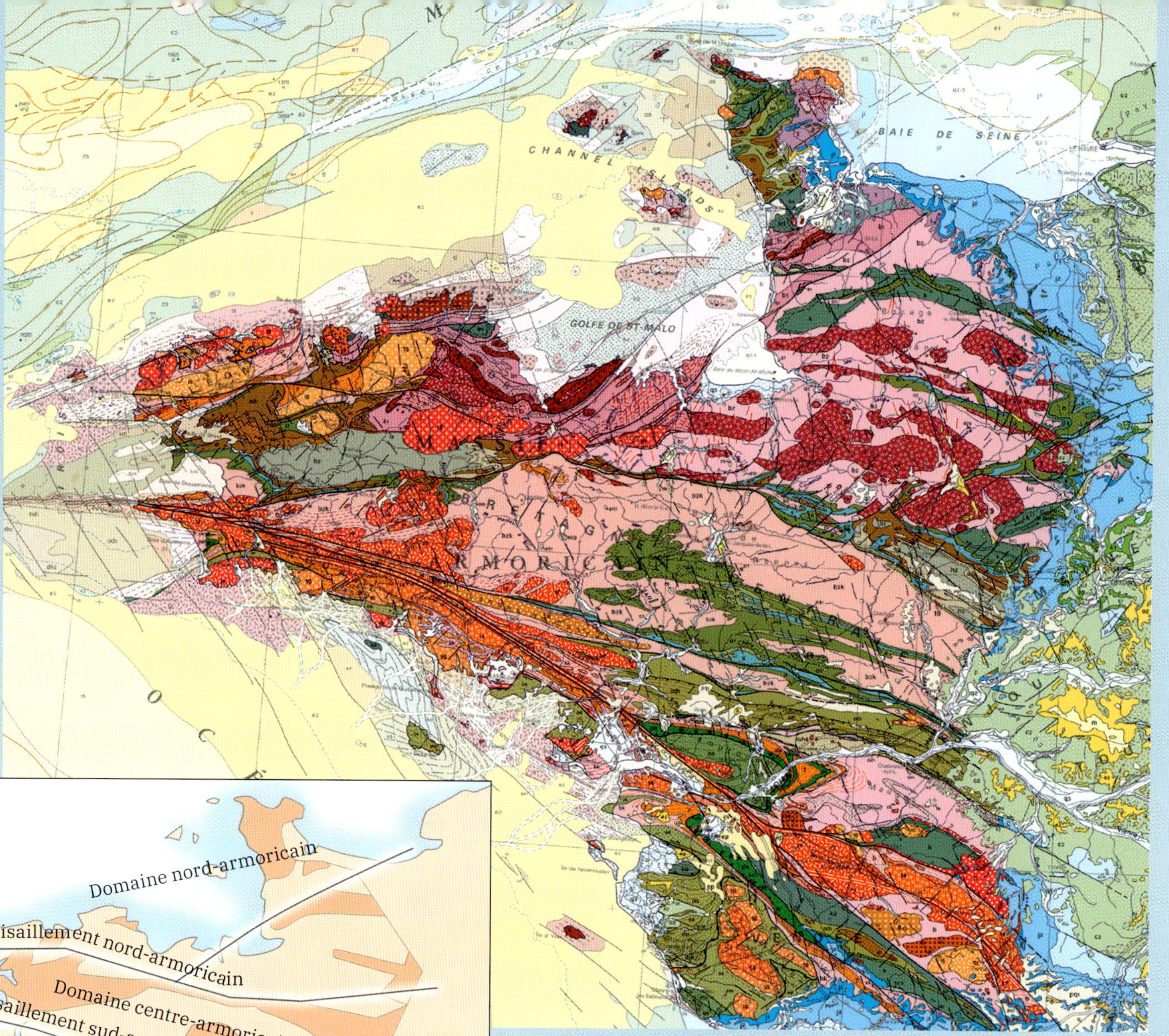

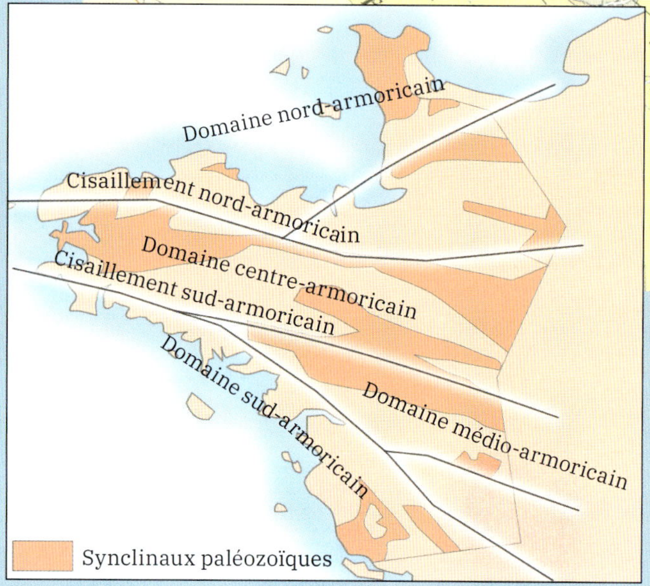

↑ Extrait de la carte géologique de la France à l'échelle 1/1 000 000.
← Les quatre grands domaines du Massif armoricain.

Cotentin, Bretagne, Vendée, patchwork de couleurs et diversité d'un extraordinaire cortège de roches, le Massif armoricain forme une entité facilement identifiable sur la carte géologique de la France. Bien qu'il apparaisse comme une véritable «île», le Massif armoricain n'est pas vraiment isolé. Il appartient à l'ensemble hercynien qui structure partout le sous-sol de la France affleurant par ailleurs, de façon importante, dans le Massif central, dans les Vosges, et en Corse. L'ensemble formait un très important système montagneux qui s'est soulevé au cœur de l'Europe moyenne à l'époque du Carbonifère, il y a plus de 300 millions d'années, et que l'on compare volontiers à l'Himalaya aujourd'hui.

La formation du Massif armoricain s'inscrit principalement au cours de deux grands cycles orogéniques successifs, entre la fin du Protérozoïque et le Paléozoïque, de – 700 millions d'années à – 250 millions d'années. À cette époque très reculée, l'histoire commence par la fermeture partielle d'un océan par subduction, provoquant la formation d'une chaîne de cordillère, la chaîne cadomienne, il y a environ 600 millions d'années. Cette cordillère montagneuse est marquée par d'importantes manifestations volcaniques et par la cristallisation de massifs granitiques en profondeur. Le paysage pouvait alors ressembler à celui des Andes actuelles au bord du Pacifique ! Les roches datant de cette époque affleurent dans le Cotentin, dans le nord de la Bretagne et en Vendée.

Il s'ensuit une intense période d'érosion des reliefs, associée à des invasions marines et des dépôts de sédiments calcaires, argiles, marnes et sables, ces derniers aujourd'hui transformés en grès. Un nouvel espace océanique s'ouvre au Paléozoïque inférieur avant de se refermer au Paléozoïque supérieur,

Dans les schistes de Belle-Île (Morbihan).

rapprochant deux blocs continentaux qui ne vont pas tarder à entrer en collision. Cette collision entre le continent Laurasia, au nord, et le supercontinent Gondwana, au sud, est à l'origine de la formation d'une chaîne de collision continentale, la chaîne hercynienne, au Carbonifère, il y 300 millions d'années. Elle rassemble et soude l'ensemble des terres en un continent unique, la Pangée, alors que de l'autre côté de la planète s'étend un immense océan unique, le Panthalassa, prélude à l'actuel océan Pacifique.

Comme le reste de la France, le Massif armoricain se retrouve alors intégré à une grande chaîne de montagnes dans les tréfonds de laquelle se forment et cristallisent de nombreux magmas granitiques, comme ceux qui, par exemple, affleurent sur la Côte de Granite rose, dans les Côtes-d'Armor, ou ceux de la Côte sauvage de Quiberon, dans le Morbihan. Comme l'histoire se renouvelle sans cesse, cette chaîne va, à son tour, subir une intense érosion et être totalement arasée au Permien, à la fin du Paléozoïque.

Pendant le Mésozoïque (ère secondaire), l'activité géologique se calme sur le socle armoricain, qui reste exondé pendant la presque totalité de la période, alors qu'à l'ouest du Finistère s'ouvre l'océan Atlantique. Une dernière incursion marine se produit il y a 15 millions d'années, dessinant un bras de mer entre l'Atlantique, la Manche et la vallée de la Loire occupée par la mer des Faluns.

Sous-tendu par cette longue histoire géologique, le Massif armoricain s'organise en grands domaines territoriaux séparés par de grandes failles identifiables sur la carte.

Le domaine nord-armoricain constitue un véritable puzzle d'unités géologiques différentes séparées par des failles : le Trégor, la région de Saint-Brieuc, le Bocage normand et le Cotentin. On y rencontre une très grande diversité de roches, tant par leur nature et leur degré de métamorphisme que par leur âge, avec des formations volcaniques anciennes.

C'est dans le nord de la Bretagne (Trégor) et sur la côte ouest du Cotentin qu'affleurent les plus vieilles roches de France, datées d'environ 2 milliards d'années (Icartien). Le domaine nord-armoricain tient sa structure et ses roches principalement de la formation de la chaîne cadomienne, il y a environ 600 millions d'années.

Évocation du Massif armoricain, il y a 300 millions d'années : le massif de l'Annapurna, dans l'Himalaya (Népal).

Magie du paysage granitique de l'île d'Ouessant, plantée en mer d'Iroise.

Le domaine sud-armoricain court de la pointe du Raz jusqu'au seuil du Poitou. Comme le montre la carte, il se caractérise par des structures alignées au sud et le long de grandes failles de direction est-sud-est à ouest: le cisaillement sud-armoricain. Les roches métamorphiques, micaschistes et gneiss, y sont prédominantes. On y rencontre de nombreux affleurements de granites, en particulier le granite à deux micas, dont la localisation obéit aux grands systèmes de failles. Le domaine sud-armoricain tient sa structure et ses roches principalement de la formation de la chaîne hercynienne, il y a environ 300 millions d'années.

Le domaine central occupe la partie médiane de la Bretagne suivant une ligne Châteaulin – Rennes – Laval. Il correspond principalement à un ensemble de terrains d'origine sédimentaire: ardoise, schistes et grès. Le métamorphisme y est léger et les granites y affleurent moins que dans les deux autres domaines. Il débouche sur la mer au cœur du Finistère, au niveau des rades de Brest et de Douarnenez.

Un quatrième domaine, le domaine ligérien associé au socle de la Loire et en prolongement du Massif central, vient s'inscrire entre les domaines sud et médio-armoricain.

La presqu'île de Crozon (Finistère): paysage tabulaire, pénéplaine post-hercynienne née du démantèlement et du rabotage de la chaîne hercynienne.

Ces quatre domaines aujourd'hui réunis pour former le Massif armoricain sont le fruit d'une histoire complexe liée à des ouvertures océaniques et à la formation de deux chaînes de montagnes successives ayant, lors de la formation de la dernière, juxtaposé des terrains jadis totalement séparés. Héritage de la collision continentale à l'origine de la chaîne hercynienne, les failles du cisaillement sud-armoricain font encore quelquefois parler d'elles lors de séismes comme celui de Hennebont, au nord-est de Lorient, en Bretagne, le 30 septembre 2002, et celui de Vendée, le 21 juin 2019, de magnitude 5,2 sur l'échelle de Richter et dont l'épicentre se situait dans le Maine-et-Loire à 30 kilomètres au nord de Bressuire, dans les Deux-Sèvres.

Granites en tous genres, matériaux volcaniques, laves sous-marines, calcaires, grès, schistes et autres roches métamorphiques: tout au long de son trait de côte, le littoral armoricain témoigne par ses roches des différentes étapes de son histoire mouvementée, à laquelle se surimposent les événements récents – remontée de la mer, érosion, dépôts –, le tout façonnant des paysages particulièrement pittoresques. Cette grande diversité explique, à la différence de nombreuses autres régions littorales de France, ces extraordinaires indentations des rivages armoricains.

CYCLE OROGÉNIQUE

Un cycle orogénique correspond à un cycle de la tectonique des plaques, à savoir la naissance et l'ouverture puis la fermeture d'un espace océanique, la collision des masses continentales qui s'ensuit, la surrection montagneuse associée, puis l'érosion de cette chaîne… L'orogenèse est la succession des différentes étapes de la formation d'une chaîne de montagnes (voir page 265).

La crique de Pors-Raden, à Trébeurden (Côtes-d'Armor), où affleurent les plus anciennes roches de France datées de 2 milliards d'années.

Détail des gneiss icartiens de Pors-Raden : les plus vieilles roches de France.

Les plus vieilles roches de France

Dans la crique de Pors-Raden, à Trébeurden, dans les Côtes-d'Armor, affleurent les plus anciennes roches de France, des gneiss œillés datés de plus de 2 milliards d'années (Icartien). Un autre affleurement important de roches du même âge se situe au nez de Jobourg, sur la façade ouest du Cotentin, dans la Manche. Ces gneiss correspondent à de très anciennes roches granitiques métamorphisées et dont l'âge est connu par datation isotopique de l'uranium et du plomb contenus dans des zircons.

Le poudingue de Cesson, une histoire ancienne !

Datés d'environ 600 millions d'années, les poudingues – terme donné en référence au *pudding* anglais – de Cesson-Langueux, dans les Côtes-d'Armor, sont des conglomérats monogéniques et polygéniques composés d'un assemblage de galets – quartz, granitoïdes, grès – plus ou moins déformés selon les niveaux et liés par un ciment naturel. Ils constituent un site de référence du Briovérien inférieur, daté d'environ 600 millions d'années, à la fin du Protérozoïque. Ils remanient des roches plus anciennes (– 650 millions d'années) et correspondent aux produits d'érosion d'une chaîne de montagnes proche, en cours de surrection : la chaîne cadomienne.

La pointe du Poissonnet, où affleure le poudingue de Cesson, sur fond de baie de Saint-Brieuc (Côtes-d'Armor), à marée basse. Accès : descendre sur la plage de Cesson et rejoindre la pointe rocheuse du Poissonnet face à la grève des Courses. Contourner la pointe sur quelques mètres pour observer l'affleurement.

Les poudingues de Cesson, trésor géologique de la baie de Saint-Brieuc. On observe bien les galets déformés par les contraintes tectoniques.

RIVAGES DU COTENTIN

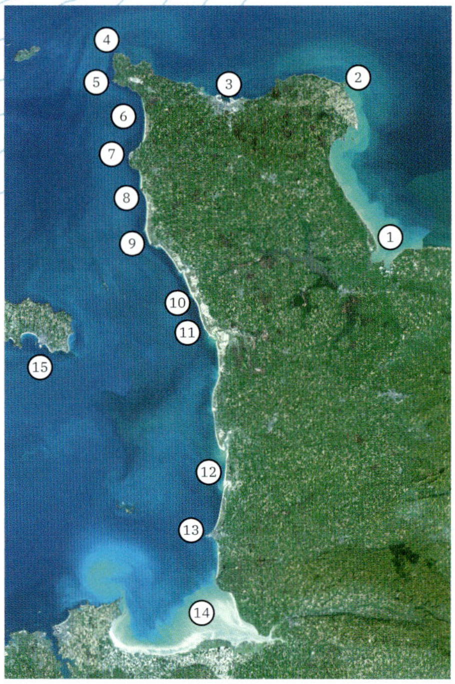

1. Juno Beach
2. Granite de Barfleur
3. Rade de Cherbourg
4. Cap de la Hague
5. Nez de Jobourg
6. Anses de Vauville et Biville
7. Cap et granite de Flamanville
8. Dunes de Surtainville et Baubigny
9. Cap de Carteret
10. Havre de Portbail
11. Havre de Lessay
12. Pointe et havre d'Agon-Coutainville
13. Rocher de Granville
14. Baie du mont Saint-Michel
15. Îles Anglo-Normandes

Vue satellite de la péninsule du Cotentin (Manche).

Au nord de Saint-Vaast-la-Hougue, sur la façade est du Cotentin, dans la Manche, le Bassin parisien cède la place au Massif armoricain. La péninsule du Cotentin, patchwork d'une grande diversité de roches et de morphologies paysagères – côtes à falaises hautes et basses, havres, plages et dunes –, reste encore aujourd'hui, en de nombreux endroits, un des derniers secteurs du littoral préservé du bétonnage intempestif et de la surfréquentation touristique.

Derniers affleurements du Bassin parisien, les rivages est du Cotentin, au sud de Saint-Vaast-la-Hougue, tracent une côte rectiligne et régularisée marquée par la plage sableuse du Débarquement baptisée Utah Beach.

Au nord-est de la péninsule, la côte de Barfleur change radicalement d'aspect et dessine une courbe inscrite dans des granites hercyniens mis en place il y a environ 300 millions d'années. Sa forme bien circonscrite au milieu d'autres terrains traduit son origine intrusive (voir pages 96 à 98).

La rade de Cherbourg, au débouché de la Divette et du Trottebec, vient interrompre le littoral granitique. L'érosion des falaises fossiles, aujourd'hui abandonnées par la mer, date d'environ 100 000 ans. Ces falaises s'inscrivent dans les grès armoricains très durs et dominent la petite plaine alluviale sur laquelle est installée la ville.

L'estuaire de la Saire, au nord de Saint-Vaast-la-Hougue.

La plage et les dunes d'Utah Beach, ancrées sur un sous-sol jurassique, ultime affleurement du Bassin parisien au pied du Cotentin.

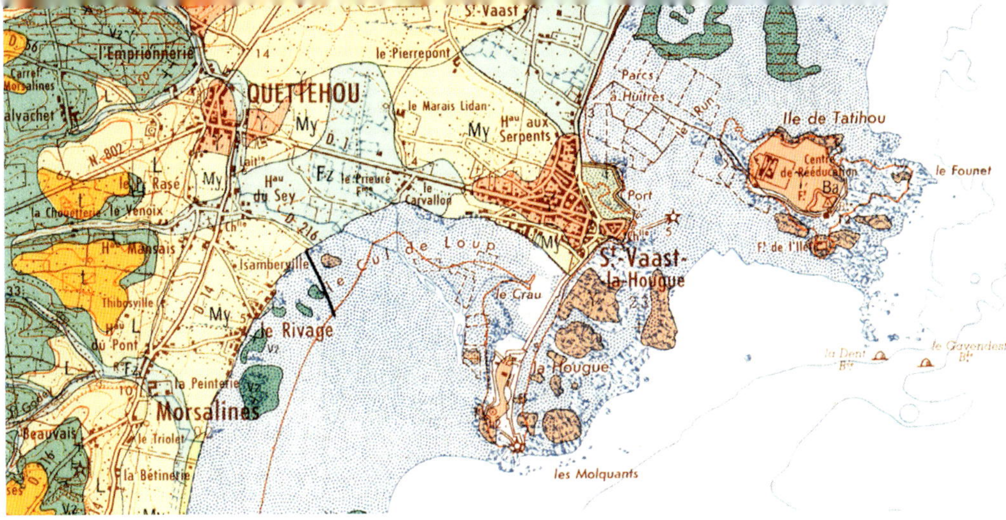

Extrait de la carte géologique de Saint-Vaast-la-Hougue (Manche) à l'échelle 1/50 000. Les affleurements et îlots granitiques de Saint-Vaast-la-Hougue, sur la façade est du Cotentin, marquent le début du littoral du Massif armoricain.

Dans son extrémité occidentale, le littoral se découpe à nouveau dans des granites. La côte présente une morphologie basse que délimite une falaise morte en retrait du littoral. C'est le cas au cap de la Hague et à Omonville-la-Rogue, avec des cordons de galets qui isolent des petites lagunes littorales.

Au nez de Jobourg, dans l'anse du Culeron, affleurent les plus anciennes roches de France, datées de plus de 2 milliards d'années. Ce sont des gneiss, roches métamorphiques très dures, à structure orientée, dont la minéralogie est proche de celle d'un granite. Dans ce secteur côtier, la nature du substratum influe directement sur la morphologie littorale. Les pointes sont granitiques ou gneissiques, alors que les baies correspondent très exactement aux affleurements de schistes plus tendres. La baie d'Écalgrain et l'anse de Vauville correspondent à cette disposition structurale.

Pour continuer ce tour d'horizon, il faut citer le cap de Flamanville (voir pages 99-100), ainsi que ceux du Rozel et de Carteret sur la façade ouest. Ces deux derniers ne sont pas en granite, mais en grès durs. Entre les caps se développent de grandes baies comme celle d'Écalgrain ou l'anse de Vauville.

Au nez de Jobourg affleurent des roches parmis les plus vieilles de France, datées de 2 milliards d'années (Icartien).

Puis vient le pays des havres (voir pages 101-102), estuaires de morphologie caractéristique sur la côte ouest du Cotentin. Plus au sud, le rocher de Granville ponctue le paysage littoral. Il est, pour sa part, constitué par un poudingue, les tillites de Granville, à savoir un grès grossier contenant des graviers et dont on a longtemps pensé qu'il s'agissait d'une ancienne moraine glaciaire datée du Briovérien, hypothèse aujourd'hui abandonnée.

Face au mont Saint-Michel (voir pages 103 à 105), la pointe de Champeaux appartient au massif granitique de Carolles. Il est intéressant de suivre le sentier jusqu'à la cabane de Vauban d'où, par temps clair, la vue s'étend très loin sur Granville, l'ensemble de la baie, le mont Saint-Michel et le bec d'Andaine.

L'anse de Vauville, entre le nez de Jobourg et le cap de Flamanville.

Cordon de galets du cap de la Hague.

LA POINTE DE BARFLEUR

et le cap Lévi

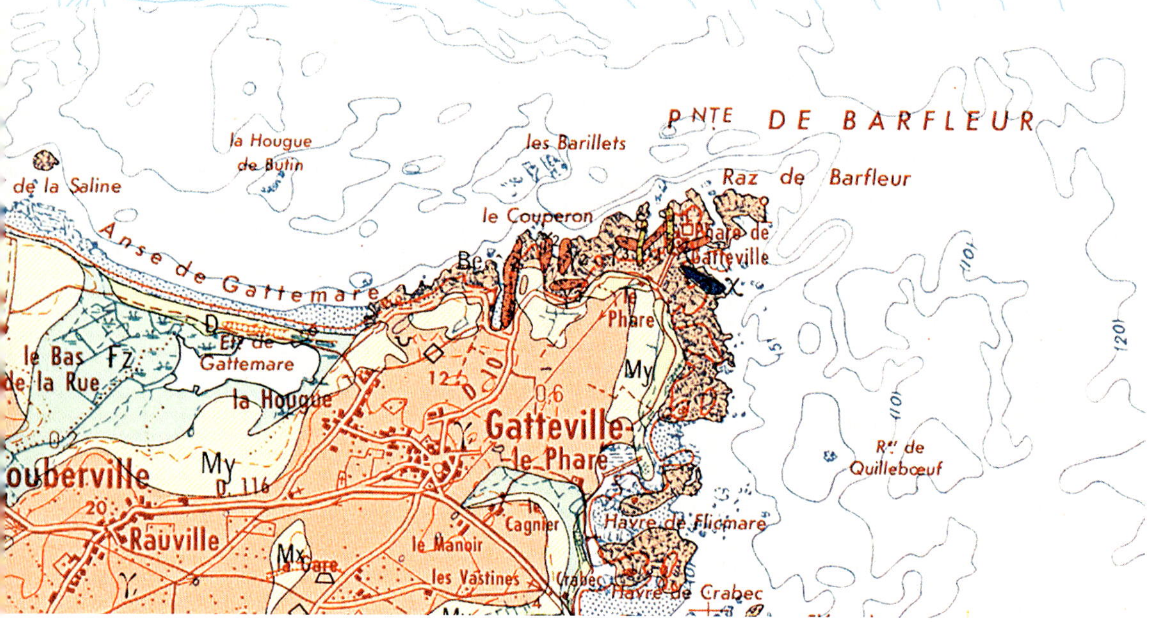

Extrait de la carte géologique de Saint-Vaast-la Hougue (Manche) à l'échelle 1/50 000 : le granite de Barfleur et l'anse de Gattemare.

Le massif granitique de Barfleur constitue le socle rocheux de l'extrémité nord-ouest du Cotentin, dans la Manche. La roche s'y présente sous deux aspects différents : le granite de Barfleur, *stricto sensu*, et le granite de Fermanville au niveau du cap Lévi, plus à l'ouest. La pointe de Barfleur se situe sur la commune de Gatteville-le-Phare, au nord-est du Cotentin. Le cap Lévi, quant à lui, est au nord du village de Fermanville, à une quinzaine de kilomètres à l'ouest de Barfleur.

Moins connus que leur homologue de Flamanville, ces deux caps présentent cependant un intérêt remarquable, aussi bien pour l'observation des roches que pour leur morphologie paysagère littorale. L'étang de Gattemare mérite aussi un détour : cette lagune littorale jouxte à l'ouest la pointe de Barfleur.

Le massif de Barfleur est un massif granitique intrusif (pluton), mis en place dans le contexte de la formation de la chaîne hercynienne. Il s'est formé en deux temps entre – 330 et – 300 millions d'années : tout d'abord, le granite de Fermanville, puis celui de Barfleur. Le granite de Barfleur présente une granulométrie grossière, alors que celui de Fermanville montre une texture plus homogène et une coloration rosée. Le massif de Barfleur se prolonge sous la mer sur quelques kilomètres.

Morphologie de la pointe de Barfleur

La pointe de Barfleur s'organise en deux plates-formes granitiques d'abrasion marine : l'une actuelle, et l'autre plus ancienne en arrière de la première – supportant le village de Gatteville – et séparée de celle-ci par un microrelief souligné par un cordon sableux en limite de marée haute.

Une plate-forme d'abrasion marine se développe dans la zone de balancement des marées à l'altitude zéro par l'action érosive de la mer sur les roches.

Les rochers granitiques de Barfleur, face au port.

Plate-forme d'abrasion actuelle – platier – autour du phare de Gatteville.

Bloc de granite sur le port de Barfleur.

Cette érosion est ici favorisée par le fait que le granite, loin d'être toujours une roche résistante à toute épreuve, est altéré chimiquement, ce qui favorise sa désagrégation et son érosion. Cette plate-forme basse actuelle, qui supporte le phare de Gatteville et s'étend sous la mer, s'est développée depuis la remontée du niveau marin consécutive à la dernière glaciation, entre environ – 8 000 à – 6 000 ans et nos jours. Le platier rocheux est parcouru de fissures – diaclases – qui facilitent la pénétration de l'eau et l'altération de la roche, provoquant son érosion.

En arrière de cette plate-forme actuelle s'étend une ancienne plate-forme d'abrasion dessinant un paysage plat, façonné de la même façon que l'actuelle il y a environ 120 000 ans lors de la dernière phase interglaciaire. Elle s'étend au pied de reliefs plus marqués correspondant dans l'arrière-pays à une ligne de falaises mortes de l'ancien rivage.

En quittant la pointe de Barfleur, faire un détour par l'étang et le cordon littoral de Gattemare : l'étang et les marais se situent en retrait d'un cordon constitué de sables et de galets déposés par l'action du courant de dérive littorale qui circule parallèlement à la côte depuis l'ouest vers l'est. On peut cheminer sur le cordon en empruntant le GR 223. Le domaine appartient au Conservatoire du littoral : il est protégé et géré pour sa faune et sa flore.

Le granite de Barfleur

Apparenté au granite de Flamanville et à ceux de la Côte de Granite rose, dans les Côtes-d'Armor, le granite de Barfleur montre des grands cristaux (texture porphyroïde) blancs de feldspaths potassiques disposés suivant des alignements assez réguliers, ainsi que des feldspaths plagioclases. On peut facilement observer les grains de quartz, ceux de mica noir ou biotite, et quelques plus rares de mica blanc ou muscovite. Les alignements des grands cristaux de feldspath soulignent la direction d'écoulement du magma lors de sa mise en place, à l'origine en profondeur. La roche présente de nombreuses enclaves sombres de nature basique correspondant à des injections magmatiques d'origine plus profonde, issues du manteau, ainsi que des filons constitués de gros cristaux (pegmatite) contenant des baguettes noires de tourmaline. Comme en témoignent le bâtiment du phare et de nombreuses maisons de la région, le granite de Barfleur a été jadis exploité pour la construction et la voirie.

La côte de Barfleur, au nord-est du Cotentin, inscrite dans des granites hercyniens mis en place il y a environ 300 millions d'années.

Le granite de Barfleur et ses grands cristaux de feldspath orientés dans le sens de l'écoulement de son magma d'origine.

Le cap Lévi

Paysage différent de la pointe de Barfleur, le cap Lévi se présente sous la forme d'une côte à falaise basse bien marquée, de quelques mètres de hauteur, en arrière d'un platier rocheux. Longer le sentier littoral (GR 223) entre le phare et le Vieux-Fort permet d'en observer la morphologie. La roche, le granite de Fermanville, possède une texture homogène de grains gros et moyens répartis de façon régulière. Il est constitué de grains de quartz, de grains de feldspaths potassiques reconnaissables ici à leur couleur rose, de grains de feldspaths plagioclases blancs et de quelques grains de mica noir de biotite. Sur le platier, des diaclases strient la surface de la roche, ce qui favorise son altération et son façonnage en boules : gros galets et blocs. Sur la falaise se développent d'importantes zones altérées de granite, où la roche est totalement transformée en sable grossier : l'arène granitique.

Littoral de blocs et galets au pied du cap Lévi (Manche).

Arène de granite altéré au pied du cap Lévi.

Plage fossile perchée et plage actuelle de galets entre le Vieux-Fort et le cap Lévi.

Détail des galets de la plage fossile du cap Lévi.

La plage fossile du cap Lévi

À proximité nord du Vieux-Fort, on peut observer de façon bien visible, en haut de l'estran (lui-même formé de deux niveaux de galets), une plage fossile perchée constituée de graviers et de galets. Elle date d'environ 120 000 ans, une période interglaciaire de réchauffement climatique baptisée Éémien pendant laquelle le niveau marin était légèrement plus haut que l'actuel. Elle repose sur le granite de Fermanville en cours d'altération. Des dépôts de lœss de la période glaciaire froide qui a suivi (dernière glaciation), visibles en partie haute de l'affleurement, la recouvrent. Une plage analogue est observable dans l'anse du Brick (D116), au sud-ouest du cap.

LE GRANITE de Flamanville

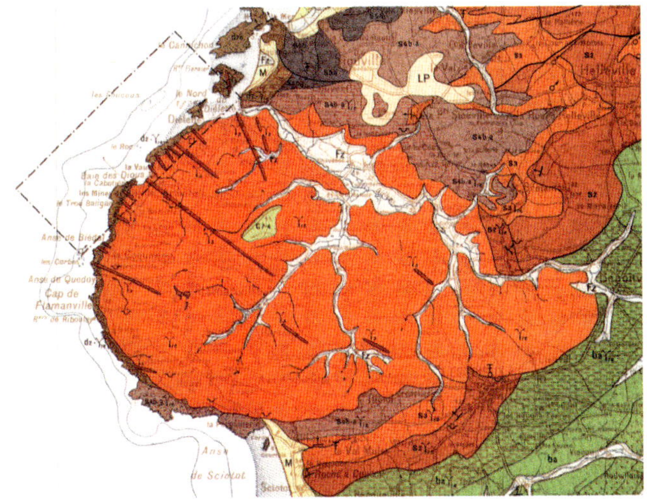

Extrait de la carte géologique de Cherbourg (Manche) à l'échelle 1/50 000 : le massif granitique de Flamanville. Quand la géographie calque la géologie !

Le cap granitique de Flamanville, vu du Havre Jouan. On y observe le contact entre le granite clair et les cornéennes sombres sur l'estran.

Situé à une quinzaine de kilomètres au sud-ouest de Cherbourg, dans la Manche, puissant éperon face à la mer, le massif granitique de Flamanville fait figure d'intrus sur la côte au nord-ouest du Cotentin, relief marqué, visible de loin, en particulier depuis l'anse de Sciotot au sud. La petite route littorale D4 entre Diélette et l'anse de Sciotot, puis le chemin des Bergenets, ainsi que le GR 223 (chemin des carrières) permettent d'approcher le cap.

Un granite intrusif

Avec une forme ovoïde très caractéristique de 5 kilomètres sur 7 kilomètres, le massif constitue un des exemples les plus remarquables de granite intrusif, vedette incontestée des manuels scolaires. Roche magmatique, il s'est formé par fusion d'un secteur de la croûte terrestre à proximité du manteau – naissance d'un magma – puis est remonté à quelques kilomètres sous la surface. Il a alors cristallisé, à la fin du Carbonifère, sous la forme d'une poche localisée, le pluton, en phase terminale de l'orogenèse hercynienne, il y a 300 millions d'années. Il s'inscrit au milieu de terrains paléozoïques datés du Cambrien au Dévonien, qu'il recoupe à l'emporte-pièce et qu'il a métamorphisés sur son pourtour à son contact lors de sa mise en place. C'est le soulèvement de la chaîne et l'érosion des terrains situés au-dessus qui, par la suite, ont provoqué son affleurement en l'état actuel. De nombreux granites intrusifs armoricains, comme celui de Ploumanac'h, par exemple, se sont formés à cette époque dans ce même type de contexte.

Enclaves de forme plus ou moins ovoïde, sombre et de nature basique, riches en minéraux ferro-magnésiens – pyroxènes, amphiboles, micas – témoignant par leur nature de l'origine profonde du magma originel du granite de Flamanville au niveau du manteau.

Affleurement des cornéennes associées au pluton granitique de Flamanville, en bordure de l'ancienne cale du port de Diélette.

Faciès d'altération en boules au sein du granite de Flamanville, le long de la route qui mène de Sciotot à Houel.

Un granite rose

Le granite de Flamanville, à texture porphyroïde, contient de grands cristaux de feldspath orthose roses. Les autres minéraux, plus petits, sont le quartz, un autre feldspath, un plagioclase, des micas et une amphibole : la hornblende. Ce granite contient des enclaves sombres, de nature basique, ce qui confirme l'hypothèse selon laquelle il s'est formé à la base de la croûte terrestre et a incorporé des enclaves du manteau. Il fut jadis activement exploité et on comptait 300 ouvriers en carrière au XIXe siècle. Les sites d'extraction sont aujourd'hui tous fermés.

Entre le port de Diélette et la centrale nucléaire de Flamanville, sur les falaises en contrebas de la route, on peut observer le contact étroit entre le granite et la cornéenne, roche métamorphisée par contact lors de la mise en place du pluton granitique.

L'auréole de métamorphisme

Lors de sa mise en place en profondeur, au milieu des terrains encaissants, le pluton granitique, chaud et visqueux, a provoqué leur transformation par la chaleur. On parle de métamorphisme de contact. Celui-ci se traduit sur le terrain par des auréoles de roches de plus en plus transformées au fur et à mesure que l'on s'approche du pluton. Les roches les plus métamorphisées à proximité du granite sont nommées « cornéennes ». Elles sont particulièrement dures et résistantes. On peut facilement les observer à marée basse au niveau des estrans rocheux du Havre Jouan dans l'anse de Sciotot, au sud du massif, ainsi qu'aux alentours de Diélette, au nord. Du fait de leur grande dureté, elles sont exploitées comme pierre d'enrochement et, concassées, pour fabriquer des granulats (sables, graviers et ballast).

Filon d'aplite enrichie en quartz, mis en place postérieurement à la cristallisation du granite au sein de fractures.

HAVRES, PLAGES
et dunes du Cotentin

Vue aérienne du havre de Regnéville-sur-Mer (Manche).

Alternant avec les caps rocheux qui en structurent son littoral – Hague, nez de Jobourg, Flamanville, Carteret, Granville – la côte ouest du Cotentin, dans la Manche, est marquée par ses havres, grandes plages et champs de dunes associés, le tout structurant des paysages et des milieux caractéristiques face au large. Les grandes quantités de sable qui sous-tendent ces paysages proviennent à la fois de l'érosion des reliefs à l'intérieur des terres – granites et grès – et des apports venant du nord de la Bretagne face auxquels le Cotentin dresse, à l'est, une barrière géographique.

Au pays des havres

Les havres sont des estuaires dissymétriques, partiellement fermés par une flèche sableuse ayant la forme d'un bec pointu et crochu, dirigée dans le sens de la dérive littorale et tournée vers l'intérieur des terres. Ils correspondent aux débouchés de petits fleuves côtiers provenant des reliefs de l'intérieur. Leur morphologie résulte des houles de direction nord-ouest, provoquant des courants de dérive littorale du nord vers le sud.

Les havres sont soumis à l'action des marées, avec de nombreux chenaux alluvionnaires principalement sableux et divagants, à l'abri des cordons sableux et dunaires qui les délimitent. Au débouché du havre, les sédiments s'étalent pour former un delta de marée découvert à marée basse. Ils sont comblés de sédiments fins récents (holocènes) organisés en deux espaces successifs : la slikke formée de sédiments nus en aval, et le schorre – herbu ou pré salé – recouvert de végétation et directement à l'abri des cordons dunaires, ce dernier n'étant envahi par la mer qu'aux grandes marées.

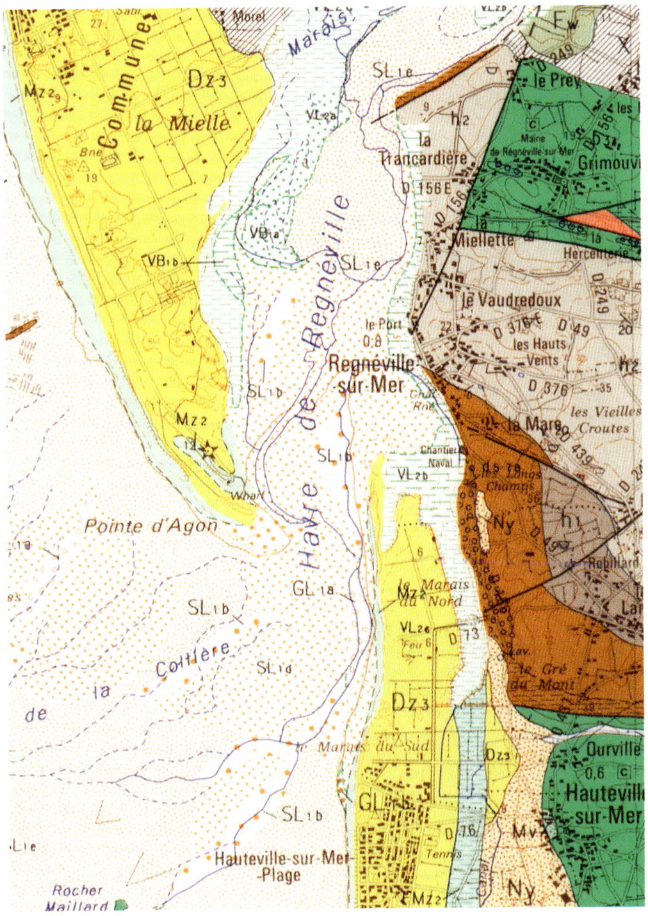

Extrait de la carte géologique de Coutances (Manche) à l'échelle 1/50 000 : le havre de Regnéville, au cœur des dépôts sableux. Sa flèche tournée vers le sud indique le sens du courant littoral.

La plage et le massif dunaire de Baubigny, en grande partie fixé par les végétaux, vus du promontoire du cap de Carteret.

La formation de ce type de morphologie nécessite quelques conditions particulières, réunies sur la façade ouest du Cotentin :

- présence d'une côte sableuse possédant un important cordon dunaire ;
- ce cordon dunaire repose sur un platier rocheux relativement régulier et à faible profondeur, empêchant le surcreusement d'une vallée ;
- un débit faible du cours d'eau, mais cependant suffisant pour maintenir un passage au niveau du cordon sableux – un débit plus fort empêcherait la formation de la flèche, alors qu'un débit trop faible ne forcerait plus le passage et isolerait le havre en lagune en arrière des dunes, ce qu'il se passe en plusieurs endroits de la côte landaise, par exemple.

Les havres se sont progressivement formés lors de la remontée du niveau marin à la suite de la fin de la dernière glaciation. Les sables des grandes plages de la façade ouest du Cotentin ont été remaniés sous forme de grandes dunes littorales venant barrer le débouché des petits fleuves côtiers qui en ont progressivement façonné le dessin : une morphologie actuelle, mais pas définitive, en perpétuelle évolution et que la remontée du niveau marin ne va sans aucun doute pas tarder à faire évoluer.

HAVRE

Radical d'origine néerlandaise et danoise signifiant « port », « crique » ou « baie naturelle » où pouvaient mouiller les bateaux

Dune bordière de la plage de Biville.

Champ de dunes de Biville, gagnant progressivement vers l'intérieur des reliefs.

Les dunes du Cotentin

Moins connu que celui des Landes ou de la côte picarde, le système dunaire du Cotentin n'en est pas moins un des plus importants de France. Longs chacun d'une dizaine de kilomètres, les deux principaux massifs obéissent à la structure générale du littoral et viennent s'ancrer sur des caps rocheux. Le massif de Biville occupe l'anse de Vauville entre le nez de Jobourg et le cap de Flamanville. Le massif de Baubigny s'étend de la pointe du Rozel au cap de Carteret. Ces dunes sont implantées sur d'anciens cordons littoraux, et le début de leur édification date de la fin de la dernière glaciation. Les dunes s'étalent par endroits sur plus de 2 kilomètres de largeur et ont gagné sur l'intérieur des terres, comme en témoigne l'ensablement de sites préhistoriques.

LE MONT SAINT-MICHEL
et sa baie

Le mont Saint-Michel (Manche) à marée haute, le Couesnon, la route sur la digue et les herbus (schorre).

Monastique, historique, touristique, mais avant tout géologique ! Le mont Saint-Michel tient son nom de l'archange apparu à Aubert, évêque d'Avranches, en 709, comme le signale la statue dorée de saint Michel terrassant le dragon qui coiffe l'église abbatiale. Quant au Couesnon, petit fleuve côtier, c'est lui qui, selon le dicton, « un jour dans sa folie a mis le Mont en Normandie » !

Le mont Saint-Michel est un îlot granitique, comme son homologue situé au milieu de la baie, le rocher de Tombelaine à 3 kilomètres au nord, dans le département de la Manche. À ces deux pitons célèbres, il faut associer le mont Dol, au nord de Dol-de-Bretagne, en Ille-et-Vilaine, aujourd'hui dans les terres mais qui formait encore une île il y a seulement 5 000 ans. Tous trois émergent du fond de cette grande baie qui se dessine entre Cancale et la pointe de Champeaux, à la base du Cotentin.

L'accès au mont se fait à pied ou en navette depuis le parking situé à 2,5 km en amont, près du Couesnon. Pour s'approcher des polders de l'ouest de la baie, suivre la petite route littorale qui, de Saint-Broladre, mène à la chapelle Sainte-Anne, et continuer à pied sur le GR 34. Une autre possibilité, vers l'est, consiste à rejoindre les Bas-Courtils, soit par le GR 223, soit par les routes D275 et D75 qui offrent de superbes vues avec le mont en toile de fond des prés salés. Le GR 223, entre la pointe du Grouin du Sud et Genêts, permet d'avoir un aperçu complet sur le fond de la baie, le rocher de Tombelaine et le mont.

L'abbaye Saint-Michel, construite en granite des îles Chausey, accrochée sur son îlot granitique.

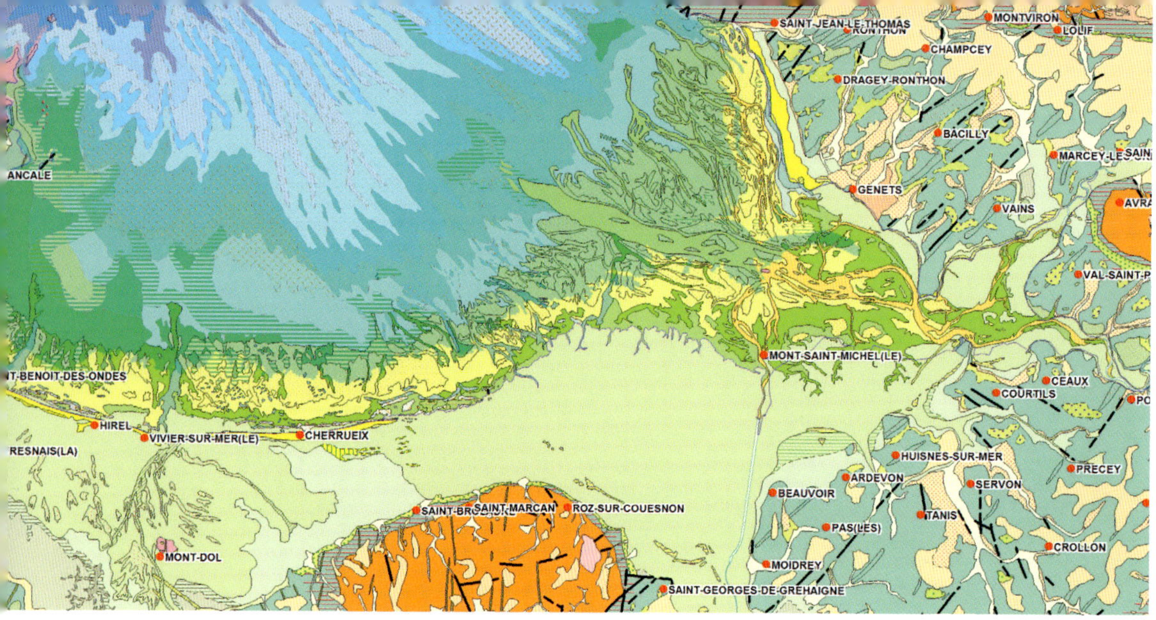

Extrait de la carte géologique du Mont-Saint-Michel (Manche et Ille-et-Vilaine) à l'échelle 1/50 000. La carte géologique simplifiée montre les dépôts récents de la baie du mont Saint-Michel, reposant sur les schistes briovériens (fin du Protérozoïque) et encadrée par les granites de Saint-Broladre (Ille-et-Vilaine) au sud, de Carolles (Manche) au nord, et d'Avranches (Manche) à l'est.

Trois îlots granitiques

Saint-Michel, Dol et Tombelaine : ces trois monts sont formés d'un granite clair – leucogranite – à mica blanc, plus résistant donc moins fortement érodé que les roches environnantes, et, de ce fait, en saillie dans le paysage. Ils correspondent à des petits massifs granitiques intrusifs qui se sont mis en place au Cambrien, il y a environ 525 millions d'années, au milieu de schistes et de grès plus anciens datés du Précambrien. Le granite de Saint-Broladre, plus ancien (– 540 millions d'années), sous-tend une falaise morte qui ferme le paysage au sud et correspond à l'ancienne ligne de rivage, au maximum d'extension de la baie. À ses pieds, les sédiments du fond de la baie sont datés de – 8 000 ans en profondeur et de – 3 000 ans en surface.

La baie, entre terre et mer

Il y a seulement 18 000 ans, lors de la dernière glaciation, la Manche n'existait pas et les trois monts n'étaient que des pitons rocheux entourés de vallons au milieu d'un paysage désolé de steppes, sous climat glaciaire. Puis, avec la remontée du niveau marin (un peu plus de 1 mètre par siècle en moyenne), la baie fut inondée il y a environ 8 000 ans. Le mont Saint-Michel, le mont Dol et le rocher de Tombelaine devinrent alors des îles. Ce dernier reste encore une île à marée haute, alors que le mont Saint-Michel a perdu un temps son insularité. Celle-ci est aujourd'hui retrouvée par des aménagements récents. Depuis 8 000 ans, la baie a vécu plusieurs étapes d'allers et retours de la mer, comme en témoignent les niveaux de tourbe qui s'intercalent au milieu des autres sédiments. Ils marquent les phases de recul des eaux, quand la végétation reprenait ses droits.

Dans la baie, les courants accumulent des alluvions dont la taille des éléments diminue en allant de la mer vers la terre. Il s'y dépose un sédiment particulier, la tangue, sorte de marne constituée d'un mélange de sables fins, de particules argileuses et de 40 à 50 % de boues calcaires. La charge sédimentaire annuelle est estimée à environ 2 000 tonnes, soit plus de 1 million de mètres cubes, ce qui correspond à une élévation moyenne de 3 millimètres par an, soit 1 mètre tous les trois siècles environ.

Le tracé du Couesnon dans la tangue, au cœur de la baie du mont Saint-Michel.

Démonstration par un guide de la baie du mont Saint-Michel de l'enfoncement, par petits mouvements saccadés, d'une personne dans les sables mouvants.

Traverser la baie

Le meilleur moyen de découvrir la baie est de la traverser à pied à marée basse, une randonnée qui peut présenter un réel danger car la mer y remonte sur plus de 10 kilomètres en six heures, contournant et isolant des bancs sableux. Ne dit-on pas qu'elle remonte dans certains chenaux à la vitesse d'un cheval au galop ? Le marnage, un des plus importants dans le monde, peut y dépasser 14 mètres d'amplitude lors de très grandes marées. L'estran est parcouru par de nombreux chenaux dont les tracés divaguent. Mieux vaut en connaître les détours et partir avec un guide !

Sables mouvants

Les sables mouvants sont des zones sableuses – bord de mer ou rivière – constituées de grains plus ou moins mélangés à d'autres substances – argile, boue calcaire, etc. – semblant fermes au premier abord mais tellement gorgées d'eau qu'elles ne peuvent pas supporter une trop forte pression sur une petite surface, celle de deux pieds en particulier ! Les sables deviennent d'autant plus mouvants – phénomène de thixotropie – que la personne qui s'y aventure bouge et s'agite énergiquement, notamment si elle est prise de panique. Ses mouvements provoquent alors les remontées d'eau dans la couche de sable qui favorisent la mise en suspension des grains, et un ébranlement mécanique du sédiment désolidarisant les éléments du mélange, diminuant sa cohésion, augmentant ses propriétés d'écoulement et sa perte de résistance. Ce phénomène existe dans d'autres baies, comme celles de la plaine maritime picarde, par exemple, où des accidents ont également eu lieu.

Sur le littoral, près de la pointe des Champeaux (Manche), au nord-est de la baie du mont Saint-Michel, se développent des formations particulières facilement observables à marée basse : les massifs d'hermelles. Ce sont des bioconstructions constituées de tubes calcaires accolant des grains de sable. Elles sont édifiées par des vers, comme étuis protecteurs. L'ensemble grandit et forme des récifs qui participent activement à la sédimentation dans la baie.

Digues et polders

En arrière des digues s'étendent les polders ou prises, domaines de culture et d'élevage. Les premiers endiguements datent du VIIIᵉ siècle. La grande digue de la Duchesse-Anne a été construite au XIᵉ siècle. La maison des Polders, située aux Quatre Salines, à Roz-sur-Couesnon, sur la D797 entre Dol-de-Bretagne et Pontorson, propose un espace muséographique de découverte des polders. En avant de la digue se développe le schorre – ou herbu – recouvert lors des grandes marées. Il constitue un espace de transition entre la slikke recouverte à chaque marée haute et la terre ferme. Suivre les GR 34, côté breton, et GR 223, côté normand, procure l'occasion de découvrir l'univers des schorres et des polders avec de très belles vues sur le mont Saint-Michel.

La digue de la Duchesse-Anne (Ille-et-Vilaine), que suit le GR 34 jusqu'au mont Saint-Michel. À droite, le polder ; à gauche, la partie haute du schorre, atteint uniquement lors des grandes marées hautes.

Le mont Saint-Michel et les prés salés en arrière de la digue, vus de la route littorale D275 (Manche).

DE FRÉHEL À ERQUY

la côte de Penthièvre

Le rocher de la Fauconnière, emblème du paysage et des grès roses du cap Fréhel, abrite de nombreuses colonies d'oiseaux – mouettes, cormorans, guillemots, goélands, huîtriers-pies – dont les fientes blanches masquent en partie la couleur.

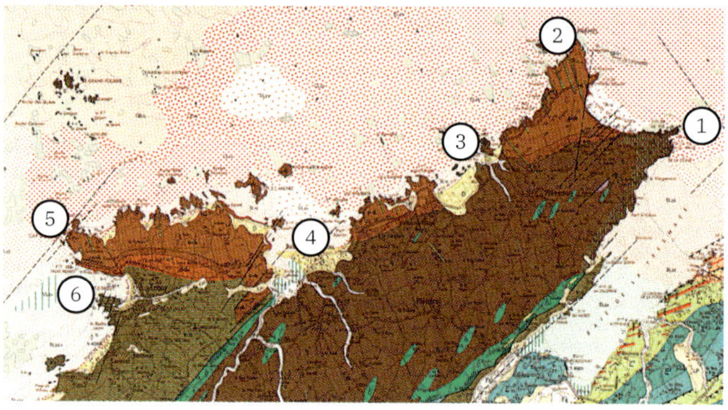

1. Fort La Latte
2. Cap Fréhel
3. Plages de la Fosse (dolérite) et de Pléhérel
4. Sables-d'Or-les-Pins
5. Cap d'Erquy
6. Pointe de la Heussaye

Extrait de la carte géologique de Saint-Cast-le-Guildo (Côtes-d'Armor) à l'échelle 1/50 000.

Diorite, grès roses, filons de dolérite, sables fins, conglomérats, pillow-lavas, falaises, pénéplaine, la Côte de Penthièvre, au nord de Lamballe, dans les Côtes-d'Armor, et son site emblématique du cap Fréhel offrent un festival de géologie particulièrement riche, de quoi passionner tous les amateurs de paysages, de cailloux et d'histoires très anciennes !

Le cap Fréhel

Paysage spectaculaire et très touristique, tel l'étrave d'un navire face aux flots, le cap Fréhel, avec sa falaise de 70 mètres de hauteur, n'en constitue pas moins un grand site géologique remarquable. Son phare marque la limite du plateau de Fréhel, couvert de landes et battu par les vents. De nombreux sentiers permettent d'en découvrir les différents aspects.

Les grès roses du cap Fréhel (Côtes-d'Armor), disposés en couches régulières montrant un léger pendage vers le nord-ouest.

Un univers de grès roses

Le cap Fréhel est entièrement composé de couches de grès rose disposées en bancs successifs et réguliers de faible épaisseur et légèrement inclinés vers le nord ou nord-ouest selon les secteurs. Le tout repose sur des diorites, roches plutoniques, qui en forment le socle, visible sous le fort La Latte, au sud-est du cap. Ces dernières, datées d'environ 600 millions d'années, se sont mises en place dans le contexte de la formation de la chaîne cadomienne. Les grès de Fréhel, ne présentant pas de fossiles, n'ont pas pu être datés avec certitude. En les comparant avec des niveaux équivalents en Bretagne, il leur a été attribué un âge situé entre – 485 et – 450 millions d'années (Ordovicien inférieur à moyen). Chose étonnante, la faible inclinaison régulière de leur structure signifie vraisemblablement qu'ils n'ont pas, ou peu, subi de mouvements importants depuis leur origine, alors qu'ils ont été embarqués, après leur dépôt, dans le chamboulement tectonique de l'orogenèse hercynienne.

Roche dure et compacte, un grès est un ancien sable consolidé dont les grains sont soudés entre eux. Principalement composé de quartz, les grès de Fréhel contiennent aussi des grains de feldspath (type de grès dénommé arkose). Cette induration de la roche meuble d'origine s'effectue par le dépôt progressif d'un ciment naturel entre les grains de sable. Leur coloration provient de l'oxyde de fer qu'ils contiennent. Il n'est pas rare que les grès ne renferment que peu ou pas de fossiles. On les qualifie alors d'azoïques. Ceci est dû à la perméabilité du sable au travers duquel l'eau circule, certes à l'origine de sa consolidation en grès mais aussi responsable de la dissolution des fossiles – généralement des coquilles calcaires – qu'il pouvait contenir à l'origine.

Les sables d'un ancien delta

Ces grès, comme ceux d'Erquy, plus à l'ouest, proviennent du démantèlement par l'érosion de la très ancienne chaîne cadomienne (environ – 600 millions d'années) qui formait l'arrière-pays. Ils se sont déposés en mer peu profonde, sur le socle de diorites, dans un environnement de type littoral et deltaïque brassé par des courants, comme en témoigne les figures sédimentaires que l'on peut y observer : stratifications obliques et entrecroisées, ainsi que des cuvettes correspondant aux profils transversaux d'anciens chenaux. L'érosion récente a recoupé la roche en marches d'escalier, selon sa structure en bancs, avec par endroits des zones plus résistantes formant des tours isolées, comme le rocher de la Fauconnière qui abrite d'importantes colonies d'oiseaux marins.

Profil transversal d'un chenal fossile recoupé par l'érosion. Les grès du cap Fréhel recèlent de nombreuses figures sédimentaires qui témoignent des courants d'eau sur les fonds marins à l'époque de leur dépôt.

La plage de Pléhérel, avec en toile de fond le cap Fréhel.

La pénéplaine du Penthièvre

Comme de nombreux secteurs de Bretagne, la lande du Penthièvre, en arrière du littoral, donne l'occasion d'observer une pénéplaine postorogénique caractéristique. Ce type de surface horizontale, à la différence d'un plateau structural constitué de couches horizontales ou subhorizontales – les Causses, par exemple – résulte du rabotage et du nivellement d'une ancienne chaîne de montagnes. Cette pénéplaine posthercynienne date de la fin du Paléozoïque. On la qualifie d'antétriasique. Cet applanissement s'est opéré sur des millions d'années à partir de l'époque où la chaîne ne subissait plus de contraintes de surrection, laquelle, préalablement, en rajeunissait les reliefs de façon permanente. Dans quelques dizaines, voire plus, de millions d'années, les Alpes et l'Himalaya subiront vraisemblablement le même sort ! La Côte de Penthièvre procure aussi l'occasion de découvrir d'autres sites géologiques particulièrement intéressants : le filon de dolérite de la Fosse, les grès d'Erquy et la pointe de la Heussaye (voir pages suivantes).

Les dolérites de la plage de la Fosse

Sur la plage de la Fosse, à Plévenon, on peut observer une formation géologique particulièrement intéressante, à savoir un superbe filon de dolérite gris-bleu foncé dont la couleur tranche sur celle des grès roses.

Une dolérite est une roche filonienne finement cristallisée ayant la même nature que le basalte. Elle est composée de feldspath, d'olivine et de pyroxène. Son nom vient du grec *doleros* signifiant « trompeur » car elle peut prendre différents aspects. Elle s'est mise en place, sous forme de lave liquide, dans des fractures ouvertes en profondeur au sein des grès qu'elle recoupe. Le filon, facilement identifiable en bordure de plage recoupe les grès, signe qu'il lui est postérieur. Il a été daté d'environ 350 millions d'années, et sa mise en place correspond à des contraintes d'extension liées à la formation de la chaîne hercynienne.

La dolérite de la Fosse présente de très belles figures d'altération en écailles d'oignon formées à partir du réseau de diaclases préexistantes, ce qui engendre des boules dont la dislocation est à l'origine des galets sombres qui, sur la plage, tranchent par leur couleur au milieu des galets roses de grès. Comme à Perros-Guirec, Dinard, etc., de nombreux filons de dolérite sont observables sur le littoral nord de la Bretagne.

Altération en boules du filon de dolérite de la plage de la Fosse, à l'origine de galets.

Ancienne carrière des Lacs bleus dans les grès d'Erquy. La falaise, ancien front de taille, permet d'observer les différents niveaux de grès et leur aspect plus ou moins grossier.

Les grès d'Erquy

Au nord de la ville, le cap d'Erquy, pendant du cap Fréhel, est également constitué de couches de grès roses. Elles s'y présentent sous différents aspects : plus ou moins grossier – conglomérat – ou plus fin – grès –, correspondant à différents régimes sédimentaires de transport et de dépôt, au moment de leur formation. Les grès d'Erquy montrent par endroits des stratifications entrecroisées qui témoignent des variations des courants qui ont déposé les sables à l'origine des grès. Plus anciens que leurs voisins de Fréhel, les grès d'Erquy datent de la fin du Cambrien, il y a environ 500 millions d'années. Ces grès sont particulièrement faciles à observer au niveau de la carrière des Lacs bleus, où ils furent exploités jusqu'à un passé récent sous le terme de quartzite en raison de leur grande dureté et de leur facilité à prendre le poli. La carrière est accessible par un sentier depuis la route du plateau qui mène au cap d'Erquy.

Le volcan d'Erquy

La pointe de la Heussaye, dans les Côtes-d'Armor, accessible par la route de la Corniche, constitue un petit promontoire fermant la baie d'Erquy, au sud de la plage du centre-ville. On peut y observer des affleurements de roches volcaniques très anciennes et particulièrement bien conservées – brèches, sills et pillow-lavas – venues s'intercaler au sein d'une série sédimentaire schisteuse : une découverte qui se fait à pied et à marée basse. Se renseigner sur les horaires de marée !

En cheminant sur l'estran, côté ouest, la falaise présente des schistes bien stratifiés d'origine sédimentaire et redressés à la verticale, dans lesquels sont venus s'intercaler de gros filons volcaniques de nature basaltique (sills). En poursuivant vers le nord, les roches volcaniques changent d'aspect. Il s'agit de coulées de lave en coussins : des pillow-lavas, qui mesurent entre 20 centimètres et 2 mètres de diamètre. Ce type de formation est caractéristique des épanchements volcaniques sous-marins.

A. Schistes redressés d'origine sédimentaire
B. Sill basaltique

Versant ouest de la falaise de roches volcaniques anciennes de la pointe de la Heussaye, à Erquy.

Aspect caractéristique d'une pillow-lava, avec son pédoncule d'arrivée de la lave et son auréole vitrifiée.

Les pillow-lavas de la pointe de la Heussaye témoignent d'épanchements volcaniques sous-marins au fond de l'océan qui occupait la région au Briovérien, il y a environ 600 millions d'années.

Ces pillow-lavas montrent une enveloppe externe bien délimitée composée d'une roche vitreuse correspondant à un refroidissement très rapide au contact de l'eau de mer, alors que leur partie interne possède une structure plus cristallisée, signe d'un refroidissement plus lent.

L'analyse géochimique de la roche, riche en olivine, un ancien basalte, permet de supposer qu'il s'agit d'éruptions sous-marines correspondant à l'activité d'un point chaud, comme aujourd'hui les volcans d'Islande, de Hawaii, ou le piton de la Fournaise à La Réunion.

En approchant de la pointe, on peut observer des tufs constitués d'un mélange de boues et de cendres volcaniques.

Un peu plus loin, au niveau de la partie nord de la pointe, affleurent de très belles brèches volcaniques présentant des fragments de pillow-lavas anguleux. Ces roches correspondent à une activité volcanique très explosive vraisemblablement due à une éruption de magma très chaud sous une faible tranche d'eau : une activité qualifiée de phréatomagmatique.

Affleurement particulièrement riche en informations, la pointe de la Heussaye est l'occasion de découvrir un ensemble de différents types d'activités volcaniques venues s'insérer au sein de roches sédimentaires dans le contexte marin d'un arc insulaire. Ces différentes roches ont été datées de la fin du Protérozoïque, il y a environ 600 millions d'années, puis elles ont été plissées et basculées lors de la surrection de la chaîne cadomienne au début du Paléozoïque. Cette dernière a par la suite été érodée, engendrant les sables à l'origine des grès d'Erquy et de Fréhel venus se déposer au-dessus.

Brèches volcaniques présentant des fragments de pillow-lavas formées lors d'une activité volcanique très explosive, vraisemblablement sous une faible tranche d'eau.

GRANITE ROSE
en Côte-d'Armor

Le Château du diable, façonné par ses nombreuses diaclases et par l'érosion, domine la crique de Pors-Rolland, le long du sentier des douaniers, à Ploumanac'h (Côtes-d'Armor).

Paysage sculptural façonné de milliers de blocs dans un empilement spectaculaire, ainsi se présentent les rivages du sentier des douaniers entre Perros-Guirec et Trébeurden, dans les Côtes-d'Armor. Quelques rochers y ont acquis un nom et une célébrité en raison de leurs formes évocatrices, défiant parfois les lois de l'équilibre, comme la Palette du peintre, la Raie manta, le Dé ou le Château du diable… Le nom de Ploumanac'h dérive de *poul manac'h* signifiant en breton « la mare au moine ». Itinéraire emblématique du tourisme breton, le sentier est très fréquenté en période estivale. Il faut partir à pied pour quelques heures. Un aller-retour n'est pas de trop pour prendre le temps de la découverte dans un sens comme dans l'autre et, si possible, à marée haute et à marée basse. Le sentier part de l'extrémité ouest de la plage de Trestraou à Perros-Guirec. Trégastel et son île Renote donnent aussi l'occasion de poursuivre la découverte. On peut continuer la randonnée en longeant la corniche bretonne jusqu'à Trébeurden.

Fabuleux chaos

Le parcours permet de découvrir la formation des chaos de granite, paysage universel que l'on peut observer dans de nombreuses régions du monde et de France, en particulier dans le Massif central et en Corse. Ceux-ci naissent par altération de la roche, principalement sous l'action de l'eau, le long de fissures préexistantes. Le granite y « pourrit » et devient friable. Les fissures sont ensuite déblayées par l'érosion. Le processus est décrit en détail page 39.

Ces chaos se sont jadis formés, par une lente évolution souterraine, à des périodes antérieures, quand Ploumanac'h était une région de collines à l'intérieur des terres. Ils présentaient la particularité de se situer alors à un niveau d'altitude correspondant à celui de la mer aujourd'hui, ce qui a permis leur déblaiement. Ce nettoyage au « Kärcher » marin a mis en évidence et individualisé un chaos qui n'a pas son égal par ailleurs sur le littoral.

La crique de Pors-Laëron, creusée dans des matériaux meubles déposés lors de la dernière glaciation.

Les blocs présentent de nombreuses figures d'altération, cuvettes, rigoles, cannelures et roches percées laissant parfois apercevoir le ciel. Cette altération de surface, relativement récente, est favorisée par les projections d'embruns, le ruissellement et la stagnation de l'eau de mer salée. Au pied des rochers, le sable ou arène granitique, principalement constitué de grains de quartz, provient directement de l'érosion du granite.

Implantée sur le sentier des douaniers, la maison du Littoral se situe près du phare de Ploumanac'h. Elle gère et anime l'ensemble du site. Il est intéressant de s'y arrêter pour découvrir ses présentations et obtenir des informations.

Empreinte du diable : vasque d'altération résultant de la stagnation des eaux des vagues ou de pluie enrichies en sel par les embruns. Les rigoles ou cannelures se façonnent progressivement par débordement et écoulement de l'eau de la vasque.

Le long du sentier

Parcourir le sentier des douaniers procure l'occasion de découvrir quelques autres manifestations de la géologie. L'estran en contrebas du sentier, au départ de la plage de Trestraou, s'inscrit dans les granites de Perros-Guirec, datés de – 615 millions d'années (cadomiens) que recoupent quelques filons de dolérites, très faciles à identifier de loin car très sombres. Une dolérite est une roche filonienne finement cristallisée ayant la même nature que le basalte. Elle est composée de feldspath, d'olivine et de pyroxène. Elle s'est mise en place, sous forme de lave liquide, dans des fractures ouvertes en profondeur au sein des granites qu'elle recoupe. Au niveau de Pors-Rolland, en approchant du Château du diable (en venant de Perros-Guirec), l'estran relativement plat et régulier cède la place à un imposant chaos de granite rose, dans un contraste saisissant.

Plus loin sur le sentier, au niveau des rochers du Squewel, la petite crique de Pors-Laëron est creusée dans des matériaux datant de la dernière glaciation, époque où des vents violents ont déposé des limons – lœss – sur les steppes bretonnes.

1

2

Échantillon poli de granite de Ploumanac'h ou granite rose de La Clarté. Il se compose de quartz, de mica, de feldspath blanc de type plagioclase et d'un feldspath alcalin rose prédominant, le microcline, qui lui confère sa couleur.

Le granite rose de Ploumanac'h

Il se compose de quartz, de mica, de feldspath blanc de type plagioclase et d'un feldspath alcalin rose, le microcline, qui lui confère sa couleur. Celle-ci provient du fer contenu dans le minéral. En regardant le granite de près, on peut observer par endroits des taches sombres : il s'agit de fragments de roches préexistantes absorbées par le granite lors de sa formation. Daté de – 300 millions d'années, le granite de Ploumanac'h s'est mis en place dans le contexte de la formation de la chaîne hercynienne.

Le granite de Ploumanac'h correspond à l'auréole externe d'un complexe granitique annulaire centré sur l'Île-Grande et ses granites gris à grain fin. Autour de ces derniers affleurent les granites gris-rose et fins de Trégastel. Puis vient, entourant l'ensemble, l'auréole de granite rose de Ploumanac'h de texture régulière. Il est aussi dénommé granite de La Clarté, petit hameau de Perros-Guirec où il est encore extrait dans plusieurs carrières. Les premières traces d'exploitation remontent à 3 000 ans. Les deux vallons du Grand- et du Petit-Traouïéro débouchent au port de Ploumanac'h et permettent d'observer un chaos, non plus littoral mais sous couvert forestier. Un granite à gros grain avec quelques reflets verdâtres y était jadis exploité.

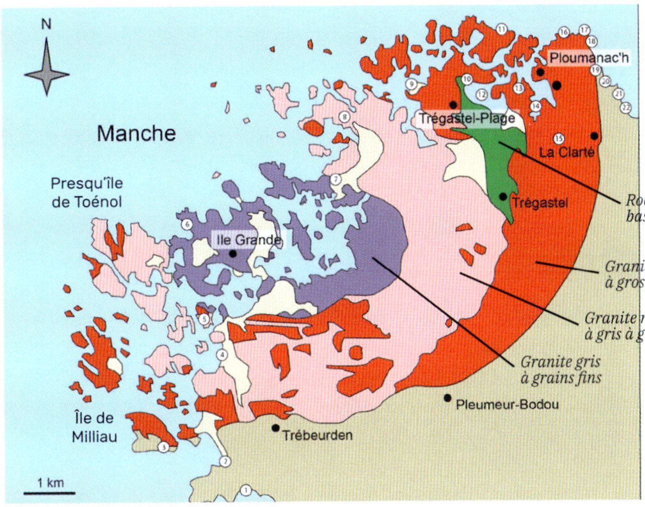

Carte géologique simplifiée du massif de Ploumanac'h (Côtes-d'Armor). On distingue nettement les trois massifs granitiques emboîtés du complexe annulaire. Le granite de Ploumanac'h constitue l'auréole la plus externe. La couleur verte sur la carte correspond à des affleurements de roches magmatiques plus basiques de type gabbro.

1.2.3. *Chemin faisant sur le sentier des douaniers : la Raie manta, la Bouteille, la Patte d'éléphant.*

Au pays des Abers (Finistère), Brignogan se situe sur la côte au nord du Folgoët. Accès par la D770. Beaucoup moins connu que celui de Ploumanac'h, le chaos granitique littoral mérite tout autant le détour. Les rochers gris y dessinent un décor de rêve sur fond de mer bleue et plage de sable fin et clair. Le dépaysement est total. Par beau temps, on se croirait, pour un instant, transporté dans un décor d'île tropicale ! Sa visite est aussi l'occasion de découvrir de superbes mégalithes, en particulier le menhir de Pontusval.

Quelques autres chaos du littoral nord de Bretagne

Les côtes nord de la Bretagne sont l'occasion de découvrir de nombreux secteurs de paysages granitiques, certes moins touristiques que ceux de Ploumanac'h mais tout aussi intéressants, tels que la pointe du Château et le gouffre de Plougrescant, également connu pour la petite maison construite en bord de mer entre deux rochers, ainsi que les rochers de granite rose de l'île de Bréhat, dans les Côtes-d'Armor. Dans le nord du Finistère, la pointe de Primel, à Plougasnou, en face de Roscoff, ou le chaos de Brignogan présentent également de superbes paysages granitiques.

Flèche de galets du sillon de Talbert.

Vue aérienne du sillon de Talbert à Larmor-Pleubian (Côtes-d'Armor). On peut y observer l'accumulation des dépôts successifs – crochons de galets – en partie terminale de la flèche.

L'étonnant paysage du sillon de Talbert

À Pleubian, à l'extrémité nord de la presqu'île de Lézardrieux, le sillon de Talbert est une flèche de quelques dizaines de mètres de largeur s'avançant en mer, cordon de sable et de cailloux sur environ 3 kilomètres. Il est protégé par une réserve naturelle régionale. Les galets se sont formés lors des dernières glaciations par les morsures violentes du froid provoquant la fracturation des roches – gélifraction. Ces cailloux ont ensuite été remaniés et déplacés par les courants parallèles des estuaires du Jaudy et du Trieux, tous deux dirigés vers le nord. Leur grande diversité est représentative de celle des roches de la région. Accueil à la maison du Sillon, au point d'ancrage continental de la flèche sur la grève de Pleubian.

AU PAYS DES ABERS

L'Aber-Wrac'h (Finistère) à marée haute.

Aber-Ildut, Aber-Benoît, Aber-Wrac'h ! Au nord du Finistère, près de Ploudalmézeau, s'étend le pays des Abers, *aber* étant le terme breton pour désigner une ria, mot générique pour nommer une vallée fluviale, petit estuaire envahi par la remontée de la mer. Leurs versants sont en pente douce, entaillés principalement dans des schistes, d'où l'aspect évasé de leur profil transversal.

D'anciennes vallées continentales

Le creusement des vallées des abers date des différentes périodes du Quaternaire. À chaque époque glaciaire, l'abaissement général du niveau marin favorisait une reprise de l'érosion sur les reliefs et un surcreusement des vallées. Lors de la déglaciation suivante, la remontée des eaux provoquait un envahissement plus ou moins marqué de la vallée par la mer. Les vallées des abers correspondent à des zones géologiques particulières, soit des schistes plus tendres que les terrains environnants, soit des secteurs faillés dont la disposition peut expliquer certains méandres comme le coude de l'Aber-Wrac'h.

Lors des dernières glaciations, quand le niveau de la mer était environ 120 mètres plus bas qu'aujourd'hui, il y a seulement 20 000 ans, les rivières des abers drainaient le cœur du Massif armoricain, à environ une centaine de kilomètres du littoral atlantique de l'époque. Puis le niveau marin est remonté brutalement entre – 18 000 et – 10 000 ans, conséquence de la déglaciation généralisée. Le plateau continental s'est alors ennoyé. Une surface importante de l'Armorique est passée sous les eaux, avec son réseau hydrographique et ses vallées. Depuis 8 000 à 10 000 ans, le niveau marin est relativement stationnaire, à l'altitude que nous lui connaissons aujourd'hui. L'intersection entre le niveau actuel de la mer et les anciennes vallées continentales dessine des rias dans lesquelles la mer pénètre, comme autant d'indentations des contours littoraux.

L'aber Lidut à marée basse.

Des estuaires bien particuliers

Cependant, un aber n'est ni une calanque, ni un fjord, ni un véritable estuaire *stricto sensu*. La morphologie et le fonctionnement de cette ria d'un type un peu particulier correspondent au fait d'avoir un fond relativement plat avec très peu de déclivité de son talweg. Celui-ci est positionné à une altitude telle qu'il se situe à la hauteur du niveau actuel de balancement des marées, si bien que le bras de mer de l'aber se vide à marée basse et se remplit à marée haute, occasionnant une sédimentation particulière sur ses versants, alors que dans un estuaire, la marée basse ne vide pas totalement l'embouchure du fleuve. Il est d'ailleurs intéressant de remarquer la très petite taille et le faible débit des cours d'eau des abers au regard de l'importance du bras de mer qui s'y dessine à chaque marée.

Du fait de sa géométrie très évasée aux versants faiblement pentus, la marée haute envahit tout l'aber, donnant l'illusion d'une rivière importante, alors que la marée basse n'y laisse qu'un chenal relativement étroit correspondant au régime de son cours d'eau, un petit fleuve ! À marée basse, on peut distinguer trois domaines bien particuliers au fond de l'aber : le chenal d'écoulement du cours d'eau, la slikke et le schorre. La slikke est le domaine vaseux inondé à chaque marée haute. Elle est constituée de vases molles, noires et fines, riches en matières organiques, reposant sur le substratum rocheux. Le schorre ou herbu est une prairie recouverte seulement lors des fortes marées. Chaque marée montante apporte son lot de boues fines que le jusant n'est en général pas capable de déblayer totalement, favorisant de ce fait un envasement de l'aber. Slikke et schorre sont généralement délimités par une microfalaise de quelques décimètres de hauteur.

D'autres estuaires de petits fleuves bretons, comme les rivières de Morlaix, de la Rance, du Guildo ou de l'Odet, pour ne citer que quelques exemples, possèdent un fonctionnement analogue, même s'ils ne sont pas dénommés abers.

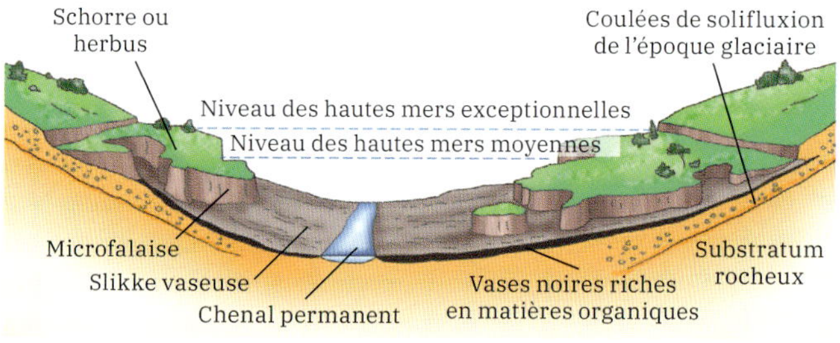

Schématisation de la structure d'un aber avec son cours d'eau : à marée basse, la slikke inondée à chaque marée, et le schorre (ou herbu), délimité par une microfalaise, uniquement inondé lors des grandes marées.

Slikke et schorre dans la rivière du Guildo (Côtes-d'Armor). Dans un aber, la slikke vaseuse est recouverte à chaque marée haute, alors que le schorre n'est inondé que lors des grandes marées. Il s'y développe une prairie de plantes halophytes : l'herbu. Slikke et schorre sont séparés par une microfalaise.

LA PRESQU'ÎLE DE CROZON

La pointe de Dinan et son Château constituent un des plus beaux affleurements des grès armoricains dans la presqu'île de Crozon (Finistère). Ils présentent ici une stratification très légèrement oblique, bien marquée, avec des niveaux plus ou moins durs dont l'érosion différentielle explique la présence de l'arche.

Telle une ancre plantée face à la mer d'Iroise, la presqu'île de Crozon, dans le Finistère, résiste aux assauts du temps entre la pointe Saint-Mathieu et la pointe du Raz, la rade de Brest et celle de Douarnenez. Il suffit de regarder la carte ou une photographie aérienne pour s'y attacher, tant son dessin est intéressant et beau ! Pour en découvrir les paysages et les attraits, il faut la parcourir par toutes ses routes entre ses caps et pointes – de la Chèvre, de Dinan, de Pen-Hir, des Espagnols – ses plages et l'anse de Camaret-sur-Mer.

Impossible de décrire sa géologie en quelques lignes tant la presqu'île est riche ! La maison des Minéraux et son musée informent et proposent des sorties sur les différents sites avec leurs paysages, roches, pillow-lavas, figures sédimentaires, plis, tectonique, érosion et fossiles (graptolites, brachiopodes, trilobites), sans oublier les mégalithes.

Un sous-sol principalement gréseux

Entièrement façonnée dans des terrains datés du Paléozoïque, la presqu'île de Crozon est principalement constituée par une formation géologique connue sous le nom de grès armoricains. Les matériaux détritiques qui les composent – anciens sables – se sont accumulés en mer et proviennent de la destruction de l'ancienne chaîne cadomienne (– 600 millions d'années). Ces grès renferment de nombreuses figures sédimentaires telles que des pistes animales et des rides de courant. Ces dernières témoignent des mouvements de l'eau – courants et houle – dans une mer peu profonde où se déposaient les sables à l'origine des grès.

Ces grès mesurent plusieurs centaines de mètres d'épaisseur et sont particulièrement résistants, ce qui explique les nombreux caps qui structurent le paysage. Ils alternent localement avec des sédiments plus fins, schisteux et moins résistants, qui sous-tendent les anses et les baies. La pointe des Espagnols, au nord de la presqu'île, s'inscrit dans des terrains plus récents, datés du début du Dévonien, il y a environ 400 millions d'années.

Le pli anticlinal de la Mort-Anglaise, dans l'anse de Camaret-sur-Mer, s'inscrit dans une alternance de grès et de schistes. L'affleurement est célèbre car il présente une structure anticlinale symétrique, bien dessinée. Sa formation date du début du soulèvement de la chaîne hercynienne, il y a un peu plus de 350 millions d'années. Ce sont ces mêmes mouvements de plissement effectués en profondeur qui ont redressé les couches de grès de la pointe de Pen-Hir.

Empreintes de ripple-marks (rides de courant) sur les grès de la falaise de la pointe du Gouin dominant la plage du Corréjou à Camaret-sur-Mer. Accès depuis le port de Camaret à marée basse.

Des montagnes plissées puis rabotées

Au Dévonien, début du Paléozoïque supérieur, les zones océaniques qui précédaient la formation de la Pangée commencent à se refermer, et les collisions qui s'ensuivent vont faire naître, il y a environ 300 millions d'années, la chaîne hercynienne, dont Crozon fait entièrement partie.

Un des témoignages importants des forces tectoniques mises en jeu lors de cette orogenèse peut s'observer face au port de Camaret-sur-Mer sous la forme du pli anticlinal dénommé la Mort-Anglaise. Puis le temps a passé et la chaîne hercynienne a été totalement arasée à la fin du Paléozoïque, donnant naissance à des surfaces d'aplanissement relativement uniformes qualifiées de pénéplaines, dont le plateau de Crozon est un bel exemple, et, chose étonnante, qui n'ont que peu évolué depuis ce temps!

Ancienne plage fossile datée de – 120 000 ans, aujourd'hui perchée au-dessus de la plage actuelle du Corréjou, à Camaret-sur-Mer (Finistère). Elle repose sur des schistes gris-bleu de l'Ordovicien (– 465 millions d'années). Accès depuis le port de Camaret à marée basse.

Fossiles de spirifers dans les schistes dévoniens de la presqu'île de Crozon.

Fossile de trilobite dans les schistes ordoviciens de Postolonnec, dans la presqu'île de Crozon.

Fossiles de graptolites dans les schistes ordoviciens de Postolonnec.

MORBIHAN, MOR BRAZ
petite et grande mers

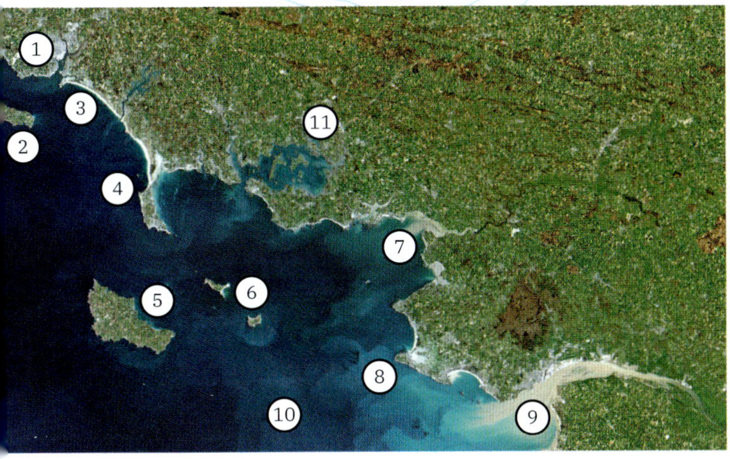

1. Kaolin de Ploemeur
2. Île de Groix
3. Complexe dunaire de Gâvres
4. Presqu'île de Quiberon
5. Belle-Île
6. Houat – Hoëdic
7. La Vilaine et la Mine d'or
8. Le Croisic et les marais de Guérande
9. Estuaire de la Loire
10. Morbraz
11. Golfe de Morbihan

Quiberon, Houat, Hoëdic et Le Croisic délimitent le Mor braz, face au Morbihan.

Le littoral du Morbihan, de Lorient à la Vilaine, recèle de nombreuses richesses géologiques associées à des paysages remarquables : kaolin de Ploemeur, complexe dunaire de Gâvres, presqu'île de Quiberon, magie du golfe, plage de la Mine d'or, estuaire de la Vilaine, sans oublier les îles, petites ou grandes dont l'une d'entre elles, Groix, est mondialement connue pour son patrimoine géologique.

Un simple regard analytique sur la carte géographique permet de constater que Houat, Hoëdic, le haut-fond de la Calebasse et son phare du Four dessinent un chapelet régulier de reliefs qui mène de la côte sauvage de Quiberon, dans le département du Morbihan, à celle de la presqu'île du Croisic, en Loire-Atlantique, suite de reliefs délimitant une grande baie marine, le Mor braz (la grande mer), face au golfe du Morbihan (la petite mer) et sous le regard de Belle-Île.

Le kaolin de Ploemeur

Le sous-sol breton compte plusieurs sites d'extraction du kaolin en activité, en particulier à Ploemeur, en retrait du littoral, à l'ouest de Lorient. Suivre la route départementale D162 jusqu'au hameau de Lann-er-Roc'h, puis tourner à gauche jusqu'au site de Lanvrian et l'usine. Paysage d'un blanc immaculé, les carrières de kaolin de Ploemeur constituent un bel exemple de valorisation d'un patrimoine géologique et industriel. Un sentier pédagogique, au départ de l'entrée de l'usine, permet l'observation et l'interprétation du site.

Le nom de kaolin dérive du chinois *gaoling* (la montagne haute). Il désigne à l'origine une carrière d'argile située dans la province de Jiangxi, en Chine, où a été découverte la technique de fabrication de la porcelaine. Le nom est resté et s'est généralisé à la roche et à son minéral spécifique. Le kaolin est utilisé dans diverses industries : céramique et porcelaine, mais aussi papeterie, peintures, plastiques et caoutchouc, matériaux réfractaires, fibre de verre, alimentation animale…

Dans le labyrinthe des sites d'extraction du kaolin à Ploemeur.

Logoden, à marée haute, dans les eaux du golfe du Morbihan.

Du côté du golfe

Le golfe du Morbihan, littéralement la « petite mer », se présente comme une vaste baie presque totalement fermée de 20 kilomètres de longueur et 16 mètres de largeur, parsemée d'une multitude d'îles et îlots, dont deux principales : l'île d'Arz et l'île aux Moines. Le sous-sol s'y inscrit dans des roches dures, des gneiss et des migmatites recoupées par des intrusions granitiques. Les deux tiers de la surface du golfe se situent dans la zone de balancement des marées, lesquelles sont alimentées par un passage de 900 mètres de largeur entre Port-Navalo et Locmariaquer, où le courant s'engouffre deux fois par jour. Ces courants, le flot à marée montante et le jusant à marée descendante, sont parmi les plus violents du littoral français, leur force étant en partie due à la très faible largeur du goulet d'entrée donnant accès en arrière à une vaste étendue. Trois estuaires se jettent dans le golfe : la rivière d'Auray, celle de Vannes et celle de Noyalo.

Le golfe correspond à une dépression dont l'origine est à rechercher dans les mouvements qui affectèrent le sud de la Bretagne au Cénozoïque, il y a une vingtaine de millions d'années, en contrecoup lointain de la surrection des Alpes. Les grandes fractures très anciennes – cisaillement sud-armoricain – rejouèrent et découpèrent des blocs dont certains s'affaissèrent plus que d'autres, notamment le golfe. Les premières invasions marines semblent dater de – 5 millions d'années.

Au Quaternaire, durant les différentes glaciations, le niveau de la mer varia de nombreuses fois, alternant des épisodes marins et des épisodes continentaux sur le domaine. La dernière phase de submersion date d'environ – 5 000 ans et correspond à la fois à une montée des eaux (maximum atteint il y a 10 000 ans environ), et aux derniers soubresauts d'affaissement, ce qui explique le début de l'ennoiement des mégalithes du cromlech d'Er Lannic daté d'environ – 6 000 ans. D'autres zones déprimées analogues à celle du golfe, comme la rivière d'Étel, dans le Morbihan, les marais de Guérande et la Grande Brière, en Loire-Atlantique, correspondent aussi à des affaissements localisés par des failles qui jalonnent la bordure sud de la Bretagne.

La légende raconte que les fées de la forêt de Brocéliande, chassées de leur domaine, versèrent tant de larmes qu'elles inondèrent la région, ce qui forma la petite mer, *mor bihan* en breton, en opposition à *mor braz*, l'océan. En y jetant leurs couronnes, les fées firent naître autant d'îles et d'îlots que de jours dans l'année. Trois couronnes partirent vers la mer et formèrent Houat, Hoëdic et Belle-Île, cette dernière, étant née de la couronne de la reine des fées.

Les migmatites de Port-Navalo

Formée à la limite de l'état solide et de l'état liquide, cette migmatite, de composition granitique, présente une alternance de lits clairs fondus – magma – et recristallisés (quartz et feldspaths) et de lits plus sombres riches en micas et plus ou moins partiellement fondus, le tout à 700-800 °C environ et sous très forte pression, à une profondeur de l'ordre de 40 kilomètres, il y a 400 millions d'années, dans les racines d'une chaîne de montagnes en formation.

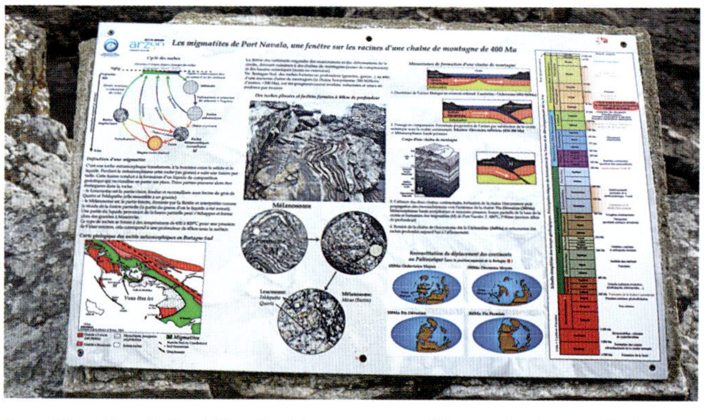

Les migmatites de Port-Navalo et leur panneau d'interprétation sur le site : fenêtre ouverte en bord de mer sur les racines de la chaîne hercynienne. Accès : affleurement et panneau explicatif à découvrir sur le chemin de la corniche à Port-Navalo, à l'extrémité de la presqu'île de Rhuys.

La falaise de la Mine d'or : socle schisteux plus ou moins altéré en kaolin, dépôts alluvionnaires de la formation de Pénestin, et fine couverture sommitale de lœss.

La plage de la Mine d'or

Symphonie de couleurs chatoyantes quand le soleil se couche, la falaise de la Mine d'or, à Pénestin, constitue un superbe exemple de processus d'altération des roches surmonté d'anciens dépôts fluviatiles. L'ensemble de la falaise s'organise en deux niveaux bien distincts.

À sa base, le socle est constitué de micaschistes datés du Briovérien et soulevés lors de l'orogenèse hercynienne, il y a 300 millions d'années. Par la suite, ils ont été localement altérés au cours du Cénozoïque, principalement par circulation d'eau interne, et transformés en argile riche en kaolin (voir page 119). Cette formation se termine à son sommet par une surface d'érosion sur laquelle repose, en partie supérieure de la falaise, la formation dite de Pénestin. Cette dernière s'organise en trois niveaux avec, de bas en haut, dans l'ordre des dépôts :

- un conglomérat grossier à ciment ferrugineux contenant des galets de quartz, de granites, de grès et de micaschistes ;
- un niveau sableux moins grossier, voire fin par endroits, avec des passages argileux ;
- puis, de nouveau, un niveau conglomératique.

L'ensemble de la formation de Pénestin correspond vraisemblablement à l'ancien estuaire d'un fleuve interprété comme une paléo-Vilaine et une paléo-Loire confondues. Les dépôts s'y étalent de – 600 000 à – 300 000 ans.

Le sommet de la falaise est chapeauté par des dépôts éoliens de lœss datant de la dernière glaciation. Un panneau d'interprétation est disposé à l'entrée de la plage. Des visites guidées sont organisées sur réservation auprès de la mairie pour les groupes.

Belle-Île, la belle voisine !

À la différence de Quiberon, granitique, Belle-Île-en-Mer, à une douzaine de kilomètres au sud, s'inscrit entièrement dans des terrains métamorphiques, principalement des schistes, et des roches volcaniques, terrains recoupés par des fractures qui favorisent localement l'érosion littorale et la formation d'aiguilles isolées et de chicots rocheux, procurant un aspect sauvage au littoral, en particulier sur sa façade océanique. Ces roches, principalement d'origine volcano-sédimentaires, datent du Paléozoïque inférieur (Ordovicien et Silurien), puis ont été métamorphisées et soulevées lors de l'orogenèse hercynienne, et par la suite rabotées et pénéplanisées. À ces époques lointaines, le territoire qui constitue aujourd'hui Belle-Île était en proie à un volcanisme intense et violent, de type acide (rhyolite), avec de nombreuses projections, nuées ardentes et nappes ayant provoqué des dépôts d'ignimbrites sur des surfaces considérables.

Dans les schistes de la côte sauvage de Belle-Île-en-Mer.

SCHISTES DE GROIX

Signature chatoyante, bleu (glaucophane) et jaune (épidote), des schistes bleus ou glaucophanites de l'île de Groix (Morbihan), qui font sa renommée géologique mondiale.

Située à une dizaine de kilomètres au large de Lorient, l'île de Groix, dans le département du Morbihan, principalement composée de schistes et de gneiss, présente des affleurements spectaculaires de schistes bleus et de micaschistes à grenat, sur son littoral sud, en particulier à la pointe des Chats. Leur étude a permis de reconstituer un grand pan de l'histoire tectonique des préludes à l'orogenèse hercynienne, dont ils sont les témoins privilégiés. Les affleurements sont protégés par la réserve naturelle géologique François Le Bail, dont la maison d'accueil est située dans le bourg.

Les glaucophanites de Groix

L'île de Groix est connue pour ses schistes à grenat et ses schistes bleus constitués d'un très beau minéral bleu, la glaucophane, une amphibole sodique de formule chimique $Na_2Mg_3Al_2[Si_8O_{22}](OH)_2$,inconnue par ailleurs dans le monde dans des roches aussi anciennes. Ces schistes bleus – ou glaucophanites – sont principalement composés de glaucophane, de grenat et d'épidote. Ils sont associés à des micaschistes à grenat qui constituent la majeure partie de l'île. Ils proviennent du métamorphisme d'anciens sédiments de type argileux, alors que les schistes bleus ont pour origine d'anciens basaltes océaniques métamorphisés.

Haute pression et basse température

L'étude des schistes de Groix a montré qu'ils se sont formés à des profondeurs de l'ordre de 50 kilomètres au sein de l'écorce terrestre, dans des conditions de pression très importantes, de 16 à 18 kbar, et de température de 450 à 500 °C, ce qui est relativement bas au regard de la profondeur. Dans ce contexte, de nouveaux minéraux caractéristiques, glaucophane, grenat, épidote, marqueurs spécifiques des conditions de leur genèse, se sont alors formés, par recombinaison chimique, aux dépens des anciens minéraux. Leur nature pétrographique issue d'un métamorphisme dit de haute pression et de basse température (HP-BT)

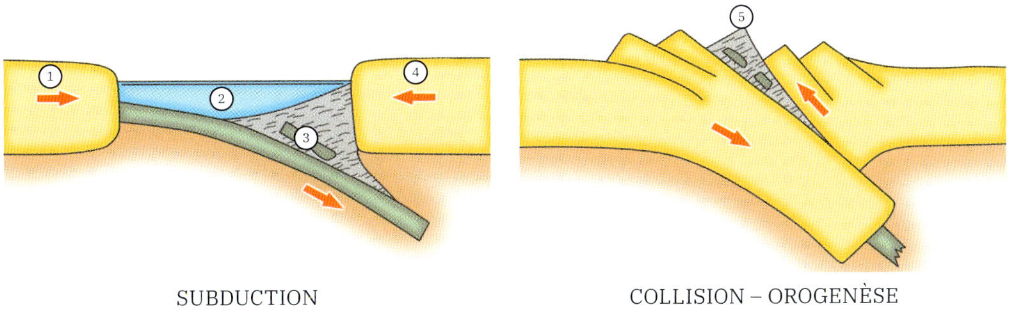

1. Plaque ibérique
2. Océan Galice
3. Métamorphisme, formation des schistes
4. Plaque armorique
5. Écailles de plancher océanique

Schématisation très simplifiée du contexte de la formation des schistes à glaucophane de Groix, il y a 400 millions d'années.

témoigne du fait que ces roches se sont formées au niveau d'une zone de subduction, dans un contexte de fermeture d'un ancien océan. L'étude des minéraux permet ainsi de retracer quelques grandes étapes de l'histoire de la Terre puisqu'ils constituent les marqueurs géologiques des contextes tectoniques qui les ont vus naître.

Grenats rouges et micas brillants des schistes de Groix.

La disparition d'un océan

Il y a un peu plus de 400 millions d'années, les roches à l'origine de Groix faisaient partie du fond océanique qui séparait deux plaques continentales : la plaque Armorica et la plaque Iberica. Lors de leur rapprochement et de la fermeture de l'océan qui les séparait, les roches océaniques, des argiles et des basaltes, ont été emportées en profondeur par subduction jusqu'à une profondeur de plusieurs dizaines de kilomètres. Elles y ont été métamorphisées en micaschistes à grenat et en schistes bleus. Une partie de ces roches a disparu de façon définitive dans les profondeurs du manteau, alors que des lambeaux ont été préservés et remontés lors de la collision des deux plaques continentales à l'origine de la chaine hercynienne. Elles doivent le fait d'être exhumées aujourd'hui au double jeu des soulèvements et de l'érosion des terrains sus-jacents, provoquant l'affleurement des anciennes racines de la chaîne.

La plage des Grands Sables

L'île de Groix présente par ailleurs la particularité de posséder la seule plage de forme convexe du littoral français : la plage des Grands Sables. Cette géométrie spécifique se construit par déplacement progressif des sables vers le nord-ouest, dynamique et morphologie liées à la fois à l'aspect du trait de côte, à la présence des courants de dérive littorale, et à la réfraction du train de houle sur le rivage.

Une autre plage de l'île, au sud des Grands Sables, près de la pointe des Chats, s'avère aussi de nature particulière car son sable est rouge, riche en grenat, ce qui se comprend par la présence des schistes à grenat formant l'arrière-côte à proximité et dont l'érosion génère les sables.

La plage des Grands Sables, à Groix (Morbihan), unique plage convexe des rivages de France.

QUIBERON

côte sauvage et tombolo

Les falaises de granite de la côte sauvage de Quiberon (Morbihan) : façade océanique battue par les tempêtes.

Haut lieu du tourisme littoral, digitation profondément marquée face à Belle-Île et à l'océan, longue de 8 kilomètres et large de 2 kilomètres, Quiberon, terre de granite, est « presque une île », si ce n'est le fin et fragile ruban sableux, l'isthme de Penthièvre, qui la rattache à sa nature morbihannaise. La flèche littorale – tombolo – s'observe depuis le fort de Penthièvre à l'entrée de la presqu'île. Puis, pour découvrir la côte sauvage, emprunter la petite route littorale D186A qui suit la corniche sur la façade ouest de la presqu'île.

Géographiquement, Quiberon s'inscrit au départ du chapelet d'îles, Houat, Hoëdic, les Petits- et Grands-Cardinaux et le haut-fond du phare du Four, qui mène jusqu'à la côte sauvage de la presqu'île du Croisic et délimite le Mor braz.

La bascule de Quiberon

Le relief de Quiberon présente une dissymétrie morphologique très marquée entre ses deux façades littorales, l'une tournée vers le Morbihan, l'autre vers l'océan. L'île a basculé au Quaternaire, ce qui a eu pour conséquences de soulever la côte sauvage, à l'ouest, et d'abaisser la côte est, aujourd'hui très urbanisée. Ce basculement vers le continent est à mettre en relation avec des mouvements tectoniques d'affaissement récents ayant affecté le golfe du Morbihan au Quaternaire. Quiberon est entièrement façonnée dans des granites hercyniens mis en place, il y a un peu plus de 300 millions d'années, dans les tréfonds de cette grande chaîne de montagnes qui courait depuis la côte est des États-Unis jusqu'à la Bohême. Ils sont fortement déformés, ce qui leur confère un aspect feuilleté proche d'un gneiss.

Une belle plate-forme d'érosion

Le long de la façade océanique de la côte sauvage, l'érosion marine sape les falaises granitiques et agrandit les diaclases en grottes et arches, où la mer s'engouffre et éclate en gerbes d'écume blanche. Une des particularités morphologiques du plateau de la côte sauvage réside dans sa surface très

La côte sauvage de Quiberon : falaises granitiques bordant la pénéplaine hercynienne.

régulière, témoignage de la pénéplaine héritée de la dernière étape de la destruction de la chaîne hercynienne, à la fin du Paléozoïque. Ce plateau présente la particularité de supporter des dunes perchées et aujourd'hui séparées de leurs sources d'alimentation en sable, en particulier à la pointe du Conguel, à l'extrémité de la presqu'île. Ces dunes ferment au sud le plus grand complexe dunaire de Bretagne, qui s'étend sur 35 kilomètres depuis la pointe de Gâvres, à l'embouchure du Blavet, jusqu'à la côte sauvage.

L'isthme de Penthièvre

Paysage emblématique de l'entrée de la presqu'île, l'isthme de Penthièvre – à observer depuis les hauteurs du fort – dessine un tombolo, à savoir une flèche sableuse reliant une île au continent. Panorama saisissant, ce cordon littoral très étroit présente une largeur à peine suffisante pour accueillir la route, une voie ferrée et deux plages. Il résulte de la double activité de courants contradictoires, côté baie et côté océan. La tendance actuelle à l'élévation du niveau marin favorisant les phénomènes d'érosion littorale fait de cette flèche étroite un pédoncule sableux très fragile, à la merci des éléments, en particulier sur sa façade ouest en prise directe avec les assauts de l'océan. Quiberon retrouverait sans doute rapidement son insularité si des ouvrages de protection ne venaient contrecarrer l'action de la houle et des courants.

Le tombolo de Penthièvre, flèche sableuse ténue et fragile qui relie l'île au continent.

LE SEL DE GUÉRANDE

Dans les marais salants de Guérande (Loire-Atlantique), paysage depuis longtemps façonné par le travail des paludiers. En toile de fond : l'ancienne falaise littorale, les hauteurs et le clocher de Guérande.

Paysage amphibie, hésitant entre terre et mer, les salines de Guérande occupent une zone naturelle de marais maritimes entre le continent et la presqu'île du Croisic, en Loire-Atlantique. Ouvertes sur la mer au niveau du goulet situé entre la flèche de Pen-Bron à La Turballe et le port du Croisic, elles correspondent à une vaste zone déprimée presque totalement fermée par les deux flèches sableuses de La Baule (très urbanisée) et de La Turballe. Deux reliefs granitiques présents dans le paysage encadrent la dépression des marais, d'une part le plateau de Guérande dominé par son bourg, et d'autre part la presqu'île du Croisic qui présente, comme à Quiberon, une façade maritime de côte sauvage. Les salines sont à découvrir tout au long des chemins et des petites routes qui les traversent, en particulier la D92. Divers lieux d'accueil et structures permettent d'en découvrir l'activité.

La nature crée, l'homme aménage !

Un marais salant peut être considéré comme une microlagune expérimentale épisodiquement ouverte sur la mer, évoquant les conditions de fonctionnement de certaines lagunes naturelles à plus grande échelle. Les marais de Guérande correspondent à un affaissement localisé, associé à un grand système de failles qui hache la partie sud du Massif armoricain depuis la pointe du Raz jusqu'au seuil du Poitou. Ces failles d'origine hercynienne ont rejoué au Cénozoïque, il y a une vingtaine de millions d'années, lors des phases de surrection des Alpes. Le domaine des salines, jadis franchement marin, s'est progressivement fermé dans les derniers millénaires par la constitution des flèches sableuses qui le délimitent. Le colmatage de la baie ainsi formée a permis le développement d'un marais maritime propice, par la suite, à l'aménagement des salines, car bien protégé et situé à la bonne altitude par rapport au niveau moyen actuel de la mer.

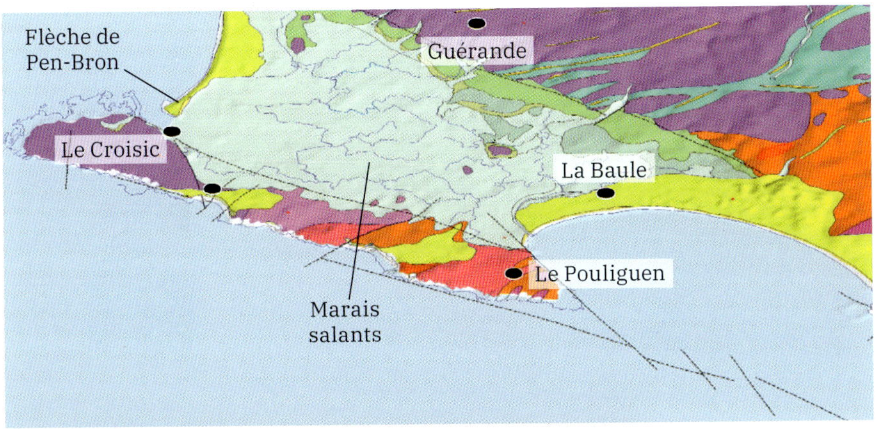

Extrait de la carte géologique de Saint-Nazaire (Loire-Atlantique) à l'échelle 1/50 000, drapée sur un modèle numérique de terrain.
Deux flèches sableuses, La Baule et Pen-Bron, relient la presqu'île du Croisic au continent. Elles délimitent le territoire des marais salants de Guérande, en arrière des lagunes littorales du Grand et du Petit Traict.

Les exploitants du sel sont nommés « paludiers » à Guérande (Loire-Atlantique) et « sauniers » (saulniers) dans les îles de Ré (Charente-Maritime) et de Noirmoutier (Vendée).

Quand l'eau s'évapore, le sel se dépose : petits « cailloux », ou plus précisément cristaux, exhausteurs de goût à déguster avec modération !

La côte sauvage granitique entre Le Pouliguen et Le Croisic ferme au sud la dépression des marais maritimes de Guérande.

Fonctionnement des marais salants

Situés au niveau de la mer, les bassins des marais sont façonnés de façon à permettre à l'eau d'y pénétrer à marée haute, sans recours au pompage, par simple écoulement gravitaire. Chaque unité fonctionnelle est constituée par une succession de bassins de très faible hauteur de tranche d'eau, séparés les uns des autres par de petites levées imperméables en argile. Leur remplissage s'effectue au printemps quand le soleil monte sur l'horizon accompagné de son pouvoir d'évaporation. L'eau du Grand et du Petit Traict – « traict » étant la dénomination des secteurs de la lagune directement en relation avec la mer – pénètre par un petit canal, ou étier, dans le premier bassin, dénommé « vasière ». Une vanne le sépare de l'espace marin du Traict. Première étape de décantation, boues et sables fins s'y déposent sur le fond. Puis, par l'ouverture de trappes, simples planchettes de bois disposées en travers des étiers, l'eau passe d'un bassin à un autre, où elle séjourne et commence à s'évaporer. Sa concentration en sel augmente. C'est dans le dernier bassin, dit « bassin des œillets », que s'opèrent l'ultime phase d'évaporation et la précipitation du sel, le chlorure de sodium NaCl. Les paludiers raclent délicatement le fond du bassin pour retirer le sel, qui est ensuite entassé au bord du bassin puis mis à sécher. La fleur de sel, quant à elle, se forme à la surface de l'eau des œillets quand les conditions sont favorables (chaleur, vent).

LE MARAIS
breton-vendéen

La digue protégeant les polders et l'écluse de fermeture des canaux du Marais breton-vendéen à l'entrée de l'étier du port du Bec (Vendée), à marée haute.

Un des étiers en amont du port du Bec.

Entre le pays de Retz au nord, en Loire-Atlantique, et la Corniche vendéenne au sud, dans le département de la Vendée, s'étend le Marais breton-vendéen sur 45 000 hectares, espace humide depuis longtemps aménagé face à la baie de Bourgneuf et l'île de Noirmoutier. Le marais est poldérisé par des digues dans sa partie nord, face à Noirmoutier, et, de façon naturelle, par un cordon dunaire en arrière de Notre-Dame-de-Monts et de Saint-Jean-de-Monts, où il est dénommé marais de Challans. Longer le littoral par la route, où le GR 8 permet de découvrir digues et polders, anciens marais salants, canaux et étiers qui le drainent, ainsi que ses quatre ports d'échouage dont le port du Bec, dit « port chinois », site classé avec ses pontons en bois sur pilotis. Le passage du Gois, long de 4 kilomètres, offre la possibilité de s'aventurer au cœur du domaine sédimentaire de la zone de balancement des marées de la baie de Bourgneuf.

Un territoire affaissé

Le Marais breton-vendéen est délimité au nord par une ligne paysagère que suit la route départementale D13 entre Les Moutiers-en-Retz, Bourgneuf-en-Retz et Machecoul-Saint-Même. Cette ligne correspond à une faille dextre orientée nord-ouest – sud-est, d'origine hercynienne et affectant le socle profond. Elle se poursuit et se visualise vers le nord-ouest, où elle constitue la ligne de rivage atlantique des falaises du pays de Retz. Cette faille appartient à un grand système de failles sud-armoricaines se prolongeant jusqu'à la pointe du Raz dans le Finistère. Le marais correspond donc à un compartiment affaissé au milieu d'un réseau de fractures ayant rejoué au moment de la surrection des Alpes au Cénozoïque.

Un territoire remblayé

Le Marais breton occupe le fond de la baie de Bourgneuf, dont le comblement est récent. Son remblayage en arrière des grands cordons sableux qui forment le littoral depuis la pointe de Noirmoutier jusqu'aux plages de Saint-Jean-de-Monts ne date que de la dernière période de transgression marine, soit environ 10 000 ans, avec un sédiment appelé « bri » et sur une épaisseur de quelques mètres seulement. Cette sédimentation se poursuit de nos jours par des apports vaseux provenant de la Loire et répartis ensuite vers le sud par la dérive littorale. On estime cet apport à environ 1 centimètre par an. L'accumulation des sédiments à la rencontre des deux courants opposés du nord et du sud, entre l'île de Noirmoutier et le marais, a créé un haut-fond sur lequel a été construite la route submersible du passage du Gois.

Évolution historique du marais

Le colmatage du marais fut naturel et progressif jusqu'au XIe siècle, époque à laquelle les moines des abbayes locales commencèrent de creuser des canaux pour assurer le drainage des terrains. Au XVe siècle, la ville de Bouin était encore une île. Le comblement s'accentua au XVIIe siècle à la suite de la fermeture du cordon dunaire littoral au sud de Saint-Jean-de-Monts. Les principales créations de digues et de polders – prises de marais – datent des XVIIIe et XIXe siècles, en particulier sous le Second Empire. Les dernières conquêtes sont récentes : de 1958 à 1964. Cependant, les acquis ne sont jamais définitifs, et la grande tempête du 16 novembre 1940 noya le polder de la Grande Prise, qui n'a jamais été récupéré depuis. L'évolution de ces types de marais littoraux est difficile à envisager dans le contexte actuel, car ils sont pris entre deux phénomènes contradictoires : le colmatage par des sédiments récents et l'élévation du niveau marin. Qui sait ? Bouin redeviendra peut-être une île comme c'était encore le cas il y a seulement quelques siècles !

Le port du Bec, dénommé « port chinois », est un site classé, avec ses pontons en bois sur pilotis.

LE SÉISME HISTORIQUE DU MARAIS BRETON-VENDÉEN

Le 25 janvier 1799 (6 pluviôse de l'an VII de la République), un séisme d'une rare violence a secoué le marais entre Noirmoutier et Machecoul. Ce séisme a été quantifié à VIII sur l'échelle MSK qui en compte XII. L'épicentre se situait sur une faille vraisemblablement en mer dans la baie de Bourgneuf, et non à l'aplomb direct du marais. Voici ce qui fut écrit par le sieur Mignon, commissaire du directoire exécutif auprès du canton de Bouin.

« À quatre heures un quart ce matin, nous avons été éveillés par un très fort tremblement de terre, il nous a semblé pour un instant d'être engloutis sous les débris de nos demeures, plusieurs murs et maisons sont tombés ; la flèche du clocher toute en pierre de taille construite à ciment est sur le point de tomber ainsi que plusieurs maisons. »

Trois jours plus tard, il écrit de nouveau : « Les accidents sont bien plus multipliés et plus conséquents que je ne pensais d'abord. Quoiqu'assez maltraitée, la ville de Bouin ne l'est point autant que le marais, des quartiers surtout sont abîmés, des maisons ont écroulé en entier, les habitants obligés de se sauver par les brèches des murs et de la toiture. D'autres maisons, les murs au ras des terres, se sont détachées de leurs fondements et déportées soit en avant soit en arrière. »

La chaussée submersible du Gois (Vendée), praticable à marée basse entre Noirmoutier et le Marais breton-vendéen. Jadis unique moyen d'accès à l'île, cette liaison de 4 kilomètres est aujourd'hui doublée par un pont au niveau du goulet de Fromentine. Le nom de Gois vient du verbe « goiser » qui, en patois local, signifie « marcher en mouillant ses sabots ». Les premières balises-refuges de sécurité ont été érigées à la fin du XVIIIe siècle pour les imprudents qui se laissaient prendre à marée montante. Le pavage de la chaussée a été réalisé entre 1935 et 1939.

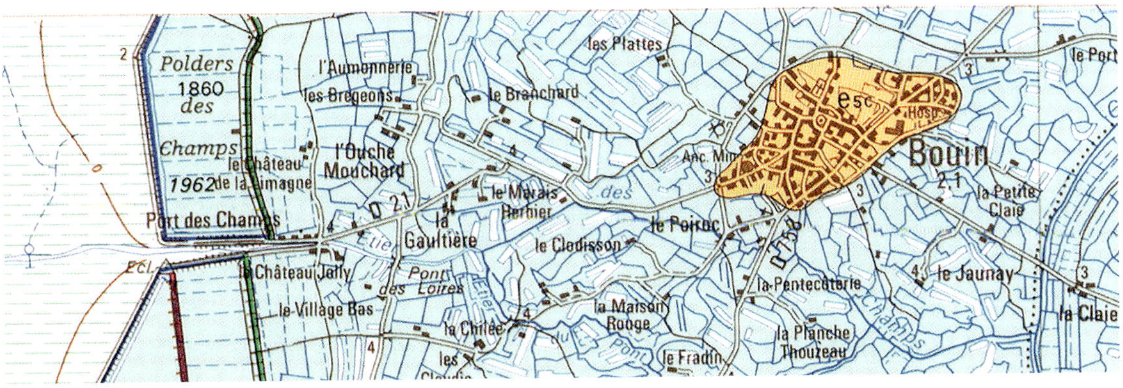

Extrait de la carte géologique de Challans (Vendée) à l'échelle 1/50 000 : Bouin, une ancienne île au cœur des marais.

FALAISES DE SCHISTES

en Vendée

Les rochers des Cinq Pineaux, sur la corniche vendéenne de Sion-sur-l'Océan, inlassablement disséqués par les assauts répétés de la mer.

Au sud du pays des Monts, la côte vendéenne présente de superbes affleurements rocheux, ultimes témoignages méridionaux du socle armoricain avant qu'il s'ennoie en profondeur sous les couches sédimentaires du Bassin aquitain (voir page 136). Constitués de schistes, ces affleurements appartiennent à l'histoire hercynienne qui a structuré l'ensemble du sous-sol français il y a 300 millions d'années.

La Corniche vendéenne et ses Cinq Pineaux

Encadrée entre de grandes plages rectilignes au nord comme au sud, la Corniche vendéenne marque une légère saillie du littoral face à l'océan. Elle constitue une petite falaise de quelques mètres de hauteur délimitant une surface d'aplanissement. Les roches appartiennent à une série de schistes connue sous la dénomination de schistes de Saint-Gilles. Cinq rochers isolés, les pineaux, ont résisté à l'érosion et se dressent face à la mer en avant de la falaise. L'origine de leur nom vient du terme celte *pen* signifiant « tête ». Leur présence témoigne du recul récent de la falaise. Celle-ci est constituée de schistes bariolés, rouge, vert et noir, datés du Paléozoïque inférieur. Il s'agit d'anciens sédiments correspondant à des dépôts hétérogènes composés d'un mélange d'éléments fins et de grains. Ils présentent une alternance de lits clairs et de lits sombres correspondant aux anciens dépôts sédimentaires.

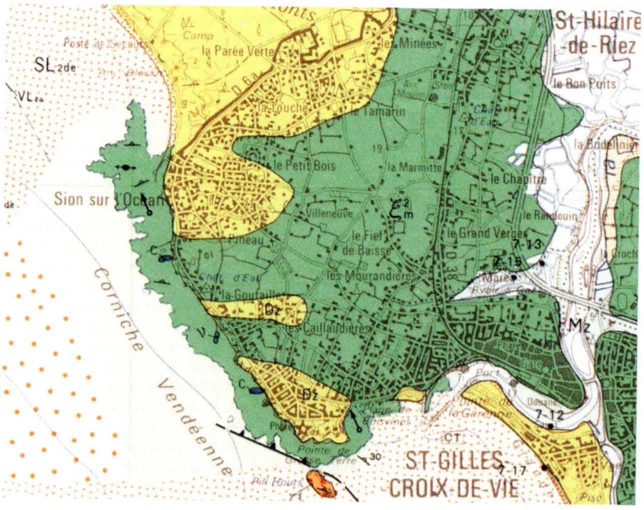

Extrait de la carte géologique de Saint-Gilles-Croix-de-Vie à l'échelle 1/50 000 : éperon rocheux faisant saillie entre deux littoraux sableux, la Corniche vendéenne s'inscrit dans des schistes du Paléozoïque inférieur.

La lagune nord du parc écologique d'Izadia, reliée au fleuve Adour par une vanne.

Inscrite au pied de la falaise morte d'Anglet, la Chambre d'amour est une grotte marine jadis façonnée par les assauts de la mer. Elle tient son nom de Saubade et Laorens, deux amants qui y périrent un jour de tempête en 1694.

Le rocher de la Vierge

Site emblématique de Biarritz, le rocher de la Vierge est formé d'un calcaire marno-gréseux très riche en nummulites et à débris de coquilles particulièrement faciles à observer. Les nummulites – dérivé du latin *nummus*, « pièce de monnaie » – sont des organismes marins de type foraminifères possédant un test plat formé de loges enroulées en spirale et constituant des petits disques de≈quelques millimètres à quelques centimètres de diamètre. Ces calcaires gréseux ocre jaune, riches en grains de sable, se sont formés au Rupélien (Oligocène), il y a environ 30 millions d'années, au pied des Pyrénées en phase de surrection.

Le rocher de la Vierge à Biarritz, inscrit dans des calcaires à nummulites de l'Éocène.

Détail des nummulites du rocher de la Vierge à Biarritz.

Plage du Pavillon royal et couche KT

On accède à la plage par la petite route qui longe le camping du Pavillon royal à Bidart, puis on la suit vers le sud-ouest à marée basse. Les affleurements, particulièrement intéressants à observer, s'y succèdent dans cet ordre : des dépôts sableux récents au pied du camping, protégés par un perré ; le flysch à silex parfaitement lité ; un mélange très chaotique de marnes gypsifères du Trias ; les calcaires roses du Danien ; puis la couche Crétacé-Tertiaire (KT). La falaise se poursuit ensuite vers Guéthary dans les différents niveaux de flysch. L'estran est aussi l'occasion de découvrir un platier rocheux lapiazé.

Jusqu'en 2005, le littoral basque recelait en France deux sites de contact entre le Crétacé et le Tertiaire, ce qu'il est couramment habituel de désigner sous l'expression de « limite KT ». Celle-ci permet de mettre en évidence un phénomène particulier survenu à cette époque et responsable, au moins en partie, de la grande crise géologique et biologique qui a affecté la Terre : disparition de très nombreuses espèces, des ammonites et de l'ensemble des derniers dinosaures, pour les plus médiatisés.
Une de ces traces subsiste aujourd'hui. Sur la plage de Bidart, le contact se traduit par une fine couche d'argile possédant un taux d'iridium 300 fois supérieur à la moyenne terrestre. On retrouvait cette même couche dans les rochers de la baie de Loya, à Hendaye, mais le rocher s'est éboulé et la limite KT n'y est plus observable.

La forte dose d'iridium a été interprétée comme d'origine météoritique, les météorites en étant très fortement chargées. Cette donnée tend à accréditer la thèse selon laquelle la crise KT aurait été la conséquence de la chute d'une énorme météorite de 10 kilomètres de diamètre à Chicxulub, dans le Yucatán, au Mexique, il y a 66 millions d'années. Le désordre créé par cet impact aurait provoqué une crise climatique telle que 80 % des espèces vivantes auraient disparu.

La limite KT sur la plage de Bidart, surmontée des calcaires roses du Danien, et zoom sur la limite KT.

Gâteau sédimentaire basque !

D'une façon générale, un flysch est une formation sédimentaire marine de nature détritique, de type turbidites, généralement épaisse, composée de niveaux gréseux alternant de façon régulière avec des niveaux argilo-marneux. Les flyschs se forment en eau relativement profonde, par dépôts de sables et de boues. Ces dépôts des flyschs pyrénéens se sont constitués au Crétacé supérieur par succession d'avalanches sous-marines dans un fossé marin profond, en cours d'ouverture entre l'Aquitaine et la péninsule Ibérique et préfigurant le golfe de Gascogne. Un tel fossé se caractérise par un rebord pentu de plusieurs milliers de mètres de dénivelé, le talus continental, sur lequel les sédiments très instables ont dévalé de façon périodique sous leur propre poids ou sous l'effet de secousses sismiques. Lors de ces avalanches, les sédiments se sont déposés selon leur granulométrie, les éléments les plus lourds et les plus grossiers vers le bas, les niveaux suivants étant de plus en plus fins. Lors de la surrection de la chaîne pyrénéenne, les flyschs, pris en sandwich par la fermeture du bassin profond, furent soulevés et plissés il y a une cinquantaine de millions d'années, et depuis portés à l'affleurement.

La composition des flyschs a varié au cours des dépôts. Ceux de nature marno-calcaires du sommet de la série ont été en grande partie altérés par la dissolution des carbonates, ce qui a fortement diminué leur résistance mécanique, en particulier face aux agressions marines le long du littoral.

Affleurement de gypse du Trias sur la plage du Pavillon royal, à Bidart.

La plage du Pavillon royal, à Bidart, dominée par des dépôts sableux récents.

Flysch à silex sur la plage du Pavillon royal, à Bidart.

Sainte Barbe, patronne des géologues, vécut vraisemblablement à Nicomédie, aujourd'hui Izmit en Turquie. Convertie au christianisme, elle fut décapitée par son père, lui-même tué sur-le-champ par la foudre. Sainte Barbe protège de la foudre et est, de ce fait, la patronne des pompiers, ainsi que des mineurs et des architectes.

La pointe Sainte-Barbe, à Saint-Jean-de-Luz.

Le pli de la pointe Sainte-Barbe

Accès : à marée basse, se diriger vers l'estran de la pointe Sainte-Barbe qui ferme au nord la baie et la plage de Saint-Jean-de-Luz ; monter sur la digue, prendre un peu de recul et observer l'affleurement. L'objet géologique est particulièrement spectaculaire !

La falaise y dessine un superbe pli à angle droit, dit « pli en genou » tant sa forme rappelle celle d'une jambe fléchie à 90 degrés. Le pli s'inscrit dans des flyschs constitués d'une alternance de niveaux durs calcaro-gréseux et de niveaux marneux plus tendres. Le surcreusement de niveaux marneux souligne le dessin du plissement et permet d'observer le détail de la charnière du pli. Ces flyschs se sont formés à la fin du Crétacé dans un bras de mer relativement profond, en prolongement du golfe de Gascogne, à une époque où les Pyrénées n'étaient pas encore soulevées. Quant au plissement, il date de la surrection de la chaîne au Tertiaire.

La Corniche basque

La Corniche basque se développe sur une dizaine de kilomètres sur le littoral entre Socoa et Hendaye, le long de la route départementale D912. Pour la découvrir dans son ensemble, il faut la parcourir à pied, sur l'estran, à marée basse. Les falaises et leur estran s'inscrivent dans un affleurement exceptionnel de flysch, présentant un aspect géométrique particulièrement graphique. La formation rocheuse s'y organise en strates régulières évoquant des piles d'assiettes. Cette structure est soulignée par la différence de résistance à l'érosion des divers niveaux qui la constituent.

À Socoa, la formation rocheuse, d'environ 400 mètres d'épaisseur, se compose d'une alternance de calcaires à silex, de niveaux marno-calcaires, et de marnes. En avançant en direction d'Hendaye, la sédimentation évolue et le flysch devient plus terrigène, à savoir plus gréseux, ce qui s'explique par le fait que son sédiment d'origine, plus sableux, était vraisemblablement un peu plus proche de sa source car plus grossier.

Si le temps et l'envie vous le permettent, poussez votre chemin jusqu'à Zumaia, au-delà de Saint-Sébastien sur la Côte basque espagnole, pour y découvrir un paysage extrêmement saisissant inscrit dans le flysch crétacé, dans la continuité de la Corniche.

Géométrie parfaite et inclinée, avec un pendage de 45 degrés, du flysch basque observé depuis la route de la Corniche.

La Corniche basque s'étend sur une dizaine de kilomètres, longée par la route départementale D912 qui offre de nombreux points d'observation.

Les Deux-Jumeaux

Situés à la pointe Sainte-Anne, à l'extrémité sud de la corniche Basque, les Deux-Jumeaux se présentent sous l'aspect de rochers isolés, détachés du rivage par l'érosion différentielle. Ils sont composés de calcaires rosés datés du Danien. Cette couche est la première déposée après la crise KT, il y a environ 66 millions d'années. Les deux rochers diffèrent l'un de l'autre : celui du côté est est massif, alors que son voisin, côté ouest, est marqué par de nombreux plis et une cavité profonde, amorce de l'éventuelle formation d'une arche.

La Corniche basque donne l'occasion d'observer une plate-forme horizontale d'abrasion marine. Ce type de morphologie se développe au niveau moyen d'amplitude des marées. Une telle érosion provoque un recul rapide de la côte, au point que la route de la Corniche a dû être déplacée vers les terres en raison des risques d'effondrement.

Les Deux-Jumeaux de la pointe Sainte-Anne, à Hendaye.

Éboulement spectaculaire sur la falaise de Bidart menaçant directement une habitation.

L'instabilité du littoral

La Côte basque présente de nombreux secteurs instables, en proie à l'érosion, en particulier au niveau des falaises, comme en témoignent les importants éboulements ayant lieu de temps à autre. En janvier 2004, à la suite de fortes précipitations, un glissement de terrain d'environ 15 000 mètres cubes affecta la falaise d'Harotzen Costa, sur la commune de Guéthary. D'autres éboulements d'une dizaine de milliers de mètres cubes ont aussi affecté les côtes de Biarritz et de Bidart. Cette instabilité littorale tient à la conjonction de plusieurs phénomènes. D'une part, la mer, par l'impact de la houle et les fortes vagues, favorise le sous-cavage du pied de falaise et son éboulement. Les matériaux sont ensuite déblayés par la houle et les courants, empêchant la formation d'une butée de pied de falaise protectrice contre les assauts directs de la mer. D'autre part, le démantèlement de la falaise est facilité par des processus qualifiables de « continentaux » – indépendants de la mer – tel que les précipitations, les infiltrations, le gel, et l'altération des matériaux provoquée par ces différents facteurs. Par ailleurs, les processus anthropiques d'urbanisation, la création de routes, etc., influent sur le littoral. Les récents travaux de l'Observatoire de la Côte aquitaine (OCA) ont permis d'évaluer à une moyenne de 0,25 m le recul annuel du trait de côte. Face à ces risques, les stratégies consistent, selon les secteurs et les enjeux :

- soit à laisser faire la nature en surveillant les événements, dans les secteurs aux enjeux faibles ;
- soit à lutter contre l'érosion par des méthodes souples, telles que la végétalisation ou le profilage des plages ;
- soit à recourir à des méthodes plus dures, avec construction d'épis, de digues, de perrés, voire façonnage des pentes…

Cependant, il ne faut pas omettre qu'à plus ou moins court ou moyen terme, comme dans d'autres secteurs littoraux, des personnes, des activités et des biens devront vraisemblablement être relocalisés. C'est pourquoi, depuis 1996, l'Observatoire de la Côte aquitaine a mis en place des protocoles de suivi, de mesure et de surveillance sur l'ensemble de la côte.

Inlassablement, la mer sape la falaise de la corniche basque sous le phare de Socoa à Ciboure.

Chaos granitique des îles Lavezzi, au sud de la Corse.

LE LITTORAL DU BASSIN MÉDITERRANÉEN

De l'Espagne à l'Italie, les rivages méditerranéens s'organisent en deux grands secteurs de part et d'autre de la Camargue, l'immense delta du Rhône, interface mobile entre la terre et la mer. Dans le Languedoc, de longs lidos sableux enserrent étangs et lagunes. À l'est, la Provence puis les Alpes tombent dans la mer face à la Corse qui rayonne de sa richesse géologique et de ses paysages.

Extrait de la carte géologique de la France à l'échelle 1/1 000 000 : les rivages méditerranéens, diversité paysagère et rocheuse du littoral héritée de l'histoire géologique du Paléozoïque à nos jours.

De la frontière espagnole à celle de l'Italie, le littoral méditerranéen dessine deux grandes courbes régulières, l'une concave au niveau du Languedoc, l'autre convexe en Provence-Côte d'Azur, délimitées par le delta de Camargue. Cette ligne sinusoïdale se poursuit en Italie par le golfe de Gênes. Au loin, en plein océan Méditerranée, la « mer du milieu », à quelques heures de ferry, se dressent les reliefs montagneux de la Corse.

À la différence des autres régions littorales, un simple coup d'œil sur la carte géologique de la France permet de constater, au regard de son patchwork de couleurs, que les rivages méditerranéens du littoral français correspondent à une imbrication complexe de territoires et de roches d'âges différents, les uns anciens, les autres très récents, voire actuels. Ils ont été mis en place et chamboulés par une suite de grands événements géologiques et tectoniques, dont on peut énumérer les grandes lignes de la façon suivante.

Comme pour le reste de la France, le Paléozoïque supérieur a été marqué par la surrection de la chaîne hercynienne, une période où tout était totalement différent par rapport à aujourd'hui. Les continents s'assemblèrent en un seul bloc, séparés, entre le nord et le sud, par une grande chaîne de montagnes analogue à celle de l'Himalaya. De cette époque date, sur le littoral actuel, le massif des Maures.

Puis cette chaîne a été arasée et, au Permien, la région a subi des distensions ainsi que, de ce fait, un volcanisme intense dont on retrouve les témoignages dans l'Esterel et en Corse.

Au Mésozoïque, la région était un bassin marin, de profondeur variable selon les périodes, où se déposèrent d'importantes couches sédimentaires, en particulier celles qui forment aujourd'hui le littoral dans la région de Marseille, notoirement le massif des Calanques.

Grand événement suivant, la formation des Pyrénées, au début du Cénozoïque, affecta aussi le Languedoc, et la Provence : on parle de chaîne pyrénéo-provençale, à une époque où la Méditerranée occidentale n'était pas ouverte et le golfe du Lion pas encore effondré.

Par la suite, l'orogenèse alpine provoqua le soulèvement et la mise en place des reliefs du côté de la frontière italienne, avec quelques soubresauts de rajeunissement sur l'ensemble du pays. L'ouverture de la Méditerranée occidentale se traduisit dans le même temps par l'effondrement progressif du golfe du Lion, l'affaissement du couloir rhodanien et la dérive du bloc corso-sarde. La géographie actuelle commençait de se mettre en place.

À ces grandes étapes de l'histoire géologique du sud de la France, il faut ajouter un événement très particulier qui affecta la Méditerranée entre – 5,8 et – 5,3 millions d'années et pendant lequel elle s'évapora et s'assécha sur 1 500 mètres ou plus : la crise messinienne. Cette crise se traduisit par une importante phase d'érosion de l'ensemble desvallées des fleuves qui se jetaient en Méditerranée : Rhône, Durance, etc.

Les bouleversements climatiques du Quaternaire – glaciations, déglaciations – mirent une touche finale à la géographie actuelle, et l'histoire continue !

Le double tombolo de la presqu'île de Giens délimite l'étang et les salins des Pesquiers. Les îles d'Hyères en toile de fond (Var).

Au niveau des Albères, au sud de Perpignan, les Pyrénées et leur cortège de roches anciennes tombent directement dans la mer en falaises escarpées. Faisant suite vers le nord, la côte languedocienne, d'Argelès-sur-Mer, dans les Pyrénées-Orientales, au Grau-du-Roi, dans le département du Gard, change radicalement d'aspect et de morphologie. Mis à part quelques reliefs espacés le long du littoral comme le cap Leucate, la montagne de la Clape, le cap d'Agde et la colline de Sète, la côte est basse, principalement constituée de grands lidos sableux délimitant des lagunes littorales – les étangs. Directement façonné par les alluvions du Rhône et les courants de dérive littorale, le delta de Camargue vient ponctuer et parachever cet ensemble.

Face au Languedoc, le golfe du Lion résulte d'un effondrement datant de la fin de l'Oligocène, il y a environ 25 millions d'années. Cette dynamique tectonique est à mettre en relation avec l'ouverture de la Méditerranée occidentale – contraintes d'extension – associée à la rotation des Baléares ainsi qu'à celle du bloc corso-sarde, îles d'origine continentale jadis accolées à la Catalogne, au Languedoc et à la Provence.

Vers l'est s'étendent les rivages de Provence-Côte d'Azur. Les roches sédimentaires, principalement calcaires, du Jurassique et du Crétacé y alternent avec des roches métamorphiques, schistes et gneiss des Maures, et les anciennes roches volcaniques rouges de l'Esterel, datées du Permien. Plus à l'est, les Alpes plongent dans la mer et soulignent la frontière italienne avant l'effondrement de la plaine du Pô.

Radeau continental détaché de la France depuis 25 millions d'années, la Corse est structurée en deux grandes entités géologiques :

- le domaine hercynien avec son festival de granites, occupant la plus grande partie du territoire ;
- et le domaine alpin dans le secteur du cap Corse au nord ;

le tout marqué par quelques placages sédimentaires miocènes auxquels appartient le paysage célèbre de Bonifacio.

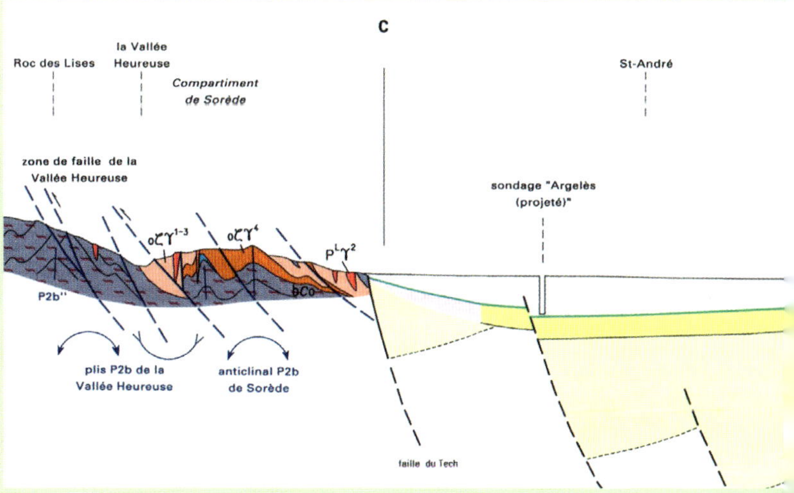

Extrait de la carte géologique d'Argelès-sur-Mer (Pyrénées-Orientales) à l'échelle 1/50 000. La coupe géologique ouest-est des Albères renseigne sur l'effondrement du golfe du Lion en marches d'escalier, aux pieds des Pyrénées, par un jeu de failles courbes – qualifiées de listriques – correspondant aux contraintes d'extension à l'origine de la création de la marge continentale passive face à l'ouverture océanique de la Méditerranée occidentale. Au fur et à mesure de leur affaissement, les blocs basculés qu'elles délimitent ont été progressivement recouverts d'alluvions.

Le littoral de la Camargue dans le secteur du phare de Faraman (Bouches-du-Rhône).

La côte granitique entre Calvi et Galéria (Haute-Corse).

QUAND LA MÉDITERRANÉE S'EST VIDÉE !

De – 5,8 à – 5,3 millions d'années, un événement majeur a affecté la Méditerranée. À la suite de poussées tectoniques, le détroit de Gibraltar s'est fermé, coupant la relation avec l'océan Atlantique. Il s'en est suivi une très forte évaporation de la mer, qui a vu son niveau baisser de 1 500 mètres, voire plus, la mer étant sous-alimentée en eau par ses grands fleuves riverains. D'importantes couches de sel se sont déposées sur son fond. Les rivières et fleuves qui s'y jetaient ont alors creusé d'impressionnants canyons : 1 000 mètres sous la Camargue et 200 à 300 mètres dans la vallée de la Durance. Les géologues qualifient cet épisode de « crise messinienne » en référence au détroit de Messine, entre la Calabre et la Sicile. Il y a 5,3 millions d'années, le détroit de Gibraltar s'est à nouveau ouvert entre la Méditerranée et l'Atlantique. Le niveau marin est remonté, et la mer a envahi les vallées qui se sont alors comblées de nouvelles alluvions.

Sel de la mine de Realmonte en Sicile : dépôts accumulés en couches successives lors de l'évaporation de la Méditerranée au Messinien, entre – 6 et – 5,3 millions d'années.

Esquisse paléogéographique de la région méditerranéenne au Crétacé supérieur, il y a environ 100 millions d'années. Un sillon marin profond séparait la France de la plate-forme ibérique. Le continent corso-sarde jouxtait le Bassin sud-provençal. Les espaces océaniques actuels commençaient de se préfigurer.

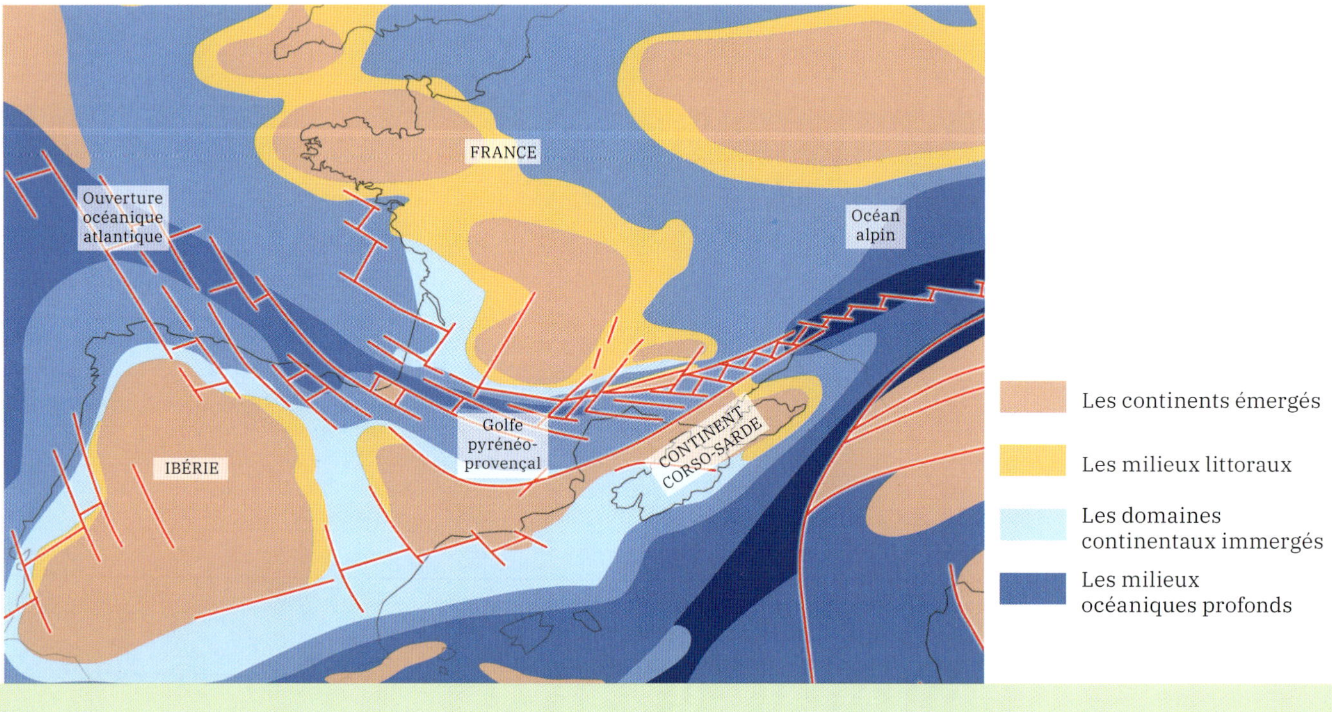

RIVAGES LANGUEDOCIENS

Les étangs de l'Arnel, des Moures et de Vic, traversés par le canal du Rhône, entre Palavas-les-Flots et les Aresquiers (Hérault).

Adossé à l'extrémité orientale des Pyrénées, le littoral languedocien borde le golfe du Lion, trait de côte linéaire et régulier rythmé par quelques points d'ancrage rocheux sur lesquels viennent s'accrocher de longs cordons sableux ou lidos délimitant un chapelet d'étangs ou lagunes.

Les rivages s'inscrivent au pied d'un arrière-pays constitué d'unités aux natures géologiques très différentes : Pyrénées, Corbières, Montagne Noire, Causses et Cévennes, les unes cristallines, d'origine hercynienne, les autres calcaires plus récentes. L'acquisition du profil côtier actuel et régularisé relève, quant à lui, d'une activité sédimentaire très récente. À l'époque romaine, de nombreuses lagunes étaient encore ouvertes sur la mer en une succession de baies qui conféraient aux rivages un aspect beaucoup plus découpé que l'actuel.

À l'extrémité sud du littoral, le versant oriental des Pyrénées plonge directement dans la mer au niveau du massif des Albères, frontière géographique naturelle avec la péninsule Ibérique. Le substratum rocheux y est principalement constitué de schistes très anciens qui sous-tendent un littoral découpé, façonné par de nombreux vallons encaissés.

Vue générale du littoral des Albères ou Côte vermeille (Pyrénées-Orientales). Les Pyrénées catalanes tombent dans la mer !

TOUT EST AFFAIRE DE GÉOLOGIE !

Les falaises du cap Leucate, de couleur blanche, servaient de point de repère (amer) aux navigateurs grecs qui croisaient au large et qui le baptisèrent « cap blanc », ce qui, en grec, se dit *leukos*, d'où son nom ! Le vent qui souffle du nord-est se nomme « le grec ».

L'étang de La Palme et son lido sableux, vus des hauteurs du cap Leucate (Aude).

Extrait de la carte géologique de Leucate (Aude) à l'échelle 1/50 000 : le cap Leucate, îlot calcaire, point d'ancrage des cordons sableux délimitant les étangs de Salses, au sud, et de La Palme, au nord.

Le cap Leucate

Au pied des Albères s'étend le Roussillon, de part et d'autre de Perpignan, entre les vallées du Tech et de l'Agly, dans les départements des Pyrénées-Orientales et de l'Aude. Son littoral parfaitement rectiligne vient buter sur le cap Leucate, promontoire calcaire face à la mer dont la présence a favorisé, sous l'action des courants, la formation de flèches sableuses, au sud comme au nord. Leur fermeture est à l'origine des étangs de Leucate (ou de Salses) et de La Palme. La falaise de Leucate, petit massif bien individualisé dans le paysage, était encore une île à l'époque romaine, au milieu d'un golfe qui englobait les étangs. Ses calcaires datent du Pliocène, il y a 3 à 4 millions d'années. Ce sont des calcaires lacustres, d'eau douce, comme en témoignent les fossiles – escargots pulmonés et végétaux – qu'ils renferment. Ils reposent sur une assise jurassique. Sur la falaise, l'érosion a souligné une stratification horizontale marquée par une alternance de niveaux durs, calcaires, et de niveaux plus tendres, marneux.

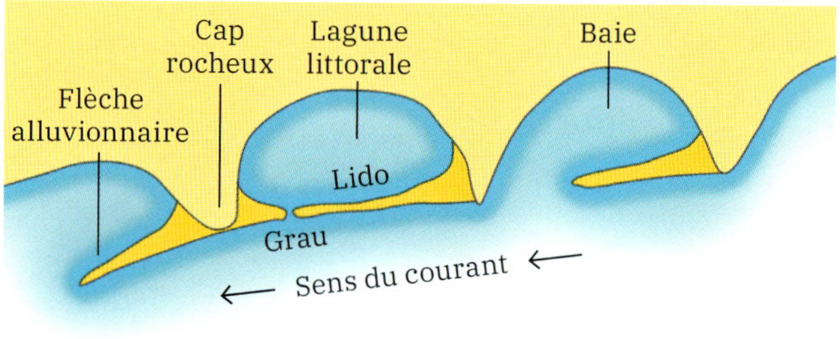

Schématisation de la formation et de la fermeture progressive des lagunes par progradation sédimentaire des cordons alluvionnaires, entre deux caps rocheux, sous l'effet de la dérive littorale.

Le bassin de Thau, les installations ostréicoles et le mont Saint-Clair vus de Mèze (Hérault).

Les étangs du Languedoc

Plus au nord, de Leucate, dans le département de l'Aude, à La Grande-Motte, dans l'Hérault, les rivages s'ancrent sur quelques reliefs bien marqués que sont la montagne de la Clape, le cap d'Agde et le mont Saint-Clair – la colline de Sète. De longs cordons sableux et de galets s'accrochent sur ces divers promontoires et viennent délimiter une succession de trois grands systèmes lagunaires : bassin de Thau, étangs groupés de Vic, des Moures et de l'Arnel, au sud de Montpellier, et étang de Mauguio dit aussi étang de l'Or, disposés le long d'un trait de côte parfaitement régularisé dont les matériaux arrivent en très grande partie des alluvions charriées par le Rhône puis progressivement déplacées par les courants de dérive littorale. Sur les plages, il est possible d'identifier de façon certaine des galets provenant des Hautes-Alpes et du Briançonnais *via* la Durance et le Rhône. Au Grau-du-Roi, le littoral subit une inflexion vers le sud au niveau de la pointe et du phare de l'Espiguette, qui marque le début du territoire de la Camargue.

Plans d'eau peu profonds disposés parallèlement au rivage, les lagunes communiquent avec la mer par des passages dénommés « graus ». Indépendamment de leur connexion maritime, elles reçoivent des eaux douces des reliefs environnants. Le bassin de Thau est ainsi alimenté par une partie des eaux de l'Hérault déviées par le canal de Marseillan, et par des petits cours d'eau : le Nègue-Vaques et le ru du Pallas, de part et d'autre de Mèze.

Il faut aussi citer la source sous-marine karstique de la Vise à Balaruc-les-Bains, connue pour son phénomène d'inversac, l'eau salée de l'étang se substituant à l'eau douce du karst lorsque son aquifère manque de pression.

Canet-Plage, Narbonne-Plage, Sérignan-Plage, Marseillan-Plage, Carnon-Plage, pour ne citer que quelques stations balnéaires, révèlent par leur nomenclature que les villes et villages, à la différence de la plupart des autres secteurs du littoral français, ne se sont jamais installés directement sur la côte, tant son profil était mouvant et, par ailleurs, très souvent insalubre car jadis souvent infesté de moustiques. Sa dynamique touristique n'a commencé à se développer de façon importante que dans les années 1950-1960 avec l'implantation de complexes balnéaires en bord de mer.

Résurgence de la source de la Vise dans l'étang de Thau, à Balaruc-les-Bains (Hérault).

LA CLAPE

et son Œil doux

Le gouffre de l'Œil doux (Aude), puits karstique découpé à l'emporte-pièce au cœur de la montagne de la Clape, avec la Méditerranée en toile de fond.

Entre Leucate, dans le département de l'Aude, et le cap d'Agde, dans l'Hérault, le littoral se développe à l'est de Narbonne de part et d'autre du relief de la montagne de la Clape. La particularité de ce secteur côtier réside dans son évolution extrêmement rapide depuis les temps historiques autour de la Clape qui était une île – *insula* Lecci – à l'époque romaine, entourée d'un lac, le *lacus* Rubresus, ouvert sur la mer. Il tenait sa couleur rougeâtre (de *rubens*, en latin) de celle des limons de l'arrière-pays. Le lac donnait alors accès directement à Narbonne, port romain important et stratégique des rivages méditerranéens. Au Moyen Âge, les apports alluvionnaires de l'Aude comblèrent progressivement un des deux bras du lac, transformant la montagne en presqu'île, avant qu'elle retrouve son insularité au XIIIe siècle consécutivement à des poussées de la mer. Puis une crue très importante de l'Aude, en 1316, amorça le comblement du fond du golfe de Narbonne, et la ville ne tarda pas à perdre son statut portuaire en même temps que la montagne de la Clape fut rattachée au continent.

Dominant le littoral, la montagne de la Clape est constituée de calcaires urgoniens datés du Crétacé inférieur. Sa base, formée d'un calcaire à silex sur une centaine de mètres d'épaisseur, est surmontée de calcaires marneux sur 50 à 100 mètres. Des calcaires durs forment le sommet du relief. Ils livrent des fossiles de rudistes (bivalves fixés vivant en colonie), de coraux et de bryozoaires (animaux coloniaux). Ces dépôts de types récifaux permettent de reconstituer les conditions sédimentaires de l'époque : l'ensemble de cette région méridionale de la France était alors une plate-forme sous-marine en eau peu profonde et chaude, sous un climat de type tropical.

Unité géologique et relief isolé, le massif culmine à 214 mètres au coffre de Pech-Redon. Sa surface est parcourue par un important réseau de lapiaz, crevasses profondes de dissolution de la roche sous l'action des eaux météoriques et de leur ruissellement. Il lui correspond en profondeur un important réseau karstique affleurant au gouffre de l'Œil doux.

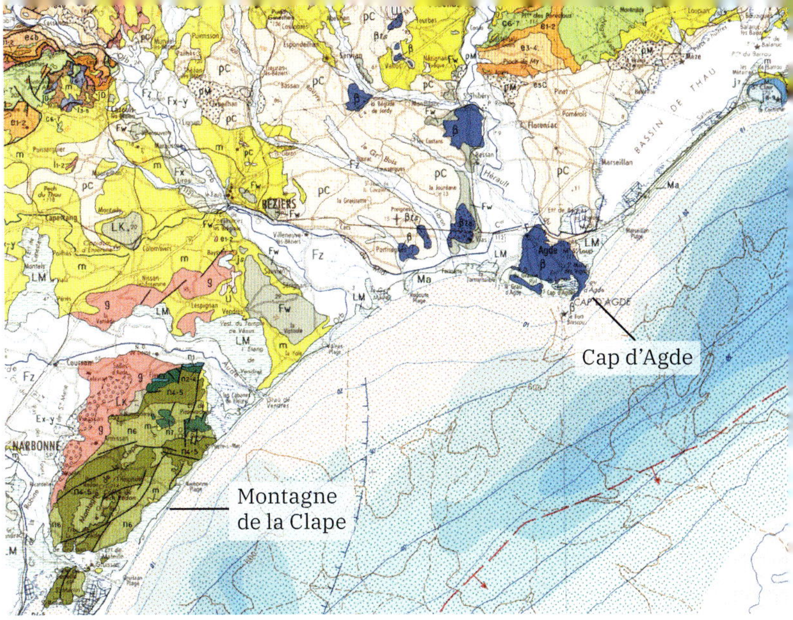

Extrait de la carte géologique de Montpellier à l'échelle 1/250 000 : la montagne de la Clape et le volcan du cap d'Agde ponctuent le littoral languedocien et ont favorisé l'implantation des cordons littoraux.

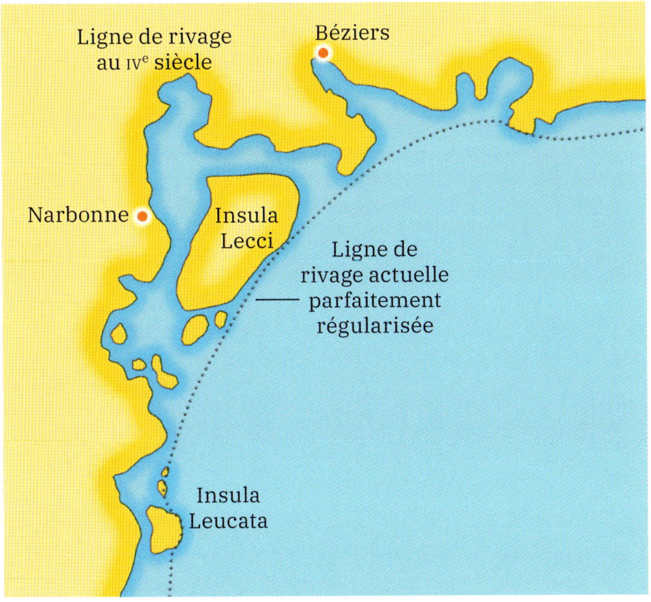

Au début de notre ère, Leucate (Aude) et la montagne de la Clape étaient des îles, et Narbonne, un port romain.

Surface en lapiaz et végétation de garrigue sur la montagne de la Clape, à proximité du gouffre de l'Œil doux : autant de fractures qui alimentent le réseau souterrain en eau douce.

Le système karstique de l'Œil doux

L'Œil doux, de 35 mètres de diamètre et de 12 mètres de profondeur, se présente sous la forme d'un plan d'eau circulaire entouré sur la moitié de son pourtour par une falaise en forme d'hémicycle d'une trentaine de mètres de hauteur découpant à l'emporte-pièce le plateau de la Clape. C'est un cénote, terme d'origine maya désignant un gouffre rempli d'eau, généralement en communication plus ou moins marquée avec la mer. Il se situe sur la commune de Fleury, dans l'Aude, dans la partie nord de la montagne de la Clape, à proximité de la route départementale D1118 qui relie Fleury à Saint-Pierre-la-Mer. Un parking est aménagé.

Le gouffre correspond à une exsurgence qui draine les eaux douces des réseaux souterrains de la Clape.Il est, par ailleurs, en relation avec la mer par un système de diaclases et de boyaux totalement ennoyés et non encore identifiés précisément mais avérés par des tests à la fluorescéine. Son eau est saumâtre, avec une salinité variable selon la pluviosité et les mouvements de la mer. Son niveau varie aussi légèrement avec celui de la mer. L'Œil doux est un aven formé à l'aplomb d'une ancienne grotte par l'effondrement de son toit lors de périodes anciennes, quand le niveau marin était plus bas qu'aujourd'hui. Il était alors totalement exondé, avec des circulations d'eaux souterraines. Il s'est ensuite retrouvé ennoyé lors de la remontée de la mer, à la fin de la dernière glaciation. Dans sa partie basse, le plan d'eau était jadis utilisé comme abreuvoir pour les animaux paissant sur la montagne de la Clape, très aride en surface.

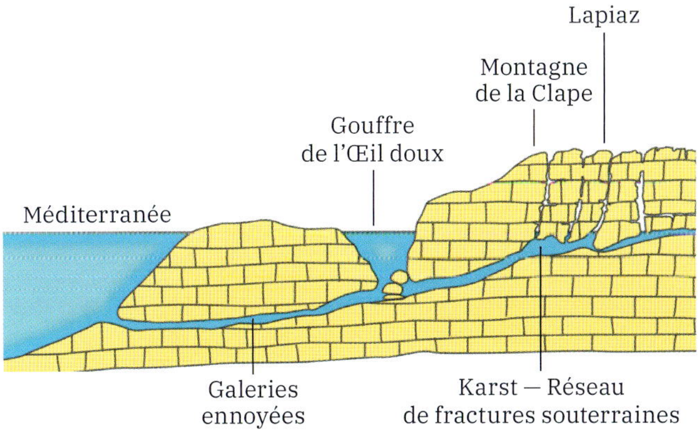

Le système karstique du gouffre de l'Œil doux, en relation avec la Méditerranée.

LE CAP D'AGDE

et son volcan

La plage de sable volcanique de la Grande-Conque (Hérault), fermée par le cap d'Agde et les rochers des Deux-Frères. La forme concave de la plage – d'où son nom – tient de la différence de dureté des matériaux entre les roches dures (basalte) qui la ferment de part et d'autre, et les couches de cendres plus tendres et plus sensibles à l'érosion qui affleurent au niveau de sa concavité.

Situés à l'est de Béziers à l'extrémité méridionale du bassin de Thau, Agde et son cap, dans le département de l'Hérault, constituent un point très particulier du littoral languedocien. Il s'agit d'un ancien volcan dont les roches forment le mont Saint-Loup, le soubassement de la ville, ainsi que les rivages du cap et la grande plage de la Grande-Conque, la seule de sable volcanique sur le littoral de l'Hexagone.

À l'origine situé en mer, cet édifice volcanique a vraisemblablement été l'un des plus importants de la région. Il termine au sud une ligne d'une vingtaine de volcans qui, sur environ 75 kilomètres, débute sur le causse du Larzac et longe la rive droite de l'Hérault, et dont l'activité s'est étendue de – 3,5 millions d'années à – 0,5 million d'années.

L'histoire du volcan d'Agde a débuté il y a environ 1 million d'années par, dans les premiers temps, des phases d'activité sous-marine – éruptions phréatomagmatiques sous faible tranche d'eau.

Par la suite, la structure a émergé, théâtre d'éruptions aériennes de type strombolien avec explosions, projections de bombes et de lapilli, et coulées de lave. Ces dernières forment les rochers du littoral, alors que les produits d'explosion constituent le cône volcanique du mont Saint-Loup, avec des accumulations de pouzzolanes dans lesquelles on a retrouvé des bombes volcaniques, en particulier lors de la réalisation de tranchées sur ses flancs.

L'activité volcanique d'Agde a créé et empilé un ensemble complexe de structures aujourd'hui démantelé par l'érosion, dont le mont Saint-Loup (113 mètres), le mont Saint-Martin (55 mètres) et le Petit-Pioch (68 mètres) sont les modestes restes. La plage de la Grande-Conque qui borde le cap d'Agde garde dans sa morphologie et ses roches les traces de cette activité volcanique passée.

Falaise et crique en bordure nord de la plage de la Grande-Conque, au cap d'Agde. On peut observer des couches de dépôts brun-jaune de tufs volcaniques associés à des galets de basalte. En arrière-plan, les rochers basaltiques des Deux-Frères formant la pointe du cap.

Anatomie du rivage

Les rochers des Deux-Frères du cap d'Agde ainsi que ceux qui ferment la plage de la Grande-Conque au nord sont composés de basalte. Ils correspondent à d'anciennes coulées de lave fluide et gardent, dans la morphologie de la falaise, une structure fracturée caractéristique liée à leur refroidissement. Plus résistants que les autres matériaux volcaniques, ils marquent le paysage. Cependant, leur érosion favorisée par la fissuration est à l'origine des galets basaltiques noirs que l'on retrouve en grande quantité au niveau de la petite crique au nord de la plage.

D'aspect différent, la falaise qui borde la plage s'inscrit dans des couches brun-jaune stratifiées horizontalement. Ce sont des cendres volcaniques, ou tufs. Elles sont attribuées à des phases éruptives sous-marines sous faible tranche d'eau, lors desquelles la rencontre brutale du magma à haute température avec l'eau de mer a provoqué sa pulvérisation en fines particules. On qualifie ce type de manifestation volcanique d'éruption phréatomagmatique, ou surtseyenne en référence à la formation en Islande de l'île de Surtsey en 1963. Ces périodes d'éruption sont datées d'environ 1 million d'années. Elles correspondent aux premières phases d'activité du volcanisme d'Agde, qui a duré 250 000 ans.

Falaise de basalte au nord de la plage de la Grande-Conque.

Extrait de la carte géologique d'Agde à l'échelle 1/50 000 : cartographie des affleurements volcaniques du cap d'Agde. En bleu : les coulées de basalte. En brun : les tufs et les projections volcaniques. Face à l'entrée du port, le fort de Brescou est bâti sur un rocher basaltique. Au nord du volcan : l'étang de Bagnas, séparé de la mer par les marais et le lido de Marseillan-Plage.

LA CAMARGUE

delta du Rhône

Image satellite de la Camargue centrée sur l'étang de Vaccarès (Bouches-du-Rhône): harmonie des courbes des lignes de rivage façonnées et régularisées par les courants.

Domaine amphibie, archétype du delta, une dénomination donnée par analogie à la lettre majuscule grecque Δ, la Camargue, parsemée d'étangs et bordée de lagunes littorales, semble partout hésiter entre la terre et la mer. Une grande partie du territoire est protégée par le parc naturel régional.

De La Grande-Motte, dans le département de l'Hérault, à Fos-sur-Mer, dans les Bouches-du-Rhône, ses rivages changeants s'y dessinent en courbes élégantes façonnées et régularisées par les courants marins. Son trait de côte est délimité par des flèches sableuses – les lidos – que la mer remanie à chaque tempête. Ces cordons sableux étroits et linéaires ont été progressivement construits par les dérives littorales, enserrant une multitude de plans d'eau – les étangs – dont les eaux plus ou moins saumâtres communiquent avec la Méditerranée par des passages appelés «graus».

À la différence d'un estuaire dans lequel les alluvions sont majoritairement emportées par les courants et les marées, un delta est une embouchure dans laquelle l'accumulation des alluvions apportées par le cours d'eau l'emporte sur l'érosion et la dispersion en mer. Un delta se forme plus facilement dans une mer calme dépourvue de marées, comme la Méditerranée. Une partie sous-marine prolonge le delta de Camargue loin en mer.

Une longue maturation

Le delta du Rhône s'inscrit dans une zone effondrée délimitée par de grandes failles, dont l'histoire débute il y environ 30 millions d'années. À cette époque, lors de la surrection des Alpes, l'extrême ouest de l'Europe subissait des contraintes d'extension ayant provoqué la fracturation et l'effondrement progressif d'un grand couloir tectonique sud-nord entre la Méditerranée et la mer du Nord, aujourd'hui

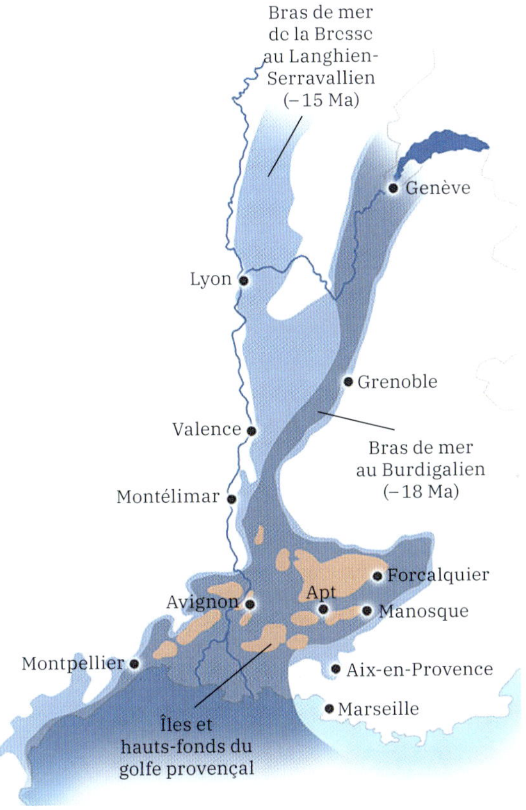

Esquisse paléogéographique du bras de mer rhodanien et provençal au Miocène, il y a environ 18 millions d'années.

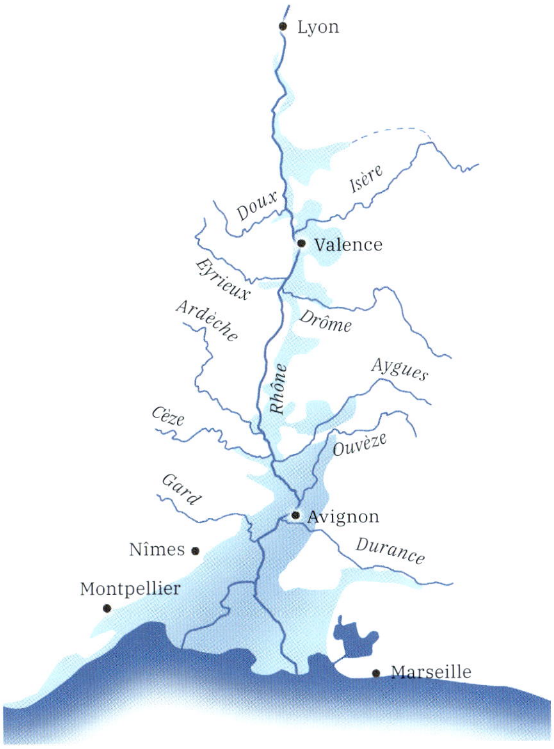

Esquisse cartographique de la ria du Rhône au Pliocène, il y a 4 millions d'années.

marqué par les vallées du Rhône, de la Saône et du Rhin. L'histoire de l'embouchure du Rhône s'est progressivement écrite en une succession d'épisodes lacustres et marins alternant avec des phases d'émersion, épisodes qui ont déposé et parfois érodé des matériaux sur de grandes épaisseurs – 5 000 mètres au sud de Nîmes.

Le dernier épisode marin important date du Pliocène, entre – 5 et – 2 millions d'années. Durant cette période, la mer avançait dans la vallée, dessinant une ria jusqu'au-delà de Valence, au sud de Lyon. Dans ce bras de mer s'accumulèrent de grandes quantités de dépôts argileux qui forment le soubassement direct de la Camargue en profondeur. Puis la mer se retira définitivement de la région au Quaternaire, il y a 2 millions d'années, en même temps que se développèrent les grandes glaciations qui allaient façonner progressivement le littoral, en particulier à cause des multiples variations du niveau marin mais aussi par l'importance des dépôts alluvionnaires provenant, par périodes, de l'érosion des reliefs.

Au Quaternaire, la géographie était différente de l'actuelle. Deux grands fleuves se jetaient directement en Méditerranée par deux deltas distincts : celui de la Durance – la plaine de la Crau alors en accès direct sur la mer – et la Camargue édifiée par les venues alluvionnaires du Rhône. Lors des débâcles glaciaires, les fleuves et leurs affluents – Isère, Drôme, Verdon, etc. – charriaient de grandes quantités d'alluvions, argiles, sables, graviers et galets arrachés aux Alpes en proie à une forte érosion. Progressivement, les deux deltas gagnaient du terrain sur la mer. Il y a environ 10 000 ans, la Durance changea de cours, bifurquant vers l'ouest en contournant les Alpilles pour finir par se jeter dans le Rhône à Avignon. Le destin des deux fleuves devint alors commun pour édifier la Camargue telle qu'elle se présente aujourd'hui. Ultime évolution du rivage : une nouvelle île sableuse est en train de se former en face de la plage de Port-Camargue au Grau-du-Roi.

Dans les salins de Camargue.

Entre terre et mer, dans les méandres du Petit Rhône en amont des Saintes-Maries-de-la-Mer (Bouches-du-Rhône). Au premier plan, l'étang d'Icard et le lido de la Petite Camargue (Bouches-du-Rhône) protégé de l'érosion par des épis rocheux.

Recette de la formation d'un delta

La formation d'un grand delta comme celui de Camargue, ou celui du Nil en Égypte, nécessite quelques conditions particulières, notamment le fait que le fleuve soit suffisamment important et charrie de grandes quantités d'alluvions. On estime qu'avant les grands travaux d'aménagement de son cours, le Rhône transportait de l'ordre de 50 millions de tonnes de sédiments chaque année. Cet apport était cependant beaucoup plus important lors de la fin de chaque grande glaciation et des grandes débâcles qui s'ensuivaient.

Le deuxième facteur favorisant la formation d'un delta réside dans le fait que le fleuve débouche sur un plateau continental relativement peu profond et large. À la différence de la Côte d'Azur où il est pratiquement inexistant, le plateau continental camarguais s'avance sur plus de 50 kilomètres au large face aux Saintes-Maries-de-la-Mer. La présence du plateau freine les courants du fleuve en mer, ce qui favorise l'épandage des matériaux qui viennent alors s'y accumuler, créant un prodelta sous-marin, étape préalable à l'exondation de la plaine deltaïque.

La formation d'un delta réside aussi dans le fait que le fleuve se jette dans une mer relativement calme, en particulier dépourvue de marées, ce qui est le cas de la Méditerranée – qui possède plusieurs grands deltas : Pô, Danube, Nil et Rhône…

Par ailleurs, la formation d'un delta peut dépendre de la configuration géographique et tectonique du littoral. La formation de la Camargue est, de ce fait, dû à la morphologie de l'ancienne ria du Rhône évasée vers le sud, face à la mer, le tout lié à son affaissement progressif par subsidence le long de grandes failles.

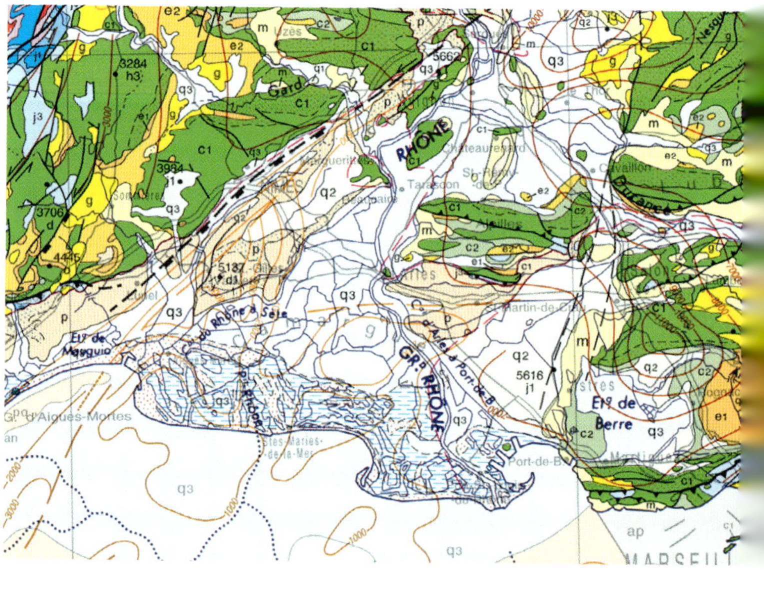

Extrait de la carte géologique de la France à l'échelle 1/1 000 000, feuille de Marseille (Bouches-du-Rhône). Complexité des dépôts alluvionnaires d'un delta, multiplicité des lagunes autour du grand étang de Vaccarès, ramifications des bras du Rhône, les uns actifs, les autres abandonnés… Histoire récente : il y a seulement 10 000 ans que la Durance conflue avec le Rhône à Avignon. Préalablement, elle se jetait directement en mer par le seuil de Lamanon, au nord de Salon-de-Provence, en aval duquel elle a construit étape après étape son propre delta, la plaine de la Crau, entre Arles et Fos-sur-Mer.

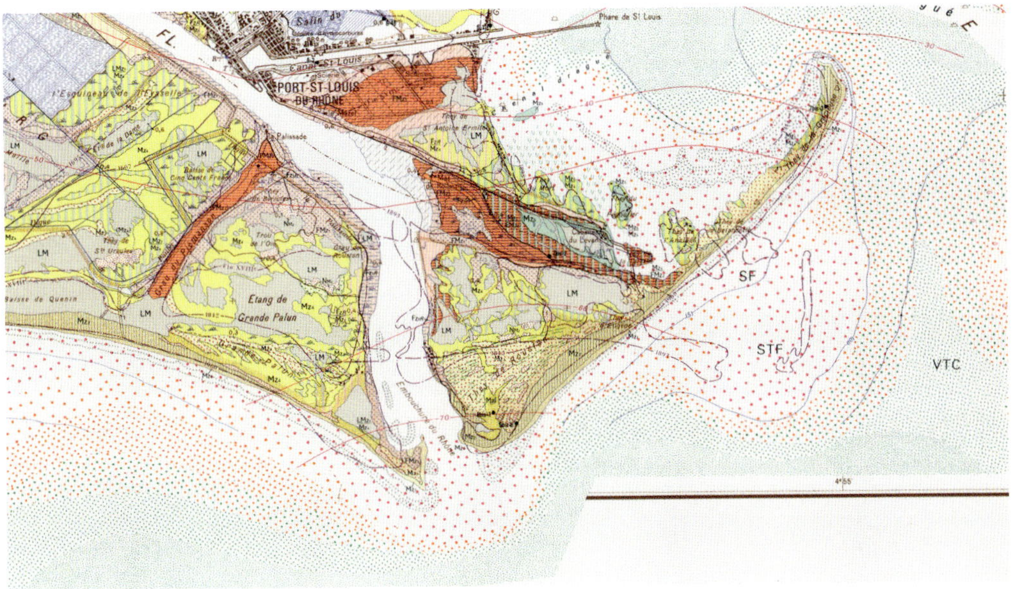

Extrait de la carte géologique d'Istres (Bouches-du-Rhône) à l'échelle 1/50 000 : détail de l'embouchure actuelle du Rhône en aval de Port-Saint-Louis-du-Rhône, entre le they de l'étang de Grande Palun et celui de Roustan. À noter aussi la présence du superbe they de la Gracieuse – du nom d'un bateau qui y fit naufrage en 1893 – qui, comme son nom tend à l'évoquer, dessine une flèche harmonieuse orientée vers le golfe de Fos par l'activité des courants.

Une géographie très récente

La carte de la Camargue est récente et certainement pas définitive. Pendant ces derniers millénaires, le fleuve a emprunté divers itinéraires et progressivement construit son delta avec les alluvions provenant des Alpes et du Massif central, au gré des crues et des divagations de son cours. Il y a 6 000 ans, le delta s'organisait autour d'un bras principal qui coulait au milieu de la plaine : le Rhône dit de Saint-Ferréol. La Camargue dessinait alors une pointe triangulaire centrale s'avançant en mer au sud de la ligne actuelle du rivage. De nouvelles lagunes se dessinaient, délimitées par des dépôts sableux. Le Petit Rhône correspondait en partie au fleuve de cette époque. Ce bras est resté important jusqu'au Moyen Âge, expliquant l'implantation de la ville d'Aigues-Mortes, dans l'actuel département du Gard, et de son port, aujourd'hui éloigné du rivage.

Puis, générés au gré des crues et des ruptures de berges, de nouveaux bras se développèrent, faisant évoluer la sédimentation dans le delta de part et d'autre du Rhône primitif de Saint-Ferréol. Le delta commença alors de changer avec la formation de méandres et les digitations des nouveaux bras.

Le Moyen Âge vit la fermeture des bras les plus anciens. Celui de l'est, futur Grand Rhône, commença de prendre de plus en plus d'importance, préfigurant le cours actuel du fleuve. En 1711, à la suite d'une forte crue, le fleuve acquit son tracé actuel tout en poursuivant son alluvionnement, ce qui explique que la tour Saint-Louis, à Port-Saint-Louis-du-Rhône, dans les Bouches-du-Rhône, édifiée alors à l'embouchure du fleuve, se retrouve aujourd'hui à 4 kilomètres à l'intérieur des terres. Le littoral continue d'évoluer.

L'ancien phare de Faraman construit en 1830 à l'ouest de l'embouchure du Grand Rhône, 400 mètres en retrait de la côte, se retrouva en mer à la fin du XIXe siècle et fut détruit par une tempête en 1906.

Les cartes géologiques à l'échelle 1/50 000 du Grau-du-Roi, des Saintes-Maries-de-la-Mer et d'Istres sont particulièrement instructives et faciles à décoder pour appréhender la géologie alluvionnaire récente, la localisation des étangs, les différents bras actuels et abandonnés du fleuve, ainsi que le dessin de détail des lignes de rivage.

L'embouchure du Rhône à Port-Saint-Louis-du-Rhône (Bouches-du-Rhône), protégée par des digues, avec les marais salants en toile de fond.

Lagune, chenaux, vases et dépôts de sel: l'étang camarguais de Galabert vu du lido de Beauduc, à l'est des Saintes-Maries-de-la-Mer (Bouches-du-Rhône).

Le lido de Beauduc

Suivre le littoral le long du lido, à pied ou à vélo, au départ des Saintes-Maries-de-la-Mer, en direction du grau de Beauduc, dans les Bouches-du-Rhône, permet de découvrir les différents aspects des rivages camarguais. La vue s'y étend sur les étangs du Tampan et de Galabert. Chemin faisant, ce domaine amphibie laisse apparaître des étendues salées où l'évaporation provoque la précipitation du sel chlorure de sodium : l'halite. De-ci, de-là, des flaques de boue sèchent au soleil, dessinant la géométrie hexagonale des figures de dessiccation. Un pied dans l'eau, droits sur une patte, les flamants roses filtrent la vase pour y trouver quelque nourriture. Le grau de Beauduc est aussi accessible par l'intérieur des terres depuis Salin-de-Giraud.

Un parc naturel régional et une réserve naturelle nationale – cette dernière entre l'étang de Vaccarès et les rivages de Beauduc (Bouches-du-Rhône) – protègent le territoire de la Camargue.

L'étang de Vaccarès

Principal plan d'eau au cœur de la Camargue, de très faible profondeur d'eau partout inférieure à 2 mètres, l'étang de Vaccarès, de 12 kilomètres de largeur, contrôle l'ensemble des eaux du delta de par sa situation géographique entre le Grand, le Petit Rhône et la mer, avec laquelle il communique par une succession de lagunes délimitées par le lido de Beauduc.

L'étang de Berre

Connu dans l'Antiquité sous le nom de *stagnum* Mastromela, l'étang de Berre, dans les Bouches-du-Rhône, ne fait pas partie de la Camargue *stricto sensu*. Il occupe un bassin naturel entre la plaine de la Crau et Marseille. Avec son cortège de petits étangs sur sa façade ouest, il constitue le plus grand plan d'eau du littoral méditerranéen français. À l'origine, il communiquait avec la mer par les marais de Caronte entre Port-de-Bouc et Martigues. Après qu'il fut tombé dans l'oubli, il fallut attendre le milieu du XIXe siècle pour qu'un véritable canal fût creusé sur 6 mètres de profondeur, puis 9 mètres en 1925. À la différence des étangs camarguais d'origine deltaïque et délimités par des cordons alluvionnaires déposés par le Rhône, l'étang de Berre correspond à une dépression – cuvette synclinale – épousant la partie aval de l'ancienne vallée de l'Arc entourée de reliefs, en particulier la chaîne de l'Estaque qui le délimite au sud.

1. *L'étang de Berre (Bouches-du-Rhône), entre Marseille et la Camargue.*
2. *En séchant, la boue dessine des fentes de dessiccation régulières.*
3. *Quelques flamants en recherche de nourriture en bordure de l'étang du Tampan (Bouches-du-Rhône).*

PROVENCE

Côte d'Azur

La calanque d'En-Vau (Bouches-du-Rhône) : calcaires urgoniens du Crétacé.

De la Camargue à la frontière italienne, le littoral de la Provence se développe tout au long de la Côte d'Azur, célèbre pour son climat et ses stations touristiques. Mille contours de caps et de baies, calanques blanches et dénudées, collines boisées, chaos rocheux, falaises rouges, grandes plaines littorales, plages de sable ou de galets, et montagnes tombant directement dans la mer dessinent une multitude d'indentations, diversité de paysages et découpe littorale sous-tendus par sa richesse géologique et une grande diversité de roches. Très différents de ceux du Languedoc, les rivages de la Côte d'Azur racontent à eux seuls quelques grandes étapes de l'histoire géologique de la France.

Après un passé lointain intégré à l'orogenèse hercynienne, la Provence a subi de nombreux épisodes sédimentaires marins avant d'être plissée lors de la formation des Pyrénées (chaîne pyrénéo-provençale), puis, un peu plus tard, lors de la collision alpine... D'aspect relativement montagneux et accidenté, la région correspond cependant à un ancien bassin sédimentaire – bassin du Sud-Est – qui s'est développé pendant le Mésozoïque. Les différentes phases de son histoire sont à l'origine des quatre grands territoires qui structurent le littoral et son arrière-pays proche : la Provence calcaire, le massif des Maures, l'Esterel et les Alpes.

Chaîne de l'Estaque, massif des Calanques et cap Canaille, depuis Martigues, dans les Bouches-du-Rhône, jusqu'à Sanary-sur-Mer, dans le Var : les rivages s'inscrivent dans des roches sédimentaires (calcaires, grès) pour la plupart datées du Crétacé, époque où la Provence était un bassin dans lequel se sont déposées de grandes épaisseurs de calcaires durs notamment – calcaires urgoniens –, qui structurent aujourd'hui l'ossature de nombreux paysages comme ceux des Calanques.

De Toulon à Saint-Raphaël, la côte varoise se dessine dans le massif cristallin des Maures, un ensemble au relief accidenté composé de granites, de gneiss et de schistes datant de l'orogenèse hercynienne, le tout entouré par une dépression bien marquée – en gris sur la carte – qui débouche sur la mer au niveau de Toulon et de Fréjus. Les îles d'Hyères – Giens, Porquerolles, Port-Cros et Levant – appartiennent au massif des Maures.

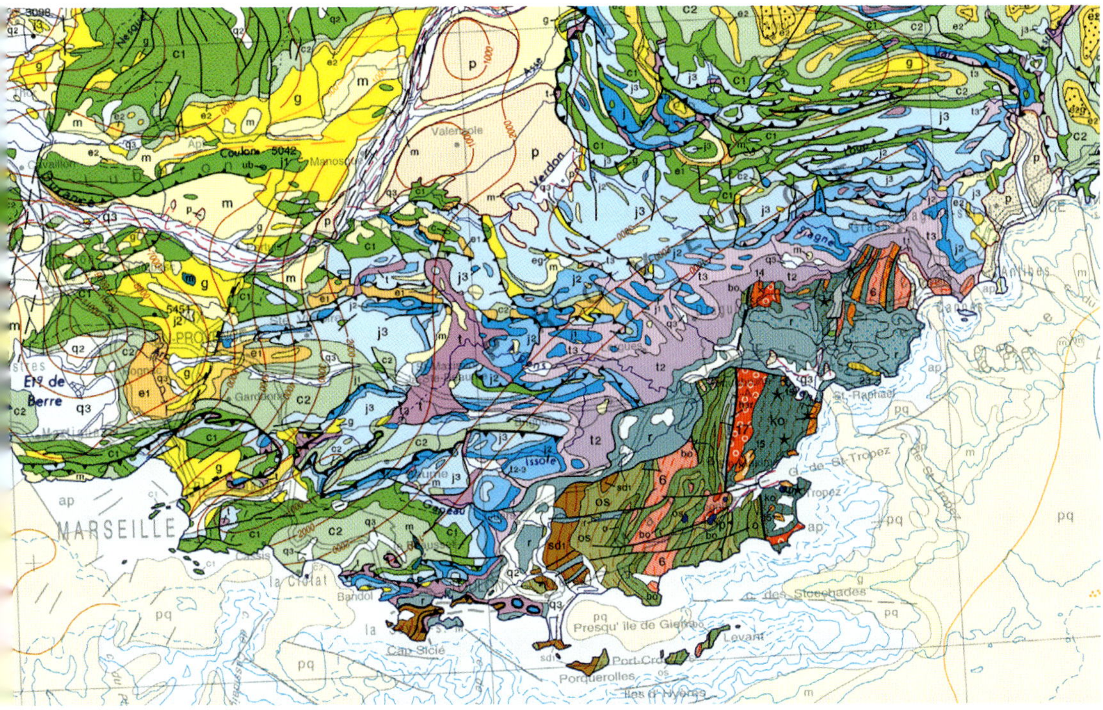

Extrait de la carte géologique de la France à l'échelle 1/1 000 000 : de la Camargue à la frontière italienne, le littoral s'inscrit dans une diversité de territoires qui retracent les grandes étapes de l'histoire géologique de la France.

À l'est de Saint-Raphaël, la côte change radicalement d'aspect pour s'inscrire dans les roches rouges de la corniche de l'Esterel, laves d'un ancien massif volcanique daté du Permien, il y a environ 270 millions d'années. Ces mêmes roches volcaniques forment, en Corse, la presqu'île de Scandola, au nord de Porto, qui, à cette époque, ne formait qu'un seul et même ensemble avec l'Esterel.

Une fois passé le cap d'Antibes, dans les Alpes-Maritimes, et jusqu'à la frontière, on retrouve des affleurements calcaires du Jurassique et du Crétacé. À l'ouest de Nice, la vallée et l'embouchure du Var incisent la côte avant de céder la place aux Alpes qui tombent directement dans la mer.

La corniche des Maures, vestige de la chaîne hercynienne.

Les touches finales

Comme pour toutes les régions de France, la touche finale de l'histoire géologique du littoral provençal date des deux derniers millions d'années. À plusieurs reprises, le niveau marin s'est abaissé. Lors de la dernière glaciation, il se situait 120 mètres plus bas qu'aujourd'hui. Des hommes habitaient sur le littoral, en particulier dans la grotte Cosquer (Calanques), dont l'entrée aujourd'hui sous-marine se situait alors à 80 mètres au-dessus de l'eau. Depuis la fin de la dernière glaciation (– 18 000 ans), le niveau marin est remonté et l'entrée la grotte s'est ennoyée, en même temps que les eaux marines envahissaient les vallons adjacents des Calanques… Une page de l'histoire est tournée !

À Menton (Alpes-Maritimes), sur la frontière avec l'Italie, les terrains jurassiques et crétacés soulevés et plissés des Alpes dominent directement la mer sur plusieurs centaines de mètres de dénivelé.

DE CALANQUE
en calanque

La calanque d'En-Vau, vue du belvédère du plateau.

Les Calanques, un des sites naturels les plus remarquables de France, se situent entre Marseille et Cassis dont elles constituent le littoral, sur 20 kilomètres de longueur, dans les Bouches-du-Rhône. Le massif culmine au mont Puget à 564 mètres d'altitude. Une calanque est une forme particulière de relief littoral correspondant à un vallon étroit et profond, aux bords escarpés, et dans lequel les eaux marines s'insinuent en profondeur. C'est une ria. Sormiou, Morgiou, Sugiton, En-Vau, Port-Pin, Port-Miou : indentations profondes de la mer au sein du massif de Puget, les calanques se succèdent le long du littoral, bordées de falaises, terrains d'escalade des grimpeurs rochassiers. La plus haute d'entre elles, celle du Devenson, entre Sugiton et En-Vau, surplombe la mer de plus de 300 mètres. Le long du sentier littoral, le paysage est époustouflant de beauté. Le plateau calcaire échancré par les falaises plonge à pic dans les eaux turquoise de la Méditerranée. « Calanque » est un mot d'origine provençale, *calanco*, la « petite crique », en français : « cale ». Depuis 2012, le massif des Calanques a acquis le statut de parc national.

Approche géologique

Le massif des Calanques s'inscrit principalement dans les calcaires durs à faciès urgonien datés du Crétacé inférieur (Hauterivien et Barrémien, entre – 133 et – 125 millions d'années), développés sur une forte épaisseur. Ils se sont formés sur la plate-forme continentale qui occupait l'ensemble de la Provence à cette époque. Le faciès urgonien correspond à des dépôts très riches en fossiles, en mer chaude, dans un contexte de barrières récifales composées de rudistes (mollusques lamellibranches), de coraux, de nombreuses variétés de mollusques (bivalves, gastéropodes), oursins, algues. Au nord du massif des Calanques et de la route départementale D559, la chaîne de Saint-Cyr est constituée de roches plus anciennes datées du Jurassique. Comme les reliefs voisins de la Sainte-Victoire et de la Sainte-Baume, le massif des Calanques appartient à l'ensemble des chaînes pyrénéo-provençales dont le début de la surrection est lié à celle des Pyrénées et a précédé celle des Alpes. Les premières phases de soulèvement datent de la fin du Crétacé et du début du Cénozoïque, entre – 70 et – 50 millions d'années environ.

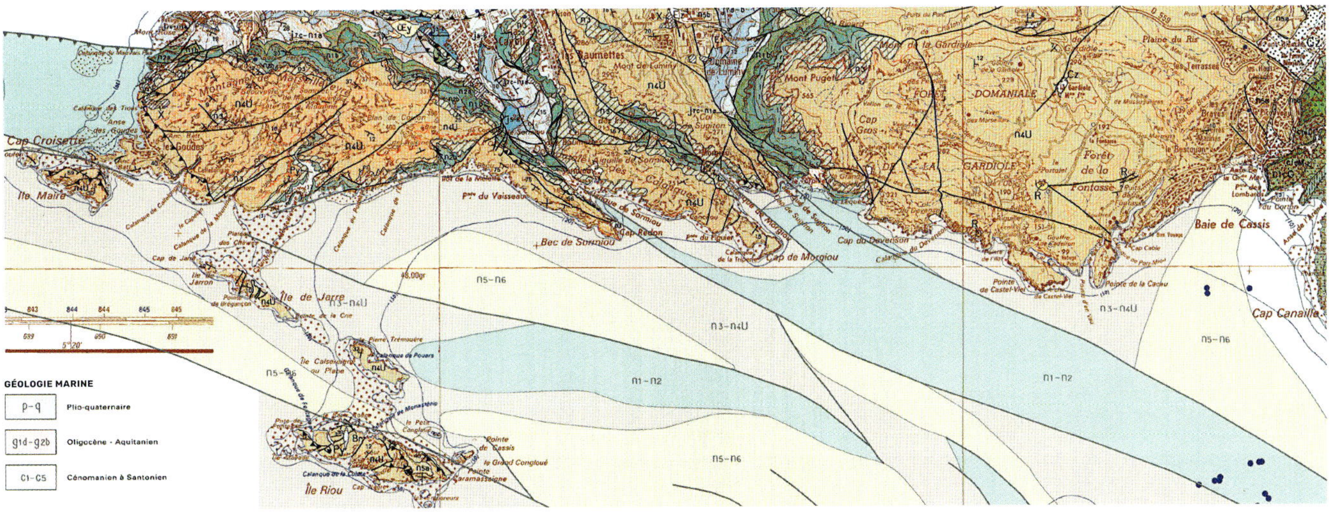

Extrait de la carte géologique de Marseille (Bouches-du-Rhône) à l'échelle 1/50 000 : le littoral des Calanques. La direction de ces anciennes petites vallées, creusées lors des abaissements du niveau marin, correspond à des structures faillées.

Formation des Calanques

La morphologie du massif des Calanques résulte de nombreux phénomènes géologiques qui se sont succédé dans le temps. Le massif est surélevé par la tectonique et résistant à l'érosion du fait de la nature des roches – calcaires urgoniens de grande dureté. Par ailleurs, il est fracturé par de nombreuses failles dont la présence a favorisé le creusement des vallons. Autre point important, il est localement fragilisé par la présence de nombreuses cavités souterraines (karstification), les circulations d'eaux profondes et superficielles ayant un important pouvoir de dissolution sur la roche calcaire. L'abaissement du niveau marin à différentes époques a favorisé les phénomènes d'érosion à l'origine du creusement des vallées alors en milieu continental. La conjonction de ces différents phénomènes a permis la formation de petites vallées que la dernière remontée de la mer a ennoyées, créant le paysage actuel des calanques. Et l'histoire va continuer...

Les Calanques, dans leur morphologie actuelle, sont donc un héritage complexe et, en particulier, celui des dernières périodes de l'histoire de la région. Il y a environ 2 millions d'années, le massif présentait vraisemblablement l'aspect d'un plateau assez régulier. À cette époque, correspondant au début des grandes glaciations quaternaires, des mouvements tectoniques surélevèrent la région de quelques centaines de mètres. Les diverses glaciations successives provoquèrent une baisse sensible du niveau marin de 100 à 130 mètres en dessous du niveau actuel. Surélévation du relief et abaissement du niveau marin entraînèrent une reprise importante de l'érosion des morphologies antérieures, déjà entamées lors de la crise messinienne (voir page 168), et le creusement de vallées étroites et de ravins suivant des directions parallèles nord-ouest - sud-est, dans l'axe des failles fracturant le massif. Dans le même temps, les phénomènes de dissolution développaient tout un réseau karstique au sein des formations calcaires. Depuis le dernier maximum glaciaire, il y a environ 19 000 ans, la mer n'a pas cessé de remonter pour atteindre son niveau actuel, ennoyant de nombreuses cavités souterraines et la partie aval des ravins et des vallons dessinant les calanques.

La calanque de Port-Miou, à Cassis, façonnée dans la barre urgonienne.

Elle en vaut la peine

La calanque d'En-Vau est incontestablement la plus grandiose, avec un accès facile par un bon sentier en une heure de marche depuis la forêt de la Gardiole (route puis parking en face du camp militaire) ou depuis le parking de la calanque de Port-Miou, à Cassis, en suivant le GR 51-98. Pour avoir une vue d'ensemble sur le site, il est important de faire un détour jusqu'au belvédère qui surplombe cette superbe « déchirure » paysagère.

Orifice de cavité karstique sur la falaise de la calanque de Port-Miou.

Les pingouins de la grotte Cosquer, peints il y a 19 000 ans.

La grotte Cosquer

Découverte (et inventoriée) entre 1985 et 1991 par Henri Cosquer, alors directeur du centre de plongée sous-marine de Cassis, la grotte se situe dans la presqu'île du cap Morgiou. Elle est accessible par un boyau inondé de 150 mètres de longueur dont l'entrée, aujourd'hui fermée pour des raisons de protection du site, se situe 37 mètres en dessous du niveau de la mer. Cette galerie débouche sur une vaste salle ornée puis sur une deuxième salle, « la cathédrale », haute de 30 mètres (et dominant un puits aveugle ennoyé de 24 mètres de profondeur). Habitée à deux reprises pendant la dernière glaciation, cette grotte, unique au monde, abrite de nombreuses peintures et gravures pariétales : 46 dessins de mains négatives datés de – 27 000 ans, et chevaux, bouquetins, bisons, chevreuils, animaux marins, pingouins datés de – 19 000 ans.

Sa première période d'occupation correspond au Gravettien, époque où nos ancêtres ont peint en divers lieux de nombreuses mains négatives sur les parois des grottes. On présume qu'ils quittèrent le site à cause d'éboulements, vraisemblablement à la suite d'un séisme.

La seconde période d'occupation, au Solutréen, nous ramène à la fin de la dernière glaciation, il y a 19 000 ans. À cette époque, comme à la précédente, la mer était environ 120 mètres en dessous de son niveau actuel. L'entrée de la grotte dominait une petite plaine située à une dizaine de kilomètres en retrait du littoral.

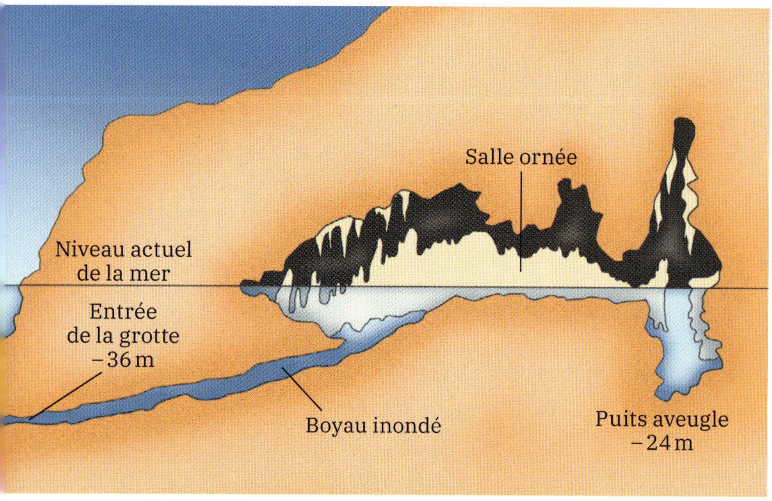

État d'ennoiement actuel de la grotte Cosquer, à la suite de la remontée du niveau de la mer depuis la fin de la dernière glaciation.

LE CALCAIRE URGONIEN

Daté du Crétacé inférieur, le calcaire urgonien est un calcaire dur, de type récifal, construit en mer chaude et de faible profondeur par l'activité biologique de nombreux organismes comme des coraux, des stromatolithes... et des (nombreux) rudistes, sortes de bivalves à coquille épaisse qui vivaient fixés ou posés sur les fonds. Les rudistes ont été très développés au Crétacé et ont disparu à la fin de cette période. Le terme d'urgonien vient du fait que cette formation a été définie pour la première fois à Orgon, au sud de Cavaillon, en Provence.

La falaise calcaire urgonienne dominant le littoral de Carry-le-Rouet.

Le karst des Calanques

Les calanques de Marseille-Cassis sont des vallées karstiques, façonnées à la fois par érosion et par dissolution, morphologiquement analogues à celles que l'on peut rencontrer ailleurs en Provence ou dans les Causses. Cet aspect karstique est souligné par la présence de nombreux gouffres et grottes dans le sous-sol : grotte de la Triperie ou du Figuier, aven des Marseillais, exsurgence sous-marine de Port-Miou… La plus célèbre d'entre elles est la grotte Cosquer, du nom de son découvreur en 1991, grotte ornée dont l'entrée se trouve à – 36 mètres en dessous du niveau actuel de la mer. Elle fut jadis habitée à deux périodes distinctes, il y a 27 000 et 19 000 ans, période pendant laquelle le niveau marin était 120 mètres plus bas qu'aujourd'hui. L'entrée de la grotte était alors perchée dans la paroi d'un vallon continental et dominait la mer de plus de 80 mètres ! Parfois, l'histoire géologique change très vite, car sous influence climatique !

La Côte bleue

Le littoral de la Côte bleue, pendant des Calanques à l'ouest de Marseille, se développe au pied de la chaîne de l'Estaque, petit massif principalement constitué de calcaires jurassiques et crétacés. Au niveau des stations balnéaires de Carry-le-Rouet et de Sausset-les-Pins, des falaises façonnées dans des calcaires urgoniens (Crétacé inférieur) dominent le littoral. Ce dernier présente une morphologie de côte basse installée sur une plate-forme sédimentaire horizontale inscrite dans des terrains miocènes (calcaires, marnes, grès) beaucoup plus récents, comme le montre explicitement la carte géologique. Ces roches affleurent directement au niveau des rivages, où elles façonnent l'estran en bon nombre de secteurs. La présence de nombreux fossiles (mollusques, oursins, coraux) a permis de reconstituer le paléoenvironnement de ces dépôts, à savoir une mer peu profonde, avec présence de récifs, qui occupait la région il y a environ 20 millions d'années, à l'Aquitanien.

Fossile d'huître sur l'estran de Sausset-les-Pins.

LE CAP CANAILLE

Dans les grès et calcarénites de la falaise du cap Canaille (Bouches-du-Rhône).

Objet géologique élégant dans le décor aride du versant est du massif du Soubeyran, cette arche correspond à une cavité de dissolution (cavité karstique) formée dans une petite barre calcaire intercalée dans les poudingues, et reprise ensuite par les eaux de ruissellement.

Le cap Canaille, la falaise maritime la plus haute de France et d'Europe, domine la Méditerranée entre Cassis et La Ciotat, dans les Bouches-du-Rhône. Il est accessible par la route des Crêtes D141, qui longe son sommet d'où la vue est époustouflante et vertigineuse. Le cap, qui n'en est pas véritablement un, se présente sous l'aspect d'une grande muraille aux couleurs chatoyantes. Les falaises Soubeyranes, barrant l'horizon au-dessus de la Méditerranée, culminent à la Grande Tête à 399 mètres, avant de s'incliner progressivement vers le cap de l'Aigle et l'île Verte qui ferment la baie de la Ciotat sur l'autre versant des reliefs. Au pied se dessine la baie de Cassis avec, en arrière-plan, le massif des Calanques et ses calcaires blancs soulignant la découpe du littoral.

Un bel empilement sédimentaire

La falaise du cap Canaille est constituée par l'empilement d'une grande diversité de couches de roches sédimentaires – marnes, grès, calcaires et poudingues – toutes datées du Crétacé supérieur et disposées chronologiquement les unes au-dessus des autres. Ces niveaux, bien stratifiés, sont plus récents que ceux des calcaires urgoniens (Crétacé inférieur) qui forment les Calanques.
Le soubassement de la falaise, qui présente une pente régulière d'environ 30 degrés, s'inscrit dans des marnes datées du Cénomanien et du début du Turonien. Ces marnes sont surmontées par des grès et des calcarénites de coloration mordorée qui forment le cap et dans lesquels sont intercalées des barres de calcaires récifaux à rudistes plus ou moins épaisses. Le sommet de la structure, au niveau de la Grande Tête et du Sémaphore, est constitué de poudingues, conglomérats à graviers et galets arrondis évoquant l'aspect du *pudding* anglais.
Le pendage des couches s'inclinant vers le sud-est, ce sont ces mêmes poudingues que l'on retrouve au bord de la mer formant le cap de l'Aigle à La Ciotat. Les barres calcaires intercalées dans les grès et les poudingues ont favorisé une érosion différentielle se traduisant par des petits ressauts de relief et par la superbe arche que l'on peut observer en contrebas de la route en descendant vers La Ciotat.

Vue sur Cassis depuis le cap Canaille. La ville s'inscrit dans une dépression entre le massif du Soubeyran-Canaille et celui des Calanques. Les sous-sols y sont principalement composés de calcaires marneux, de marnes et de calcaires gréseux.

Un continent disparu

Les calcaires du massif du Soubeyran-Canaille sont d'origine récifale, comme en témoignent les fossiles de rudistes que l'on peut y trouver. Par contre, les poudingues et les grès qui leur sont associés sont des roches issues de matériaux détritiques (sables, graviers, galets) consolidés, ce qui pose la question de leur provenance, d'autant plus qu'ils sont pour la plupart de nature cristalline (granites, gneiss, grès, calcaires). Leur origine est attribuée à un paléocontinent hercynien méridional jadis situé au sud de la Côte d'Azur et aujourd'hui disparu, une partie s'étant affaissée et l'autre ayant dérivé pour donner la Corse et la Sardaigne. Ces formations gréseuses et conglomératiques sont soudées par un ciment ferrugineux qui confère une couleur mordorée aux roches. On peut y observer de belles figures de sédimentation, stratifications obliques et entrecroisées qui témoignent de la circulation des courants au fond des chenaux, où se déposaient les alluvions.

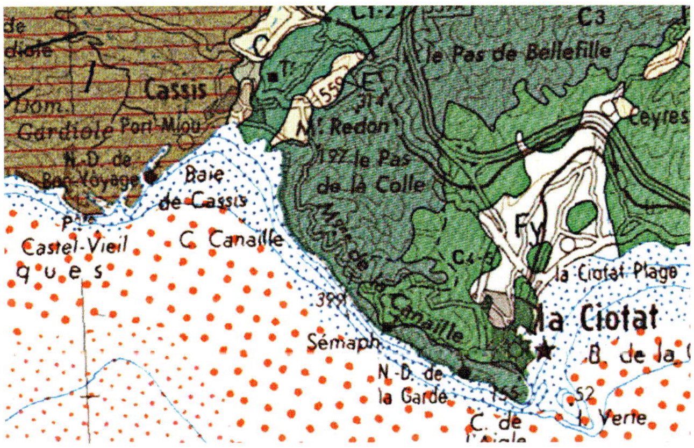

Extrait de la carte géologique de Marseille (Bouches-du-Rhône) à l'échelle 1/250 000 : répartition des terrains entre le secteur des Calanques (Urgonien-Crétacé inférieur) et celui des falaises Soubeyranes du cap Canaille (Crétacé supérieur).

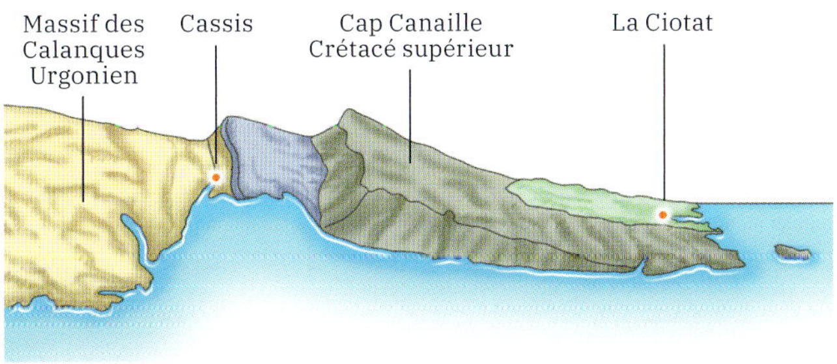

Schéma structural simplifié montrant la disposition relative des terrains entre le littoral du cap Canaille et celui des Calanques.

LE DOUBLE TOMBOLO

de la presqu'île de Giens

Les deux flèches sableuses du double tombolo de Giens enserrant les salins et l'étang des Pesquiers, vus depuis le mont des Oiseaux.

La presqu'île de Giens, au sud de la ville d'Hyères, constitue un site géologique particulièrement intéressant des côtes varoises par la présence des deux flèches littorales qui la relient au continent, ce que le vocabulaire de la géomorphologie décrit sous le terme de double tombolo. De plus, la façade maritime de la presqu'île permet d'approcher sur son sentier littoral un bel affleurement des roches du massif des Maures. Giens s'inscrit dans le cortège des îles d'Hyères (avec celles du Levant, de Port-Cros et de Porquerolles) qui délimitent la rade d'Hyères par leur disposition en arc de cercle face aux Maures. Les hauteurs qui dominent la ville ainsi que le mont des Oiseaux permettent d'en observer le panorama dans sa totalité.

L'accès à la presqu'île peut se faire par deux routes empruntant chacune un tombolo, ce qui permet, en passant par l'une puis par l'autre, d'observer sous divers aspects l'étang et les marais qu'ils enserrent, ainsi que les dispositifs de protection mis en place sur le littoral. Face aux vents d'ouest, la plage qui relie l'Almanarre à Giens constitue un important site de kitesurf.

Deux flèches pour un tombolo

Un tombolo est une flèche de dépôts alluvionnaires, à dominante généralement sableuse, reliant une île proche du littoral à la terre ferme et, de ce fait, la transformant en presqu'île. Le cas de Giens est formé de deux flèches qui délimitent un espace lagunaire : l'étang et les salins des Pesquiers. Ceux-ci abritent une réserve ornithologique. La flèche orientale, large de 300 à 400 mètres, supporte la route principale qui permet d'accéder à la presqu'île. La petite route du sel, fermée en hiver, suit la flèche orientale, beaucoup plus étroite.

La formation du double tombolo a débuté il y a seulement quelques milliers d'années. Elle est principalement due aux courants marins côtiers qui ont édifié les deux flèches sableuses à partir des sables marins préexistants et des apports alluviaux de petits fleuves côtiers. Cette évolution a vraisemblablement eu lieu en deux temps : d'abord la flèche occidentale qui relie directement Giens à la terre ferme, puis la flèche orientale qui s'est construite en parallèle de la première et au pied

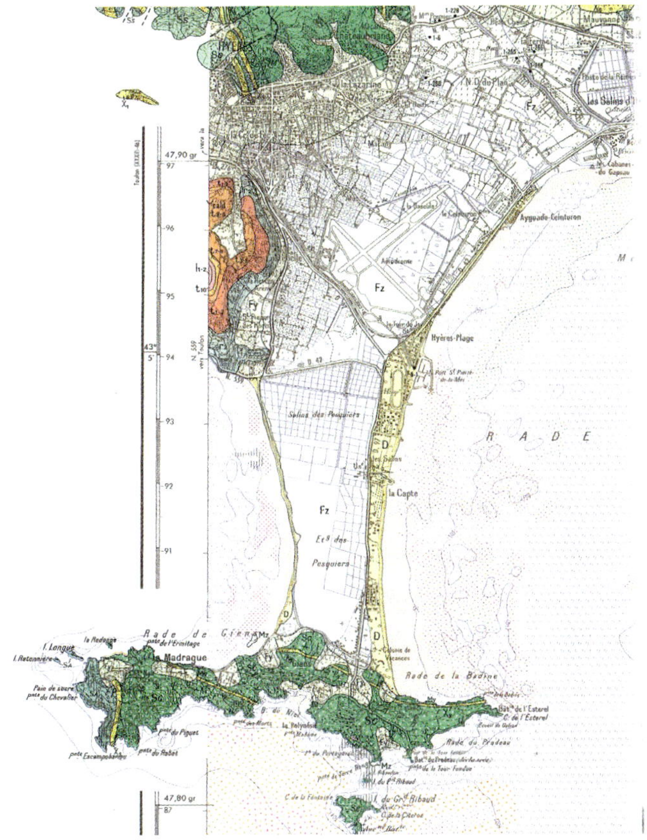

Extrait de la carte géologique d'Hyères-Porquerolles (Var) à l'échelle 1/50 000.
La carte montre de façon très explicite le positionnement des deux flèches sableuses qui relient Giens au continent. Alors que le tombolo occidental s'accroche au relief rocheux de l'Almanarre, le tombolo oriental se déploie sur une très grande longueur jusqu'aux contreforts des reliefs du cap Bénat, dans le massif des Maures. Il délimite, vers le nord, l'ensemble des marais littoraux d'Hyères, où se situe l'aéroport (au centre).

Dans les phyllades du sentier littoral près du port du Niel, au sud de la presqu'île de Giens.

Détail des phyllades de Giens.

des reliefs où elle a délimité des lagunes et des marais maritimes jusqu'à La Londe-les-Maures, plus au nord. L'aéroport de Toulon-Hyères, la ville basse et les salins occupent aujourd'hui cet espace délimité par la flèche alluvionnaire sur laquelle passent les routes littorales jusqu'à Simone Berriau-Plage.

Une morphologie évolutive

Il y a 20 000 ans, lors de la dernière glaciation, Giens était, comme les autres îles d'Hyères, une simple colline sur la terre ferme, appartenant au massif des Maures, qu'une vallée, aujourd'hui la rade d'Hyères, séparait des reliefs du massif, plus au nord. Le niveau marin était alors environ 120 mètres plus bas qu'aujourd'hui. Puis il est remonté progressivement. Giens, comme les autres, s'est vue entourée d'eau, mais avec un seuil rocheux (des grès) peu profond entre l'île et la terre ferme. Peu à peu, les courants ont construit les deux flèches – en premier, la flèche occidentale – sur ce seuil, attachant la presqu'île à la côte. La présence du premier tombolo a changé la direction et l'importance des courants, favorisant la création de la seconde flèche.

Le paysage en est à ce stade aujourd'hui ! L'érosion littorale reprend le dessus sur la sédimentation, et Giens n'est pas à l'abri des fortes tempêtes. La presqu'île va-t-elle redevenir une île ? Par érosion des tombolos ? Par la montée des eaux ? Affaire à suivre !

Les roches de Giens, comme en de nombreux secteurs du massif des Maures, sont des phyllades datés du Silurien (Paléozoïque inférieur), par la suite pris et soulevés lors de l'orogenèse hercynienne. Les phyllades sont d'anciennes roches sédimentaires de nature plus ou moins argileuse, déposées en mer puis légèrement métamorphisées, de type schistes ardoisiers. D'une façon générale, le massif des Maures est constitué de phyllades, de schistes, de gneiss et de granites – cortège rocheux caractéristique du socle hercynien dans de nombreuses régions de France. Le massif des Maures a été rehaussé au Cénozoïque, par contrecoup du plissement alpin, d'où son altitude actuelle et son relief accidenté façonnant le littoral varois de Sanary-sur-Mer à Fréjus.

L'ESTEREL

et son volcan

Le long de la corniche de l'Esterel, du côté du cap Roux (Var).

Cap Roux, pointe de l'Observatoire, cap du Dramont : la corniche de l'Esterel se développe dans le département du Var sur une vingtaine de kilomètres, le long de la route côtière D559 entre Théoule-sur-Mer et Saint-Raphaël. La RD100 au départ de Saint-Raphaël et quelques routes forestières permettent de pénétrer à l'intérieur du massif. Le massif de l'Esterel, perle de la Côte d'Azur, plonge ses falaises déchiquetées de porphyre rouge dans les eaux bleues de la Méditerranée. Son nom pourrait provenir de la contraction du terme prélatin *ester*, « rocher », et du latin *sterilis*, « stérile », évoquant la pauvreté du sol couvert par une végétation de garrigue – où l'incendie menace pendant les journées chaudes.

Un puissant massif volcanique

Culminant au mont Vinaigre à 614 mètres d'altitude, le massif de l'Esterel correspond à un ancien massif volcanique de très grande ampleur daté du Permien. Il est formé de plusieurs édifices éruptifs imbriqués les uns dans les autres. Cette activité volcanique très longue et très puissante, en particulier entre – 275 et – 250 millions d'années, ne se cantonnait pas à ce seul secteur géographique. À cette époque, la Corse était rattachée au sud de la Provence, formant avec cette dernière un territoire unique. Cette région corso-provençale, aujourd'hui coupée en deux par le Bassin méditerranéen liguro-provençal, était soumise à des contraintes d'extension jalonnées par un important système de failles ayant provoqué l'effondrement d'un bassin de type rift continental : un tel contexte est particulièrement propice au volcanisme. Ce dernier fut marqué par un dynamisme excessivement violent, avec de nombreuses phases explosives accompagnées d'émissions de nuées ardentes et d'avalanches de débris de lave et de cendres soudés à chaud, donnant naissance à des ignimbrites, roches acides ayant des compositions de rhyolites. On retrouve les mêmes roches, analogues à celles de l'Esterel, dans la presqu'île de Scandola et jusqu'au mont Cinto en Corse – la séparation de la Corse du continent ne s'est opérée que beaucoup plus tardivement dans l'histoire géologique de la France, entre – 25 et – 15 millions d'années. Les rivages de la corniche littorale et la route du bord de mer D559 recoupent différents horizons de roches où prédominent des ignimbrites rhyolitiques.

L'ESTERELLITE

L'Esterel a donné son nom à une roche, l'esterellite, ou porphyre bleu de l'Esterel, sorte de microdiorite, qui affleure en bord de mer à la pointe de Pierre Blave, près de la plage du Dramont. L'esterellite est une roche microgrenue ayant refroidi dans des fractures à faible profondeur sous terre (laccolite). À la différence des rhyolites et des ignimbrites datées du Permien, l'esterellite s'est mise en place au Tertiaire, dans le contexte de la surrection des Alpes. On peut observer des galets d'esterellite sur la plage du Dramont, à la sortie est de Saint-Raphaël. La roche est toujours exploitée dans la carrière des Grands Caous, à Saint-Raphaël. Des visites sont organisées les vendredis.

Dépôts provenant de projections de rhyolites permiennes plus ou moins fines et grossières, en bordure de la corniche de l'Esterel.

Les roches rouges de l'Esterel du côté du pic du Cap Roux (Var), vues de la route littorale D559.

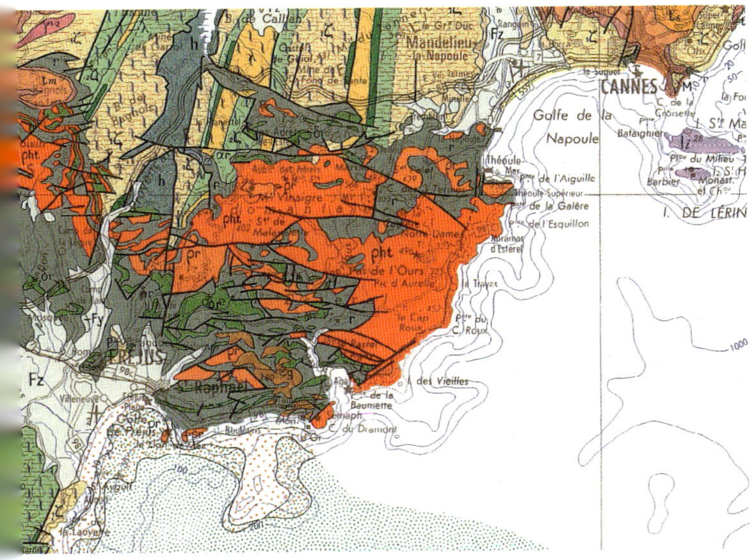

Extrait de la carte géologique de Nice à l'échelle 1/250 000. L'ancien volcan de l'Esterel, comme le souligne la carte par sa couleur, ponctue de ses roches rouges le littoral de la Côte d'Azur entre Cannes et Saint-Raphaël.

Les rhyolites sont des laves qualifiées d'acides car riches en silice. Elles ont une composition chimique équivalente à celle des granites. Les rhyolites, roches aux couleurs variées, du rouge au vert, sont formées de cristaux de quartz, de feldspaths alcalins (potassiques) et de quelques minéraux sombres – mica biotite, amphibole –, le tout baignant dans une pâte, ou verre, non cristallisée, de composition chimique analogue.

LA CORSE

esquisse géologique

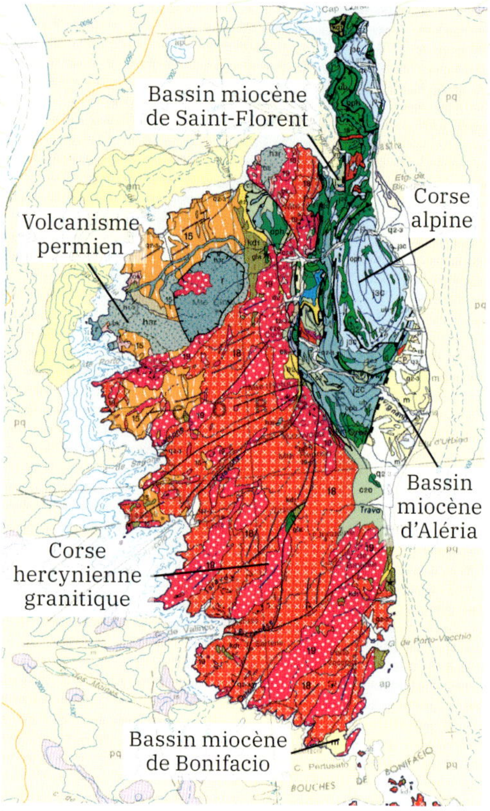

Extrait de la carte géographique et de la carte géologique de la France à l'échelle 1/1 000 000 : la Corse.

Dès les temps anciens, les Grecs l'avaient baptisée Kallisté, l'île « de Beauté ». Véritable montagne plantée dans la mer, au cœur du golfe de Gênes, entre la France et l'Italie, la Corse s'organise en deux principaux domaines géologiques que sont la Corse cristalline hercynienne, en rouge sur la carte, et, en bleu-vert, au nord-est, la Corse dite « alpine », principalement constituée de schistes. À ces deux grands territoires, il faut ajouter, en gris, des terrains issus de phénomènes volcaniques datés du Permien, et, en jaune, des secteurs correspondant à une histoire beaucoup plus récente, au Miocène, avec, en particulier, le dépôt des roches calcaires de Bonifacio, au sud.

Cette répartition des grands ensembles géologiques sous-tend la diversité des rivages, entre granites, schistes, calcaires, falaises, chaos ou plages de sable.

D'aucuns qualifient la Corse d'« Élysée de la géologie » du fait de ses affleurements spectaculaires et de la richesse de son passé géologique.

La Corse n'est pas totalement isolée. Elle forme avec sa voisine la Sardaigne un même et unique petit continent isolé dans l'océan méditerranéen : le bloc corso-sarde. Leur histoire géologique s'inscrit dans celle du sud de la France dont elles firent partie, à part entière, l'une accolée à la Provence et l'autre au Languedoc, jusqu'à la période du début de leur séparation, il y a environ 25 millions d'années. Il est donc nécessaire, pour comprendre sa géologie, de replacer la Corse dans son contexte d'origine, c'est-à-dire juxtaposée à la Côte d'Azur.

La Corse hercynienne

La Corse hercynienne ou cristalline occupe l'ouest et le sud de l'île. Comme son nom l'indique, elle appartient au socle hercynien qui structure la très grande partie de l'Europe de l'Ouest. Elle est principalement constituée de très importants massifs – on parle de batholite – granitiques qui se prolongent en Sardaigne. Ces granites se sont formés en plusieurs phases orogéniques entre – 340 et – 280 millions d'années – lors de la formation de la chaîne hercynienne, au Carbonifère et au tout début du Permien. Cette histoire hercynienne de la Corse s'apparente à celle du reste de la France, à la différence près qu'elle ne conserve pratiquement plus d'anciens terrains sédimentaires et métamorphiques, toute la place ou presque étant occupée par des massifs granitiques.

Par la suite, au Permien (de – 299 à – 251 millions d'années), les massifs hercyniens ont été recoupés par des venues volcaniques acides, rhyolitiques. Ces roches volcaniques, en particulier celles de la presqu'île de Scandola, présentent une similitude avec celles du massif de l'Esterel, sur le continent, ce qui constitue une des données majeures pour localiser la place qu'occupait jadis la Corse, « accolée » à la Côte d'Azur.

De nombreuses failles de direction nord-est-sud-ouest, recoupent le batholite granitique. Leur répartition commande celle des réseaux de vallées descendant de la haute chaîne vers le sud-ouest, en direction de la mer et soulignées par des golfes : Porto, Sagone, Ajaccio et Valinco, échancrures profondes sur le profil côtier.

La Corse hercynienne : une montagne de granite plantée dans la mer.

La Corse permienne : dans les roches volcaniques rouges de la presqu'île de Scandola (Corse-du-Sud).

La Corse alpine : dans les schistes du cap Corse (Haute-Corse).

La Corse alpine

Durant le Mésozoïque, la Corse, alors solidaire du sud de la France, a participé à la grande aventure géologique de l'orogenèse alpine. On retrouve dans sa partie nord-est le cortège des roches que l'on rencontre dans les Alpes : schistes, quartzites, marbres et ophiolites qui formaient le fond de l'océan alpin au Mésozoïque. On retrouve en Corse alpine de très beaux affleurements de pillow-lavas, coussins de laves sous-marines, qui témoignent de l'origine océanique des Alpes auxquelles ce secteur de la Corse appartient. De grands traits noirs sur la carte séparent la Corse alpine de la Corse hercynienne. Ils correspondent aux fronts de chevauchement des schistes lustrés sur le socle granitique.

La Corse miocène: le littoral calcaire de la calanque de Bonifacio (Corse-du-Sud).

La Corse quaternaire: l'étang de Biguglia, au sud de Bastia (Haute-Corse).

Une histoire de dérive de – 25 à – 15 millions d'années

La très forte similitude des terrains, entre ceux de la région de Porto, en Corse, et ceux de l'Esterel, sur le continent, a depuis longtemps laissé supposer une origine commune pour ces deux territoires. Il est aujourd'hui avéré que l'ensemble corso-sarde est un petit continent qui s'est détaché de la Provence-Languedoc à partir de l'Oligocène, il y a environ 25 millions d'années.

Cette dérive du bloc corso-sarde a débuté par une période de déchirure continentale ou *rifting*. Il est d'ailleurs intéressant de noter que les roches de Sardaigne présentent des similitudes importantes avec celles de la Montagne Noire, dans le Languedoc, ce qui abonde aussi dans le sens d'une histoire originelle commune. Puis, à la façon des branches d'un compas qui s'ouvre, le bloc corso-sarde a effectué une ouverture en rotation d'environ 45 degrés suivant le sens inverse des aiguilles d'une montre et ayant pour centre approximatif la ville de Gênes, en Italie. Cette dynamique a eu comme corollaire l'ouverture du Bassin liguro-provençal entre le continent et les îles. Des roches volcaniques de type océanique ont été prélevées au fond du bassin, attestant son océanisation. L'ouverture océanique entre la Corse et le continent explique la raideur des pentes sous-marines des littoraux de part et d'autre. Les phénomènes d'ouverture océanique associés à la rotation antihoraire de l'île ont cessé il y a environ 15 millions d'années.

Durant le Miocène, les contraintes d'extension vont provoquer des affaissements localisés du socle et la formation de bassins. La mer va recouvrir une partie de l'île et y permettre le dépôt des sédiments qui forment les affleurements des bassins de Bonifacio, de Saint-Florent, de Francardo et de la région d'Aléria. Au sud de Bastia, dans la plaine orientale, s'étendent la grande lagune de Biguglia et les marais de l'embouchure du Golo, ensemble délimité par un cordon littoral sableux très récent, formé lors de la dernière remontée du niveau de la mer. Plus au sud, la plaine d'Aléria repose sur un substratum miocène enserrant les étangs de Diane et d'Urbino, de part et d'autre de l'embouchure du Tavignano.

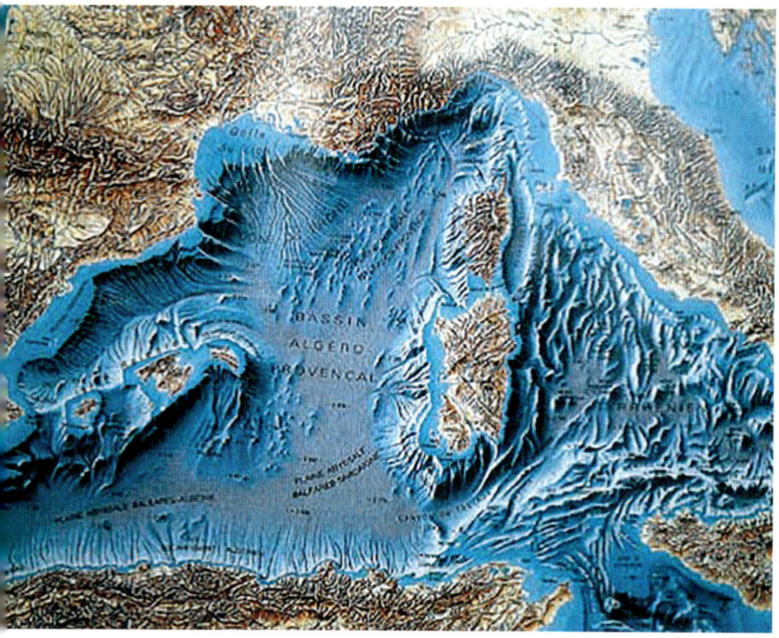

La bathymétrie du Bassin méditerranéen liguro-provençal souligne de façon très caractéristique la rotation antihoraire du bloc corso-sarde, ainsi que celle, horaire, des îles Baléares, face à la Catalogne. Alors que l'on parle de mer, il s'agit en réalité d'un espace océanique de plus de 2 500 mètres de fond.

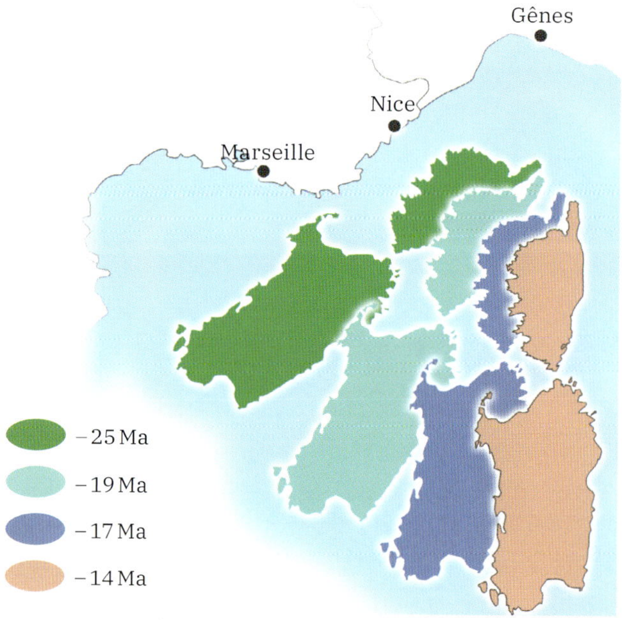

Les étapes de la dérive de la Corse et de la Sardaigne, de – 25 à – 14 millions d'années.

SCANDOLA
et son volcan

Les roches rouges de nature rhyolitique du littoral de la presqu'île de Scandola (Corse-du-Sud).

Joyau volcanique de la Corse, la presqu'île de Scandola, inscrite sur la Liste du patrimoine mondial par l'Unesco, est une réserve à la fois terrestre et sous-marine gérée par le parc naturel régional de Corse. Située sur la côte ouest, au nord du golfe de Porto, entre Girolata et Galéria, elle constitue une superbe vitrine sur un volcanisme ancien. Un sentier permet de rejoindre le petit port de Girolata – également accessible en bateau – depuis le col de la Croix sur la D81 qui relie Galéria à Porto. Des circuits en bateau organisés depuis différents ports permettent de faire le tour de la presqu'île et d'observer de nombreux phénomènes géologiques depuis la mer.

Un ancien volcan

La presqu'île de Scandola, à laquelle il faut associer son voisin le mont Cinto, fait partie d'un vaste ensemble volcanique aujourd'hui en partie effondré sous la mer. Formé au Permien, à la fin du Paléozoïque, celui-ci fut le théâtre de nombreuses phases éruptives très violentes. Par son histoire et ses roches, il s'apparente totalement au massif de l'Esterel dont il est le pendant au-delà du Bassin méditerranéen ligure qui les sépare. Il y a 25 millions d'années, la Corse et la Sardaigne étaient encore attachées au sud de la France, accolées respectivement à la Côte d'Azur et au littoral languedocien. Progressivement, une déchirure océanique les a fait dériver jusqu'à leur position actuelle, acquise il y a une quinzaine de millions d'années.

Les roches volcaniques de Scandola sont des rhyolites, laves qualifiées d'acides car riches en silice, et de composition chimique équivalente à celle des granites. En ce sens, elles sont très différentes des basaltes, roches volcaniques pauvres en silice et qualifiées de basiques.

Les rhyolites, roches aux couleurs variées, du rouge au vert, sont formées de cristaux de quartz, de feldspaths alcalins (potassiques) et de quelques minéraux sombres – mica biotite, amphibole, le tout baignant dans une pâte, ou verre, non cristallisée, de composition chimique analogue. Autre variété de roche volcanique, les ignimbrites sont très répandues dans ce secteur de la Corse. Elles ont une composition chimique et minéralogique voisine de celle des rhyolites, mais correspondent à des éruptions beaucoup plus violentes. La mise en place de ce type de roche volcanique acide peut être accompagnée par la formation de granites, consécutivement à la cristallisation d'une partie des magmas en profondeur.

COUPE SYNTHÉTIQUE SIMPLIFIÉE DE LA CALDEIRA DE SCANDOLA

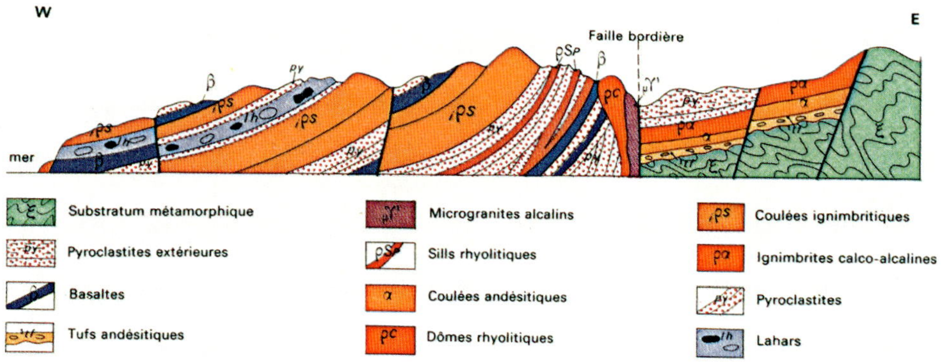

COUPE SYNTHÉTIQUE SIMPLIFIÉE DU MONTE SENINO

Extrait de la carte géologique de Galéria-Osani à l'échelle 1/50 000: coupe géologique de la caldeira de Scandola (Corse-du-Sud) montrant de façon explicite la structure emboîtée des roches correspondant aux différents épisodes éruptifs et effondrements à l'origine de sa formation.

Orgues, lahars et nuées ardentes

La visite en bateau permet d'observer de magnifiques orgues volcaniques de nature rhyolitique et non basaltique, ce qui est plus rare. Elles correspondent à des coulées de lave acide. L'approche de la côte permet aussi d'observer d'anciens lahars et des dépôts pyroclastiques. Les lahars sont des coulées de boues composées de cendres et de projections volcaniques diverses, mélangées à des eaux de pluie, le tout dévalant de façon destructrice les pentes d'un volcan. Les dépôts pyroclastiques se forment avec les nuées ardentes, « nuages » de gaz, de cendres et de projections de toutes tailles, associées à de puissantes explosions de l'appareil volcanique. Par la suite, ces accumulations de matériaux se soudent, donnant des roches dénommées « ignimbrites ».

Trottoirs d'algues

Une formation particulière peut être observée en approchant très près les rochers littoraux de la presqu'île: les trottoirs d'algues à lithophyllum. De telles banquettes résultent de l'activité biologique d'une algue rouge à concrétion calcaire. Le trottoir se développe en formant un bourrelet horizontal au niveau de la zone de ressac d'une mer peu dénivelée par les marées, ce qui est le cas de la Méditerranée. Ces encorbellements sont particulièrement sensibles à la pollution. Localement, ils peuvent servir de repères pour évaluer d'anciens niveaux marins.

Le chaudron volcanique de Scandola

L'observation de la carte géologique de la presqu'île de Scandola montre une structure annulaire concentrique et emboîtée. Elle est caractéristique d'une caldeira – chaudron – formée en plusieurs étapes éruptives successives, dont une partie est aujourd'hui sous la mer. Ce type d'effondrement se forme à l'aplomb des chambres magmatiques et affecte généralement de façon violente car explosive la dynamique des éruptions. Lors d'une vidange de la chambre magmatique, le toit du réservoir s'effondre selon des fractures emboîtées en forme de cloche. Le magma profite alors de ces fractures pour remonter et s'épancher en surface ou cristalliser en profondeur en anneaux concentriques. Le cœur effondré du volcan d'origine dessine une grande cuvette affaissée: la caldeira.

Dépots pyroclastiques d'une nuée ardente sur le littoral de la presqu'île de Scandola.

Géométrie parfaite des orgues volcaniques de la presqu'île de Scandola.

BONIFACIO
et son grain de sable

La falaise miocène et la ville de Bonifacio, à l'extrémité sud de la Corse.

Exceptionnelle situation géographique à l'extrémité sud de la Corse, non loin du cap de Pertusato, que celle de la ville de Bonifacio plantée sur sa falaise blanche, puissant bastion face aux « bouches » qui séparent l'île de sa voisine la Sardaigne. Le paysage tranche de façon particulièrement spectaculaire, par sa verticalité et sa blancheur, avec ceux, granitiques ou schisteux, du reste de l'île. Un sentier et une route littorale permettent de cheminer le long des falaises.

Une citadelle calcaire

Les falaises de Bonifacio et du cap de Pertusato s'inscrivent dans des formations calcaires récifales développées en mer peu profonde. Il s'agit principalement de sédiments qualifiés de bioclastiques, essentiellement constitués de débris de récifs coralliens, de coquillages, ici mélangés avec des apports de sables siliceux. On y trouve des oursins, divers bivalves, des huîtres, des madrépores (coraux), des bryozoaires... Certains niveaux plus riches en éléments sableux forment des bancs gréseux plus durs intercalés dans les niveaux calcaires plus friables. Ces calcaires récifaux constituent la base de la formation de Bonifacio.

Au-dessus viennent des sables calcaires et siliceux mélangés, accumulés sous forme de dunes sous-marines par les courants. L'observation rapprochée montre des stratifications obliques et entrecroisées indiquant l'importance des courants sous-marins au moment de leur dépôt. Les sédiments constitutifs de la falaise datent du Miocène, étage du Burdigalien, il y a environ 20 millions d'années.

À cette époque, la Corse se séparait du sud de la France en effectuant une rotation antihoraire, provoquant de ce fait l'ouverture du Bassin liguro-provençal entre l'île et le continent. Ces mouvements ont provoqué l'affaissement de certains secteurs de l'île propices à leur immersion et, par voie de conséquence, au développement de barrières récifales, dont les débris ont été mélangés avec les apports des sables siliceux provenant de l'érosion des granites du reste de l'île.

Le rocher du Grain de sable, en contrebas de la falaise de Bonifacio.

Grain de sable et calanque

La mer sape régulièrement le pied de la falaise. De grands panneaux verticaux s'éboulent et engendrent un chaos au pied de la citadelle, les remparts et les premières maisons ne sont pas à l'abri d'une catastrophe naturelle. Le célèbre Grain de sable est un rocher isolé en place, en avant de la falaise dont il témoigne du recul. On peut observer de très belles figures sédimentaires sur son pourtour.

Le port de Bonifacio occupe le fond d'une calanque, étroite ria aux parois verticales creusée au Quaternaire quand le niveau de la mer était plus bas, et aujourd'hui envahie par la dernière remontée des eaux marines. Bonifacio n'est pas le seul site corse à présenter ce type de formation géologique. Les roches datées de cette période, alternance de sédiments calcaires et détritiques déposés en mer peu profonde, se retrouvent au niveau de trois autres petits bassins bien délimités : le bassin de Saint-Florent au nord, le bassin de Francardo – Ponte-Leccia au centre, et la plaine orientale autour d'Aléria.

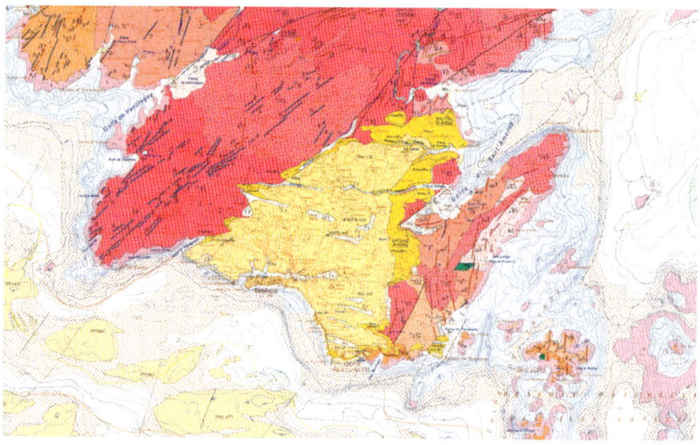

Extrait de la carte géologique de la France à l'échelle 1/1 000 000 : le bassin miocène de Bonifacio constitue un petit causse enserré dans les reliefs granitiques.

Le plateau du causse de Bonifacio, dominé par le massif granitique du monte Corbo.

Le port de Bonifacio occupe une calanque, ancien vallon creusé au Quaternaire, quand le niveau marin était plus bas qu'aujourd'hui.

CHAOS GRANITIQUES

Dans le chaos granitique littoral de Palombaggia, au sud de Porto-Vecchio (Corse-du-Sud).

La Corse possède un littoral granitique sur plus de la moitié de son pourtour. Les granites y signent quelques paysages prestigieux, les uns sous forme d'enchevêtrements chaotiques en bord de mer, les autres sous l'aspect de falaises abruptes, dont les célèbres *calanche* de Piana, au sud du golfe de Porto, sur la façade ouest de l'île. Quelques chaos sont particulièrement spectaculaires, comme ceux des îles Lavezzi, dans les bouches de Bonifacio, à l'extrémité sud, ou ceux de la côte de Palombaggia, sur la façade sud-est. (voir encadré *La formation des chaos de granite*, page 41.)

Des granites hercyniens

Les granites corses datent principalement du Carbonifère et du début du Permien. Ils se sont formés, en plusieurs phases, dans les tréfonds de la chaîne hercynienne, entre – 340 et – 280 millions d'années. Cette chaîne montagneuse occupait alors le cœur de la Pangée, dont la Corse faisait partie au même titre que le Massif armoricain, le Massif central et l'ensemble du sous-sol français auquel elle était rattachée. Les granites du mont Blanc, dans les Alpes, ou ceux de Ploumanac'h, dans les Côtes-d'Armor, par exemple, datent de la même époque.

La Corse recèle une grande diversité de granites, avec de nombreuses nuances quant à leur aspect, leur chimisme, leur composition minéralogique et leur couleur. Les uns possèdent de grands cristaux et sont alors qualifiés de porphyroïdes, alors que d'autres, les aplites, sont des granites à grain fin, microcristallisés. De nombreux granites présentent une coloration rouge ou rose, comme le granite de Porto, due à l'oxydation de microparticules de fer incluses dans le feldspath potassique qui entre dans leur composition. Toutes ces différences proviennent à la fois de la composition chimique des magmas d'origine et des contextes et des profondeurs de leur mise en place.

La plage de Palombaggia

La plage de Palombaggia se situe juste au sud de la pointe Cerbicale, à une dizaine de kilomètres au sud-est de Porto-Vecchio, en Corse-du-Sud. On peut y observer un superbe chaos granitique en bord de mer, avec des blocs isolés et arrondis présentant des taffoni d'aspect très sculptural. Certains d'entre eux ont été érodés au point que les blocs sont percés. Le granite de Palombaggia est rose : il tient sa couleur de celle des feldspaths potassiques qui le composent.

Spectaculaire chaos de granite et taffoni, en bordure nord de la plage de Palombaggia (Corse-du Sud).

Les *calanche* de Piana

Féerie du soir quand le soleil se couche sur l'horizon, les calanche semblent alors s'enflammer. Elles prennent un aspect mordoré, souligné par la patine de rouille résultant de l'oxydation des micas à la surface des roches.

Inscrites sur la Liste du patrimoine mondial par l'Unesco, les calanche de Piana, en Corse-du-Sud, surplombent de près de 400 mètres les eaux marines de la rive sud du golfe de Porto. Elles s'inscrivent dans un granite rouge, dur et résistant, qui forme aussi les gorges de la Spelunca dans l'arrière-pays. Les *calanche* tiennent leur beauté pittoresque de la présence de nombreux taffoni qui ourlent les roches de leur dentelle minérale, autant de silhouettes évocatrices d'animaux, de personnages ou d'objets, univers sculptural et fantasmagorique où chacun n'a de cesse de trouver quelques ressemblances…

Pitons, tête de chien, taffoni et alvéoles : l'érosion sculpte le granite des calanche *de Piana en une multitude de formes spectaculaires.*

Les granites mordorés des calanche *de Piana (Corse-du-Sud) semblent s'enflammer dans la lumière du soleil couchant.*

Punta di Spanu

Située sur la commune de Lumio, en Haute-Corse, entre Calvi et L'Île-Rousse, la *punta di* Spanu présente un chaos de granite particulièrement sculptural. Les rochers, des tors, y sont balafrés de fissures leur procurant un aspect très graphique. Le site est protégé par une réserve naturelle.

Le chaos de granite de la punta di *Spanu, au nord-est de Calvi (Haute-Corse).*

Le cap de Roccapina

Situé au sud de Sartène – accès par une piste au départ de la route T40 –, en Corse-du-Sud, le cap de Roccapina est dominé par son emblématique rocher du Lion, véritable œuvre sculpturale façonnée par la nature. Du sommet, la vue s'étend sur le littoral très découpé, entièrement inscrit dans des granites.

Taffoni de Roccapina.

TAFFONI

Taffoni est un mot corse, pluriel de *tafone* ou *tavone* signifiant « trou ». Quand les cavités sont plus petites, on parle d'alvéoles. Morphologie très fréquente sur le littoral corse, les taffoni sont des cavités sphériques de taille décimétrique à plurimétrique, façonnées dans des roches dures par alvéolisation progressive, en particulier dans le granite en bord de mer.

La formation de taffoni – taffonisation –, non encore totalement élucidée, commence par l'ablation d'un premier cristal, puis des cristaux voisins qui le jouxtaient directement. La présence de microfissures favorise la pénétration de l'humidité et l'évolution de cette désagrégation granulaire par fines couches concentriques. L'alternance d'humidité et de sécheresse, associée à la présence d'embruns salés en bord de mer, semble jouer un rôle déterminant dans l'évolution de la cavité. Certaines boules de granite sont ainsi rongées jusqu'à un évidement presque total, ne laissant plus alors qu'une sorte de coquille vide, morphologie insolite. Les taffoni ne sont pas uniquement une spécialité littorale. On en observe dans de nombreuses régions granitiques du monde, en particulier dans les chaos des montagnes du Hoggar, au cœur du Sahara.

Quand les taffoni finissent par percer les blocs de granite de part en part, à Palombaggia.

LE CAP CORSE

province alpine

À Porticciolo, sur la façade est du cap Corse (Haute-Corse), la tour génoise de Losse, au bord de la route littorale, est édifiée sur un affleurement de schistes lustrés alpins.

Le nord-est de la Corse, de Solenzara à la *punta di* Agnello, présente une géologie totalement différente du reste de l'île. Le domaine hercynien granitique cède ici la place à la Corse alpine, à savoir que l'on y retrouve les mêmes roches que celles d'une partie des Alpes internes, comme dans le Queyras, par exemple !

Pour comprendre cette étonnante géologie – dérive des continents oblige –, il est nécessaire de rappeler que la Corse n'est une île que depuis environ 25 millions d'années. Préalablement, elle constituait la partie sud de la région Provence-Côte d'Azur, avec la même histoire géologique, comme en témoigne également le volcanisme de la presqu'île de Scandola, jumelle de l'Esterel. Il n'y a pas si longtemps, le cap Corse était accolé à la région de Nice ! Le littoral de la digitation du cap Corse s'inscrit donc dans un cortège de roches très différentes de celles des autres régions : anciennes roches océaniques – complexe ophiolitique – plus ou moins métamorphisées et altérées, et schistes lustrés.

Détail des schistes lustrés plissés dans le cap Corse : résultat des contraintes tectoniques alpines.

Une dissymétrie d'altitude de part et d'autre du cap Corse

En suivant la route côtière de part et d'autre du cap Corse, on peut remarquer que celle-ci s'inscrit différemment dans les reliefs selon l'orientation. Elle se situe en bord de mer, près du rivage dans sa partie est, là où les schistes affleurent, plus facilement érodés. Par contre, la route de l'ouest serpente en altitude, dans des roches plus dures, des ophiolites, à l'origine de falaises plus abruptes, avec des rivages moins accessibles. Cette dissymétrie des deux façades littorales est aussi le résultat du soulèvement asymétrique actuel du cap Corse, plus actif sur sa façade occidentale que du côté oriental.

La tour génoise d'Erbalunga repose sur des roches métamorphiques appartenant à l'ensemble des schistes lustrés.

Sur la façade ouest du cap Corse, les ophiolites sous-tendent des falaises abruptes au-dessus de la mer.

Un cap schisteux

La Corse alpine correspond à un ensemble de nappes de charriage composées de diverses unités géologiques, en particulier des schistes lustrés et des complexes ophiolitiques qu'il est possible d'observer en divers points du littoral. De la Corse jusqu'à l'Autriche, les schistes lustrés constituent un ensemble d'unités géologiques très importantes des zones internes des Alpes. Ces nappes de charriage ont été déplacées sur des dizaines de kilomètres et plus, lors de la fermeture de l'océan alpin puis de la collision continentale à l'origine de la surrection de la chaîne. Elles correspondent à d'anciens dépôts sédimentaires aux natures très variées – argiles, marnes, calcaires, flyschs –, en eaux profondes, sur le fond de l'océan alpin au Jurassique et au Crétacé. Par la suite, ces sédiments ont été métamorphisés lors de la collision alpine. Ce métamorphisme a provoqué l'apparition de nouveaux minéraux, en particulier des micas, leur donnant un aspect luisant caractéristique. Les schistes lustrés forment de très beaux affleurements, en particulier sur la côte est du cap Corse. Ils supportent, par exemple, la tour génoise d'Erbalunga et celle de Losse à Porticciolo, en bordure de route littorale D80.

Les ophiolites de la côte ouest

Comme dans le reste des Alpes internes dont il fait historiquement partie, le cap Corse présente des formations géologiques très particulières : les ophiolites, qui témoignent de sa lointaine histoire océanique, non pas celle de la Méditerranée, mais celle de l'océan alpin, au Jurassique, il y a environ 150 millions d'années. Le terme « ophiolite » désigne l'ensemble des roches qui constituent un plancher océanique – basaltes, gabbros et péridotites sous-jacentes – plus ou moins altéré et métamorphisé dans le contexte de chaînes de montagnes, en référence au radical *ophis*, « serpent » en grec, à cause de l'aspect verdâtre des roches évoquant la peau d'un reptile. Sur la façade ouest du cap Corse, les ophiolites sous-tendent des falaises abruptes au-dessus de la mer. Par endroits, les roches regorgent d'amiante, un minéral fibreux contenu dans les serpentinites, elles-mêmes issues de l'altération des ophiolites.

Des arrêts dans le secteur de Nonza-Canari permettent d'observer des affleurements d'amiante de type silicate jadis exploité à Canari dans une grande carrière à ciel ouvert, fermée depuis 1965 mais dont la présence, après avoir été source de richesse, demeure aujourd'hui un danger écologique important pour la région.

La plage noire de Nonza, constituée de sables et galets, rejets de l'ancienne mine d'amiante.

Affleurement d'amiante sur le littoral ouest du cap Corse.

La montagne Pelée et la ville de Saint-Pierre (Martinique).

LES LITTORAUX D'OUTRE-MER

Disséminés dans tous les océans du monde, les domaines ultramarins français, le plus souvent des îles mais localement des marges continentales, et pour la plupart baignés par des eaux chaudes, offrent un dépaysement géologique complet. Plages de sable blanc à l'abri des récifs et des barrières de corail, et plages de sable noir sous le regard des volcans interpellent vacanciers et scientifiques.

Falaises calcaires et sable blanc sur le littoral de Grande-Terre (Guadeloupe).

Antilles, La Réunion, Mayotte, Guyane, Nouvelle-Calédonie, Polynésie, Wallis-et-Futuna, Saint-Pierre-et-Miquelon, pour ne citer que ceux habités par des résidents permanents : grande est la diversité des départements et régions (DROM) et des collectivités d'outre-mer français (COM) et, de ce fait, celle de leurs littoraux généralement très spécifiques. D'autres territoires, situés dans des contrées inhospitalières ou très petits et épars, n'accueillent que quelques missions scientifiques, comme Crozet ou les Kerguelen dans les Terres australes et antarctiques françaises (TAAF) du sud de l'océan Indien. Hormis la Guyane et la terre Adélie, tous sont des îles, pour la presque totalité de nature volcanique, dont certaines marquées par une activité éruptive importante et parfois violente et dévastatrice.

Ces territoires, qualifiés d'ultramarins, se situent dans tous les grands océans mondiaux et recouvrent une grande diversité de contextes tectoniques et géodynamiques.

- La Guyane, en Amérique du Sud, et Saint-Pierre-et-Miquelon, en Amérique du Nord, appartiennent à leur domaine continental respectif. Leurs sous-sols sont principalement formés de roches métamorphiques et de granitoïdes.
- La Guadeloupe, la Martinique, Saint-Barthélemy et Saint-Martin, dans les Antilles, sont des îles volcaniques formées dans le contexte de la subduction entre la plaque américaine et la plaque caraïbe.
- Hormis la terre Adélie, appartenant au continent Antarctique, toutes les îles françaises de l'océan Indien sont de nature volcanique, avec en particulier le point chaud de La Réunion, un des volcans les plus actifs du monde.
- Dans le Pacifique, les 118 îles de Polynésie ainsi que Wallis et Futuna sont également toutes de nature volcanique, anciens points chauds implantés sur la plaque océanique. La Nouvelle-Calédonie constitue un cas plus particulier de tectonique qualifié d'obduction, où une partie de la plaque indo-australienne est venue surmonter la plaque pacifique.

Indépendamment de leurs caractéristiques géologiques qui sous-tendent en partie la nature de leurs côtes, tous les DROM-COM habités, à l'exception de Saint-Pierre-et-Miquelon, sont bordés d'eaux chaudes où se développent des récifs coralliens qui vont de ce fait structurer de façon spécifique leur morphologie littorale. En complément des diverses morphologies littorales habituelles décrites pages 28 à 32, on peut donc retenir quelques autres traits spécifiques des territoires ultramarins français : des côtes rocheuses et sableuses volcaniques, les côtes bordées d'une barrière de corail et leurs lagons, les atolls, ainsi que les paysages amphibies très particuliers des mangroves, ou ceux glacés, banquise et inlandsis, de la terre Adélie.

Sans entrer dans tous les cas de figure, il est important, pour comprendre la nature et les morphologies littorales d'outre-mer, d'appréhender les grands types de géodynamiques qui sont à leur origine : subduction, points chauds, îles hautes et atolls.

Par ailleurs, situés dans des zones océaniques isolées et parfois à très basse altitude au-dessus du niveau de la mer, ces territoires sont pour bon nombre d'entre eux soumis plus ou moins régulièrement à la violence des éléments et à leurs aléas : tempêtes et cyclones, réchauffement climatique, élévation du niveau marin et tsunamis.

Tortue marine venant pondre sur la plage de sable corallien de l'île Europa, dans les îles Éparses (TAAF), canal du Mozambique, océan Indien.

Île Saint-Paul (TAAF): volcan émergé depuis environ 100 000 ans au sud de l'océan Indien.

Falaises calcaires de Grande-Terre (Guadeloupe).

LES TERRES AUSTRALES ET ANTARCTIQUES FRANÇAISES (TAAF)

Les TAAF se situent toutes dans la partie sud de l'océan Indien. Elles s'organisent en plusieurs districts que sont:

- les îles Éparses, pour la plupart localisées entre l'Afrique et Madagascar, dans les eaux chaudes du canal du Mozambique. D'origine volcanique et corallienne, elles se composent de l'île Europa, de l'atoll de Bassas da India, de l'archipel des Glorieuses, de l'île Juan de Nova et de l'île Tromelin ;
- les Terres australes, avec les îles Kerguelen, l'archipel Crozet, ainsi que les îles Saint-Paul et Amsterdam, toutes d'origine volcanique ;
- et la terre Adélie, en bordure du continent Antarctique et de son inlandsis.

De par leur répartition géographique et leur isolement, les TAAF présentent une grande diversité de littoraux, entre récif et barrière de corail, mangrove, plage et falaise volcanique, glacier et banquise.

Les Terres australes sont ouvertes à un tourisme réglementé depuis 1994. Elles sont desservies par le navire des TAAF: le *Marion Dufresne*.

L'atoll Europa (ou Tromelin), inhabité: une des îles Éparses (TAAF).

Plage de sable noir, caractéristique de nombreuses îles volcaniques.

LE VOLCANISME OUTRE-MER

subduction et points chauds

La Soufrière (1 467 mètres), « vieille dame indomptable », volcan actif de subduction, sur Basse-Terre (Guadeloupe).

Une grande majorité des départements, régions et collectivités français d'outre-mer sont des îles, ayant, pour la plupart, une origine volcanique plus ou moins ancienne ou actuelle. Découvrir leurs littoraux nécessite donc d'appréhender le contexte de leur formation.

Le volcanisme terrestre obéit à quelques phénomènes géodynamiques principaux qui s'inscrivent dans le grand fonctionnement planétaire de la tectonique des plaques que sont : les ouvertures et les fermetures océaniques – rides médio-océaniques et zones de subduction –, les points chauds, et quelques grandes fractures tectoniques – failles – plus ou moins associées aux autres phénomènes.

Les dorsales médio-océaniques

Les rides ou dorsales médio-océaniques – rifts – sont des fractures qui se développent sur 60 000 kilomètres de longueur au cœur de l'Atlantique, du Pacifique, de l'océan Indien et de la mer Rouge. Elles sont le siège de manifestations volcaniques le plus généralement en grande profondeur. Cette dynamique éruptive correspond à des contraintes de divergence et d'extension provoquant la formation, la mise en place et l'éruption de magmas généralement de nature basaltique et, de ce fait, la formation de nouvelles surfaces de plancher océanique. Cette activité n'est pas directement à l'origine des zones ultramarines françaises.

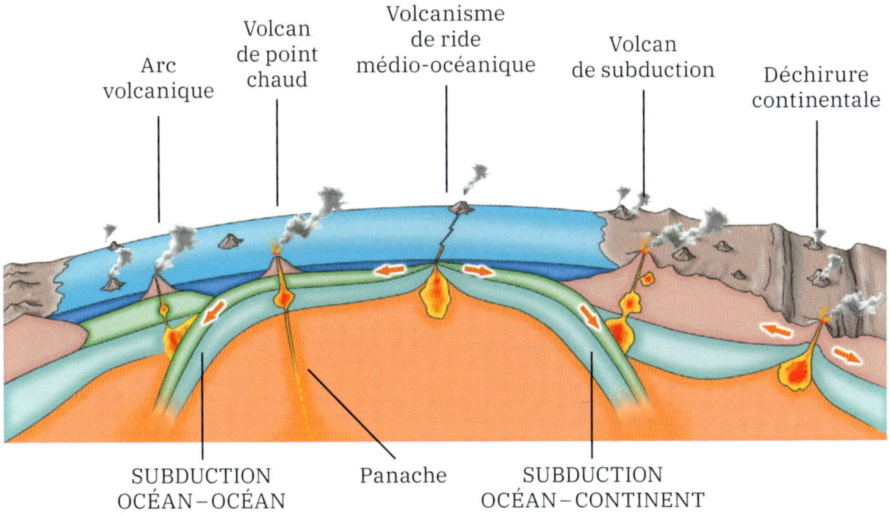

Schématisation simplifiée des phénomènes volcaniques liés à la tectonique des plaques à l'origine de nombreux territoires français d'outre-mer.

Les zones de subduction

À l'inverse et en compensation des contraintes d'extension, certaines zones de la surface du globe subissent des contraintes de convergence où les plaques tectoniques se rapprochent les unes des autres et se chevauchent, une plaque plongeant en-dessous d'une autre et disparaissant en profondeur dans le phénomène de subduction. La subduction est à l'origine d'un volcanisme particulier, le plus souvent de nature explosive et violente – volcans gris – dont les laves sont de nature principalement andésitique. Ce phénomène est aussi à l'origine de nombreux et violents séismes, eux-mêmes engendrant parfois d'importants tsunamis. Plusieurs cas sont alors à envisager :

- soit une plaque océanique, de nature basaltique dense, plonge sous une plaque continentale de nature granito-gneissique moins dense. C'est ce qu'il se passe en Indonésie et tout autour de la ceinture de feu du Pacifique ;
- soit une plaque océanique plonge sous une autre plaque océanique, provoquant la formation d'un arc insulaire (alignement d'îles volcaniques ponctuant la zone de subduction). C'est ce qu'il se passe dans l'Atlantique aux Antilles – montagne Pelée, Soufrière –, et dans le Pacifique à Wallis-et-Futuna.
- la Nouvelle-Calédonie constitue pour sa part un cas particulier, où un compartiment de croûte océanique vient chevaucher une portion de croûte continentale, au-dessus de laquelle elle émerge. On qualifie ce phénomène d'obduction, ce qui ne provoque pas directement d'activité volcanique.

Le rocher et la pointe du Diamant, culot volcanique de 1 million d'années face à la pointe et au village éponymes sur la côte sud-ouest de la Martinique, dans l'arc insulaire de subduction des Caraïbes.

Le gouffre Tarissan, au sommet de la Soufrière (Guadeloupe).

Éruption, en 2015, au piton de la Fournaise (2 631 mètres), dans l'île de La Réunion, point chaud de l'océan Indien.

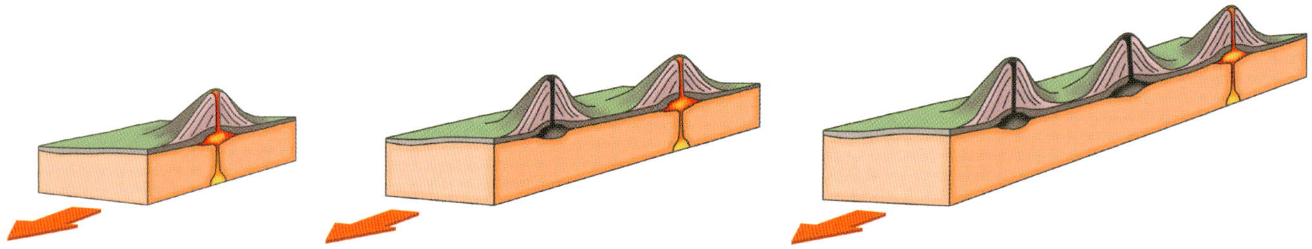

Schématisation de la formation d'un chapelet de volcans par déplacement d'une plaque tectonique à l'aplomb d'un point chaud fixe.

Les points chauds

Le troisième grand phénomène géodynamique engendrant du volcanisme est celui des points chauds. Ceux-ci correspondent à des panaches de matière chaude, sous forme de grandes colonnes ascendantes, remontant depuis la base du manteau (limite noyau-manteau à 2 700 kilomètres de profondeur) jusqu'à la proximité de la surface, où leur décompression provoque la formation de grands réservoirs de magma liquide qui, ponctuellement, vient transpercer la plaque tectonique et s'épancher à la surface lors des éruptions. C'est le cas de l'île de La Réunion et de son volcan actif du piton de la Fournaise, qui fait suite dans l'histoire à celui du piton des Neiges, aujourd'hui éteint. Mayotte est aussi née de ce type de phénomène. D'immenses ensembles volcaniques se sont ainsi formés au cours de l'histoire géologique, comme celui des Kerguelen, au sud de l'océan Indien.

Une des caractéristiques importantes des points chauds est qu'ils sont relativement fixes, alors que la plaque qu'ils transpercent se déplace dans le temps, ce qui occasionne la formation d'une succession d'îles volcaniques alignées marquant le sens de déplacement de celle-ci. C'est, entre autres, le cas des alignements des îles volcaniques de Polynésie (voir pages 233 à 235), englobant quelques volcans sous-marins actuellement en formation et actifs.

Dans le même ordre d'idées, les grands épanchements volcaniques de la région de Bombay (trapps du Deccan), en Inde, se sont formés il y a 66 millions d'années, quand l'Inde venait de se détacher de l'Afrique et passait au-dessus du point chaud de La Réunion, qui par la suite donna naissance à l'alignement volcanique des Mascareignes, au cœur de l'océan Indien.

Les maars de Moya, sur le littoral de la façade est de l'île de Petite-Terre (Mayotte).

Mayotte

Située au nord du canal du Mozambique, Mayotte fait partie de l'archipel des Comores, entièrement d'origine volcanique. Les différentes îles qui constituent les Comores se sont formées à l'aplomb d'un point chaud ayant provoqué leur naissance au fur et à mesure du déplacement de la plaque indienne. La Grande Comore (Ngazidja), la plus récente, possède un volcan toujours actif : le Karthala.

Le volcanisme de Mayotte a débuté au Miocène, avec une reprise importante d'activité au Pliocène, il y a 5 millions d'années, et, progressivement une évolution de l'acidité des magmas provoquant, de ce fait, des manifestations de plus en plus explosives. Après une période d'accalmie, l'activité a repris Il y a 500 000 ans, avec la formation de nouveaux édifices et de cratères qui marquent aujourd'hui le paysage, en particulier ceux du Dziani Dzaha et de Moya sur Petite-Terre.

Les trois plages de Moya correspondent à un ensemble de maars, à savoir des cratères d'explosion nés de la rencontre entre un magma à très haute température et l'eau de mer.

Les falaises qui en constituent les rebords sont formées des dépôts pyroclastiques – cendres, lapilli, blocs – résultant de la violence des explosions.

Mayotte est aujourd'hui le théâtre d'un très important regain d'activité avec la formation d'un nouveau volcan sous-marin, par 3 000 mètres de fond, à 50 kilomètres à l'est de Petite-Terre. Ressentie depuis 2018, cette naissance, très observée et suivie, se traduit par de très nombreux séismes et par l'émission de quantités extrêmement importantes de lave.

Station de surveillance de l'Observatoire volcanologique du piton de la Fournaise, en bordure de l'Enclos Fouqué (La Réunion).

UN ANIMAL NOMMÉ CORAIL

Coraux à la surface de l'eau lors des grandes marées dans le lagon de Mayotte.

Nouvelle-Calédonie, Polynésie, Mayotte, La Réunion, Antilles : la France est le seul pays au monde à avoir des récifs coralliens dans les trois grands océans, représentant environ 10 % du corail mondial. La barrière récifale de Nouvelle-Calédonie, dans la mer de Corail, est la deuxième plus grande au monde après celle de l'Australie. Quant à la Polynésie, elle compte 20 % des atolls répertoriés sur la planète. Milieu écologique d'une extraordinaire richesse en biodiversité, le corail possède une typologie spécifique et constitue un enjeu particulièrement important sur les littoraux français d'outre-mer.

L'animal corail

Les coraux sont des animaux appartenant à l'embranchement des cnidaires et présentant une structure anatomique très simple de type polype. Celui-ci est constitué d'une loge de forme cylindrique – appareil digestif – ouverte vers l'extérieur par une bouche entourée de tentacules, servant aussi d'anus. Cette ouverture associée aux mouvements des tentacules permet les échanges avec l'eau de mer du milieu ambiant. Les anémones de mer sont elles aussi des cnidaires de type polype vivant fixés, mais elles ne développent pas de squelette calcaire. Les méduses, animaux pélagiques flottant au gré des courants, appartiennent à l'embranchement des cnidaires mais ont une anatomie différente également dépourvue de squelette.

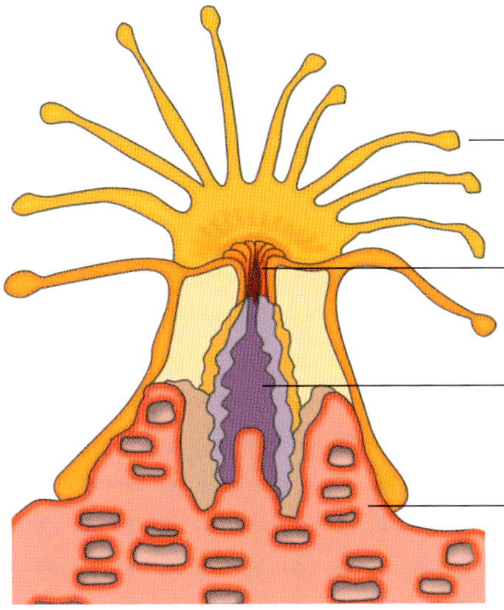

Schématisation d'un polype de corail.

Un exosquelette calcaire

Une des particularités des coraux est de secréter un squelette externe – exosquelette – en calcaire autour du corps de l'animal. Comme les coquilles de nombreux invertébrés marins, ce squelette se construit à partir du calcaire dissous dans l'eau de mer. La plupart vivent en colonie, leurs exosquelettes s'additionnant ainsi les uns aux autres pour construire un récif. Les récifs de coraux ne se développent que dans les mers chaudes, à faible profondeur et au ras de l'eau, là où la température ne descend pas en dessous de 20 °C et où la lumière est suffisante pour entretenir le phytoplancton (algues microscopiques) avec lequel ils vivent en symbiose. Il existe cependant quelques variétés de coraux d'eaux froides et profondes à croissance très lente. La dénomination étant très générale, on distingue quelques grands groupes de coraux au sens large du terme, que sont : les madrépores, les gorgones et les coraux de feu, ces derniers étant qualifiés ainsi à cause de leurs propriétés très urticantes.

Exosquelette de corail du genre Fungia.

Madrépores et gorgones

Les madrépores sont les vrais coraux au sens strict du terme, de type hexacoralliaire, à symétrie en 6, munis de 6 tentacules ou d'un multiple de 6. Ils possèdent un exosquelette dur. Ils présentent de nombreux aspects différents, tels les *Fungia* évoquant l'aspect des lamelles d'un champignon (d'où leur nom), les coraux tabulaires, les coraux en forme de cerveau, ceux surfacés en méandres (*Meandrina*), les coraux branchus très arborescents, les coraux digités sous forme de doigts hérissés.

Les gorgones ou coraux rouges constituent un ordre à part, en forme d'éventail très ramifié : leurs polypes s'organisent suivant une symétrie en 8 tentacules. Ils possèdent un exosquelette constitué de corne et non de calcaire. Les gorgones n'ont pas besoin de lumière pour se développer et peuvent donc vivre en plus grande profondeur. D'autres octocoralliaires sont qualifiés de corail mou, présentant un squelette peu minéralisé.

Coraux de type madrépores.

Gorgones.

La mer de Corail, au large de la Nouvelle-Calédonie.

Diversité des récifs

En vivant et en s'accumulant, organisme après organisme, les uns sur les autres, pour former des récifs, le corail est un animal constructeur, véritable « maçon » de roches calcaires !

Les récifs coralliens peuvent se présenter sous différents aspects et dans différentes situations par rapport à la côte. Ils se développent et croissent vers le large à une vitesse qui varie de 1 à 10 millimètres par an, voire plus dans certaines conditions très optimales, en fonction des conditions du milieu : chaleur, turbidité, luminosité, agitation, pH… Les récifs constituent de véritables havres de biodiversité, à la fois par le nombre et par la diversité des coraux qu'ils abritent, ainsi que par le nombre d'espèces qu'ils accueillent : invertébrés (mollusques, oursins, étoiles de mer ou autres), requins, poissons en tous genres, etc. Environ un tiers des espèces marines connues dans le monde vivent dans les récifs coralliens, d'où leur très grande importance biologique et écologique.

Les récifs frangeants bordent le littoral à une faible distance. Ils en sont généralement séparés par un chenal au niveau duquel s'accumulent des coraux morts, lesquels forment un platier constitué de fragments plus ou moins grossiers qui progressivement s'émiettent et évoluent plus finement en sable blanc.

Les récifs-barrières se situent plus loin de la côte et délimitent un véritable lagon entre eux et la terre ferme. Les littoraux de Mayotte et de la Nouvelle-Calédonie présentent la particularité de posséder chacun et localement une double barrière de corail. Un récif peut aussi parfois se développer de façon totalement isolée sur un haut-fond.

Un atoll est un récif de forme circulaire n'entourant plus d'île en son centre (voir *Îles et atolls de Polynésie*, pages 233 à 235).

D'une façon générale, les récifs frangeants et barrières participent à la protection du littoral auquel ils sont adossés, constituant une véritable digue naturelle face aux assauts de la mer.

Le corail en danger !

Une grande partie de la population de corail a été détruite depuis quelques dizaines d'années, et le rythme semble plutôt s'accélérer en raison à la fois du réchauffement climatique et de la pollution, dont les effets s'additionnent.

L'augmentation de température de l'eau à la surface de l'océan est aujourd'hui avérée et non négligeable, en particulier dans certaines zones équatoriales et tropicales. Elle peut provoquer le blanchiment des coraux, causé par la disparition des algues microscopiques avec lesquelles ils vivaient en symbiose. Cela ne provoque pas directement la mort de l'animal ou du récif, mais fragilise sa santé, le rend plus sensible à toute autre source de déséquilibre, de maladie ou de stress, et, de ce fait, a tendance à le faire mourir.

Les coraux sont par ailleurs très sensibles à l'acidification de l'eau de mer, celle-ci augmentant avec le taux de CO_2 atmosphérique que la mer dissout en partie, ce qui, certes, diminue l'effet de serre, mais fragilise les récifs.

« Patates » de corail dans le lagon de l'île Europa (îles Éparses, TAAF), océan Indien.

Corail blanchi en raison de la perte de ses algues symbiotiques (zooxanthelles).

De nombreuses régions côtières, en particulier dans les zones intertropicales d'Asie du Sud-Est riches en corail, subissent une pollution importante qui a pour effet à la fois d'empoisonner (pesticides, métaux lourds...) les polypes, organes vivants des coraux, et d'augmenter la turbidité et le trouble de l'eau, jusqu'à provoquer leur mort.

Milieux riches en biodiversité, donc poissonneux, les récifs coralliens sont également très sensibles à la surpêche et à certaines techniques de pêche (explosifs, cyanure) génératrices de nuisances et de pollution. Par ailleurs, le corail est également la cible de prédateurs naturels, qui s'en nourrissent, comme le poisson-perroquet, quelques gros gastéropodes ou certaines étoiles de mer localement invasives et dévastatrices.

Les coraux sont aussi, depuis peu de temps, attaqués par une bactérie – maladie SCTL (pour *Stony Coral Tissue Loss*, « perte de tissu de corail dur ») – qui détruit leur tissu vivant et les tue rapidement.

Comme pour l'ensemble des écosystèmes planétaires, seule une stabilisation de l'effet de serre et une baisse drastique de la pollution pourraient sauver l'univers corallien !

La mer de Corail

Créé en 2014 afin de « protéger de nombreuses espèces, rares, en danger et migratrices », le parc naturel de la mer de Corail, patrimoine naturel d'une extraordinaire richesse, couvre une superficie de 1,3 million de kilomètres carrés autour de la Nouvelle-Calédonie. Il abrite une biodiversité exceptionnelle, avec 310 espèces de coraux – soit plus d'un tiers des récifs « vierges » de la planète –, plus de 2 000 espèces de poissons, 48 espèces de requins, 25 espèces de mammifères marins dont la baleine à bosse, 19 d'oiseaux nicheurs, et 5 de tortues.

Corail fossile en métropole

Le corail ne date pas d'aujourd'hui ! Animal constructeur, il a développé des récifs dans les eaux marines chaudes à différentes périodes géologiques de l'histoire de la Terre, et ce depuis le Paléozoïque (ère primaire). On trouve ainsi de beaux exemples de structures coralliennes dans les marbres dévoniens (– 350 millions d'années) du Boulonnais, par exemple. Les falaises du Saussois et la réserve naturelle nationale du Bois du Parc, en bordure de l'Yonne, au sud d'Auxerre, appartiennent à une barrière de corail dont la structure est bien connue ainsi que son orientation face à la pleine mer de l'époque : elle date du Jurassique, il y a 150 millions d'années. Sur le littoral atlantique, en Charente-Maritime, la falaise de la pointe du Chay est un superbe exemple d'affleurement de corail également jurassique, époque et paléogéographie où une partie de ce qui allait devenir la France se situait en eaux peu profondes sous les tropiques, contexte assimilable à celui des Bahamas aujourd'hui (voir vue satellite page 145).

La falaise du Saussois (Yonne), ancienne barrière de corail datée du Jurassique (– 150 millions d'années).

Corail fossile du Jurassique de la réserve naturelle nationale du Bois du Parc (Yonne).

MANGROVE

les pieds dans l'eau

Mangrove du Grand Cul-de-Sac marin (Guadeloupe).

Détail des racines-échasses subaériennes des palétuviers.

Univers littoral très spécifique des zones intertropicales, les mangroves peuvent être définies comme des forêts « les pieds dans la mer » – caractérisées par la présence de palétuviers – se développant au niveau d'un marais maritime dans la zone peu profonde de balancement des marées de faible amplitude. Les mangroves constituent des écosystèmes dynamiques de passage entre la terre, les marécages et la mer installés sur des sédiments vaseux, argileux ou limono-sableux et fins formant un substrat anaérobie pauvre en oxygène, le long de côtes relativement calmes et protégées et dans des estuaires.

De façon générale, les mangroves s'organisent en zones successives que sont :

- la mangrove de bord de mer, principalement peuplée de palétuviers rouges de quelques mètres de hauteur ;
- puis la mangrove arbustive, d'où émergent quelques autres espèces de palétuviers – palétuvier noir, palétuvier blanc, palétuvier gris – en fonction de la salinité du sol. On y rencontre des zones d'arbres morts : les « étangs bois-sec » ;
- en arrière se développe la mangrove haute, forêt humide de transition entre les zones marécageuses et la terre ferme.

Étang bois-sec (Guadeloupe).

Le crabe touloulou, du genre Gecarcinus, *reconnaissable à sa carapace rouge coiffée de noir, vit sur les plages, dans les mangroves et les étangs bois-sec des Antilles, où il se creuse un terrier dans le sable.*

Les palétuviers

Les palétuviers constituent un genre d'arbres pouvant pousser dans l'eau salée ou saumâtre. Par contre, un excès de sel peut les faire périr et donner une mangrove morte, dite « étang bois-sec ». La base de leur tronc se développe à partir de plusieurs sortes d'échasses, racines aériennes traversant la couche d'eau et implantées dans le sol vaseux. Ces échasses leur permettent de s'affranchir de la salinité et du manque d'oxygène caractéristiques du milieu lagunaire.

Territoires amphibies, les mangroves abritent une faune très riche d'une grande diversité –poissons, reptiles, oiseaux, crabes, mollusques, éponges, etc. – associée à une végétation luxuriante, qui en font, comme pour les récifs coralliens, des milieux écologiques riches, grands producteurs de biomasse.

De par l'entrelacement des racines des palétuviers, les mangroves constituent des barrières naturelles de protection des littoraux contre les agressions de la mer et l'érosion côtière – vagues, tempêtes ou raz de marée.

BEACH-ROCKS !

Présents sous l'aspect de dalles, en bancs parallèles à la plage et légèrement inclinés vers la mer, les grès de plage – en anglais *beach-rocks* – se forment en bord de mer là où déferlent les vagues et dans la zone de balancement des marées. Ce sont des roches sédimentaires de formation actuelle, de type grès hétérogènes, c'est-à-dire constituées par l'accumulation de grains de sable et de fragments de coquilles ou de coraux, le tout cimenté par un dépôt de calcaire. Les rivages coralliens, calcaires, sont particulièrement propices à ce type de diagenèse littorale. Certains *beach-rocks* perchés peuvent servir de marqueurs des limites d'anciens rivages.

Beach-rocks *sur la plage de Baie-Mahault (La Désirade, Guadeloupe).*

Mangrove de l'île Tromelin (TAAF), dans l'océan Indien.

LA RÉUNION

au vent ou sous le vent

Le littoral volcanique de la côte au vent de La Réunion. La couleur des espaces agricoles témoigne de l'importance des précipitations.

Volcan de point chaud au cœur de l'océan Indien, l'île de La Réunion – autrefois île Bourbon – présente deux façades maritimes différentes, l'une à l'est, la « côte au vent », entièrement volcanique et sauvage, et l'autre à l'ouest, la « côte sous le vent », caractérisée par ses plages et sa barrière de corail. Principal obstacle face aux crises météorologiques venant de l'océan, la côte au vent est particulièrement sujette à la violence des cyclones, avec une pluviométrie record.

La côte au vent

La relative, voire l'extrême jeunesse des roches volcaniques de certains secteurs littoraux de la façade est de l'île, ainsi que les reliefs très escarpés des pentes favorisent une érosion intense qui se traduit localement en bord de mer par des falaises parfois très hautes, comme celles des environs de Saint-Denis, au nord. Leur fragilité et leur instabilité tiennent du fait que ces falaises sont formées d'accumulations hétérogènes générées par la succession d'épisodes volcaniques distincts. Le climat chaud et très humide favorise l'altération des roches et leur érosion. La Réunion détient, par exemple, des records mondiaux de précipitations que nous avons du mal à imaginer en climat tempéré. Lors du cyclone *Hyacinthe* en janvier 1980, il est tombé plus de 6 mètres d'eau en 15 jours au cratère Commerson, à proximité du piton de la Fournaise. En d'autres lieux, des coulées plus récentes sont attaquées par les assauts de la mer, qui les sculpte en leur conférant des profils déchiquetés, comme au sud de l'île.

Falaises basses, sur la côte sud : la mer sape et déstructure une ancienne coulée de lave.

Littoral en constante évolution que celui du Grand-Brûlé, sur la côte sud-est !

Le Grand-Brûlé : un littoral qui gagne sur la mer !

Enserré entre les remparts du Tremblet et de Bois-Blanc, le Grand-Brûlé se situe sur la route littorale des laves au sud de l'île, entre Piton-Sainte-Rose et Saint-Philippe. Il structure la portion de côte où l'enclos – zone effondrée qui entoure le piton de la Fournaise – débouche sur la mer. Paysage minéral et beauté sauvage qui laissent transpirer quelques forces telluriques et impressions magiques qu'engendre le volcanisme !

Le Grand-Brûlé s'est façonné au cours du temps par la succession et l'accumulation des coulées issues des hauteurs du volcan et dont certaines recoupent la route et descendent jusqu'à la mer, redessinant alors un nouveau littoral gagné sur l'océan.

Du 2 avril au 1er mai 2007, le volcan a connu l'une de ses éruptions majeures, qualifiée d'éruption du siècle. Le volcan vomit des torrents de lave qui incendièrent des secteurs de forêt et se jetèrent dans l'océan à 60 km/h, façonnant une nouvelle plate-forme littorale de 30 hectares et redessinant le trait de côte. Il fallut sept mois de travaux pour refaire et rouvrir la route.

Le Grand-Brûlé fait partie du parc national de La Réunion. Le découvrir à pied permet d'observer les surfaces des différentes coulées, les unes encore chaudes, les autres plus anciennes. Les coulées de basalte très chaudes et fluides s'y sont figées en laves cordées, plissées et drapées. Attention de ne pas sortir des sentiers, le sol pouvant par endroits s'effondrer sur des tunnels de lave. Sur les coulées antérieures, une végétation pionnière reprend ses droits : contraste saisissant entre le noir du basalte, le bleu de la mer et le vert tendre des jeunes pousses ! Visite littorale incontournable pour qui découvre La Réunion.

Quand les coulées de lave descendent vers la mer.

Laves cordées sur le Grand-Brûlé. Peu à peu, la vie végétale reprend ses droits !

Plage de sable noir aux nuances verdâtres dues à la présence de grains d'olivine provenant de l'érosion des basaltes en aval de la coulée de 2007 du Grand-Brûlé, secteur littoral ayant avancé de 450 mètres sur la mer lors de cette éruption.

Sables noirs : signature volcanique

L'érosion des roches volcaniques, en particulier des basaltes, fait naître des sables noirs, que les courants étalent le long des rivages. Indépendamment de ces grains noirs, ils peuvent contenir d'autres grains d'autres couleurs correspondant à des minéraux caractéristiques des roches volcaniques, comme des grains verts d'olivine. Il n'est pas rare non plus d'observer localement des plages de sable blanc à quelque distance des précédentes. Il s'agit de sables coralliens, en arrière d'un lagon ou d'une barrière de corail bordant une île volcanique. C'est le cas, par exemple, sur la façade ouest de La Réunion.

D'une façon générale, comme dans toutes les régions du monde, les sables se forment progressivement par altération et érosion au niveau des reliefs, à l'intérieur et sur le littoral. Ils sont ensuite véhiculés par les cours d'eau, qui les trient et les acheminent jusqu'aux embouchures, où ils sont ensuite repris et étalés par les dérives littorales.

LE CYCLONE *GAMÈDE*

Après un parcours dans le sud de l'océan Indien, le cyclone *Gamède* a touché La Réunion du 23 au 27 février 2007, classé de niveau intense – catégorie 3 – avec des vents allant jusqu'à 167 km/h. La quantité de pluie déversée sur l'île a battu des records mondiaux. En quatre jours, il est tombé 4 869 millimètres d'eau (plus de sept fois la moyenne annuelle des précipitations sur Paris !), dépassant de très loin le précédent record du cyclone *Hyacinthe* (1980). Ces pluies diluviennes et les vents associés ont occasionné de nombreux dégâts, en particulier sur le littoral.

La côte sous le vent

Sur sa façade ouest, protégée des alizés, La Réunion subit un climat plus sec que sur le versant est, ce qui a favorisé le développement d'une barrière de corail associée à un lagon et des plages, paradis du tourisme. Cependant, les coraux (voir pages 214 à 217) y sont, par endroits, en mauvais état. Comme beaucoup, ils sont menacés par le réchauffement et l'acidification des eaux océaniques, mais aussi par la surfréquentation touristique du littoral. Ils sont protégés depuis 2007 par une réserve naturelle marine.

La barrière de corail, le lagon et la plage, sur la côte ouest, littoral sous le vent.

LES ANTILLES

séduction et subduction

Les Saintes, îles volcaniques (Guadeloupe).

Les Petites Antilles, dont font partie la Guadeloupe et la Martinique, constituent un arc insulaire dont les différentes îles ponctuent la zone de subduction entre la plaque océanique atlantique et la plaque océanique caraïbe, la première s'enfonçant sous la seconde. Distantes seulement de 189 kilomètres à vol d'oiseau – en passant au-dessus de la Dominique –, ces îles, toutes deux d'origine volcanique, présentent cependant des caractéristiques géologiques différentes qui se répercutent au niveau de leurs rivages respectifs. Chacune s'organise en territoires distincts, formés à des âges différents : Caravelle et montagne Pelée pour la Martinique, Grande-Terre et Basse-Terre pour la Guadeloupe, sans compter les îles de l'ensemble guadeloupéen, dont La Désirade qui a vu naître la plaque caraïbe il y a 150 millions d'années.

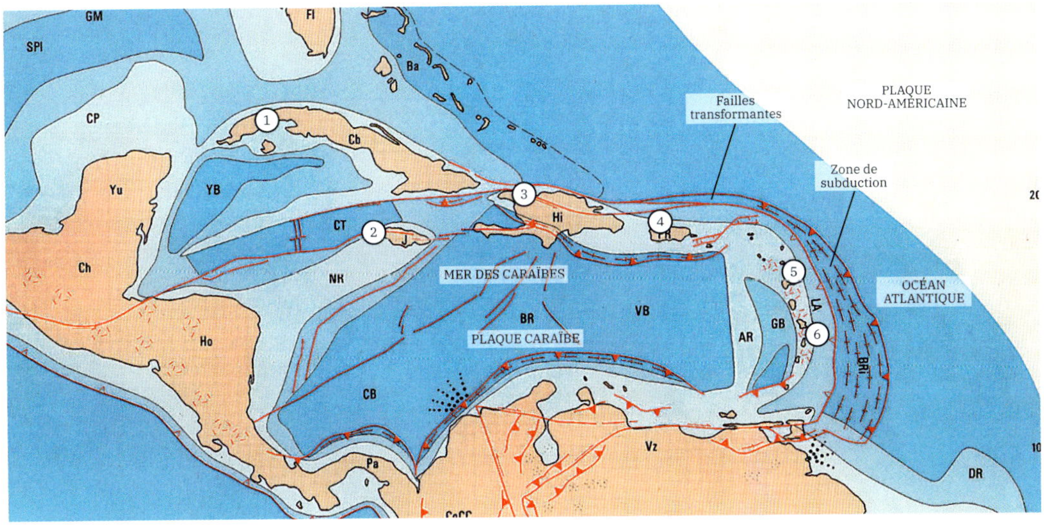

1. Cuba
2. Jamaïque
3. Haïti et République dominicaine
4. Porto-Rico
5. Guadeloupe
6. Martinique

Carte tectonique simplifiée du domaine caraïbe.

LA MARTINIQUE

sous l'œil de la Pelée

Montagne Pelée (Martinique), rivages paradisiaques : volcan et littoral sous haute surveillance !

Nuée ardente issue de la montagne Pelée et atteignant la mer, en 1904.

Littoral sous surveillance au pied de la montagne Pelée

Point culminant de la Martinique, la montagne Pelée, volcan de subduction de la plaque atlantique sous la plaque caraïbe, domine la ville et les plages de Saint-Pierre du haut de ses 1 397 mètres d'altitude. Ainsi baptisée par les Français qui la découvrirent en 1635, la montagne Pelée avait connu une éruption de type magmatique au début du XVIIe siècle. Elle a eu depuis plusieurs épisodes d'activité, notamment des éruptions phréatiques en 1792 et en 1851. L'éruption la plus célèbre, car très meurtrière, est celle de 1902. La dernière crise éruptive magmatique, commencée en 1929 et terminée en 1932, a façonné la morphologie actuelle du volcan avec la croissance de son dôme sommital. Véritable épée de Damoclès pour ses riverains, la montagne Pelée est aujourd'hui au repos.

L'Observatoire volcanologique et sismologique de la Martinique surveille en permanence l'activité du volcan au moyen d'un réseau de capteurs enregistrant la sismicité (sismomètres) et son évolution (accéléromètres), ainsi que ses déformations lentes (réseau GPS).

L'ÉRUPTION DE LA MONTAGNE PELÉE DE 1902

Depuis quelques années, la montagne Pelée donnait des signes d'activité, avec de nombreuses fumerolles. Le 23 avril eut lieu une première explosion phréatique, puis d'autres avec des retombées de cendres sur le versant ouest du volcan. Les 2 et 3 mai, la Pelée émit un nuage de cendres accompagné d'éclairs. Les autorités rassurèrent la population sur le fait que la ville était protégée par les reliefs.

Le 5 mai eut lieu le débordement du lac du cratère, avec formation de lahars faisant les premières victimes et déclenchant un petit tsunami sur le littoral de Saint-Pierre. Le 8 mai à 8 heures du matin, une très violente explosion provoqua la formation d'une nuée ardente qui dévala en direction de Saint-Pierre et anéantit la ville en quelques secondes, tuant 28 000 personnes. Puis 7 nuées se produisirent, jusqu'à celle du 30 août qui détruisit Le Morne-Rouge et fit 1 000 victimes supplémentaires. L'activité éruptive perdura jusqu'au début de l'année 1905, avec des nuées ardentes pyroclastiques moins importantes, la croissance d'un dôme de lave visqueuse et l'érection d'une aiguille de 350 mètres de hauteur et du diamètre de la cheminée – elle s'écroula rapidement. Nuées ardentes, dôme et aiguille de lave ont conduit à définir un type de manifestation volcanique : le type péléen. Cette éruption cataclysmale fit en tout environ 30 000 victimes.

Une autre éruption eut lieu de 1929 à 1932, avec l'édification d'un nouveau dôme à côté du précédent, cependant sans déclenchement de nuées ardentes trop importantes. Les dernières manifestations fumerolliennes cessèrent en 1970.

Née du volcanisme de subduction entre la plaque nord-américaine et la plaque caraïbe, la Martinique est une île entièrement volcanique marquée par la violence des éruptions de la montagne Pelée. Ses plus anciennes roches datent de la fin de l'Oligocène, il y a environ 25 millions d'années, période à laquelle les épanchements volcaniques l'ont fait émerger. On peut les observer au niveau de la presqu'île de la Caravelle.

La presqu'île de la Caravelle

Située sur la façade atlantique, la presqu'île de la Caravelle, digitation très marquée face à l'océan, recèle les plus anciennes roches de la Martinique. Ayant émergé il y a 25 millions d'années, elles sont connues sous le nom de « complexe de base », en référence aux autres roches plus récentes.

Les roches s'y présentent sous la forme d'une succession de niveaux : des brèches à verres volcaniques, des brèches à blocs de basalte et d'andésite associés à des lapilli, des laves et des dépôts de cendres de type nuées déferlantes, le tout accumulé sous l'eau et présentant quelques bombes volcaniques, signes de l'émergence d'un premier édifice volcanique.

Le sommet de la structure est coiffé par une couche de calcaire de nature récifale et de couleur jaune, sous très faible tranche d'eau, datée de – 23 millions d'années (Aquitanien). Chemin faisant, des concrétions calcaires de type stalactites témoignent d'anciennes circulations d'eaux souterraines dans les niveaux calcaires.

La presqu'île de la Caravelle, sur la côte est de la Martinique.

Brèches volcaniques et dépôts calcaires aquitaniens sur la presqu'île de la Caravelle (Martinique).

LA GUADELOUPE

île papillon

Dans les falaises calcaires de l'anse Bertrand, au nord de Grande-Terre (Guadeloupe).

De par sa forme caractéristique constituée de deux îles séparées par la rivière Salée – longue de 5 kilomètres et faisant communiquer les baies du Grand et du Petit Cul-de-Sac marin – la carte de la Guadeloupe simule le dessin d'un papillon dont les deux ailes, Grande-Terre et Basse-Terre, ont, au moins en surface, des natures totalement différentes. Grande-Terre montre des paysages calcaires, alors que Basse-Terre est de nature volcanique avec son volcan actif de la Soufrière. Comme ses sœurs la Dominique et la Martinique, la Guadeloupe appartient à l'arc insulaire des Petites Antilles né de la subduction entre la partie océanique de la plaque nord-américaine et la plaque caraïbe.

Plus au nord, à 80 kilomètres de Pointe-à-Pitre, l'île de Montserrat a connu de 2005 à 2013 une suite d'éruptions cataclysmales de sa Soufrière, avec projections de nuées ardentes et croissance d'un dôme. Elles ont réduit sa capitale, Plymouth, à l'état de ville fantôme. Les cendres émises par son volcan se sont, à plusieurs reprises, déposées sur la Guadeloupe.

Autre différence très parlante entre les deux ailes du « papillon » : Grande-Terre ne possède pratiquement pas de cours d'eau alors que Basse-Terre ruisselle de toutes ses ravines. Grande-Terre est calcaire, et les eaux s'y infiltrent en profondeur. Basse-Terre est volcanique, et les eaux s'y écoulent en surface.

La baie de Bouillante, sur la côte ouest de Basse-Terre. Les reliefs volcaniques plongent directement dans la mer, contraste saisissant avec les falaises calcaires de Grande-Terre. On observe la présence de nombreuses sources chaudes, aussi bien sur le littoral que sous la mer, sur l'ensemble du secteur côtier.

La pointe des Châteaux, calcaire, avec l'île de La Désirade en toile de fond (Guadeloupe).

Grande-Terre : île volcanique aux paysages calcaires ?

Grande-Terre est, comme toutes les îles des Petites Antilles, d'origine volcanique, mais ses paysages sont calcaires, ce qui est particulièrement visible sur le littoral et dans les Grands-Fonds. Pourquoi ?

Grande-Terre, comme Marie-Galante, sont des îles volcaniques anciennes fortement érodées qui, avec le temps, sont passées progressivement en dessous du niveau la mer, permettant de ce fait des dépôts calcaires datés du Pliocène et du Pléistocène (de – 5 à – 1 million d'années environ). Hormis le secteur des Grands-Fonds, l'île est relativement plate, structurée par ses tabulations calcaires.

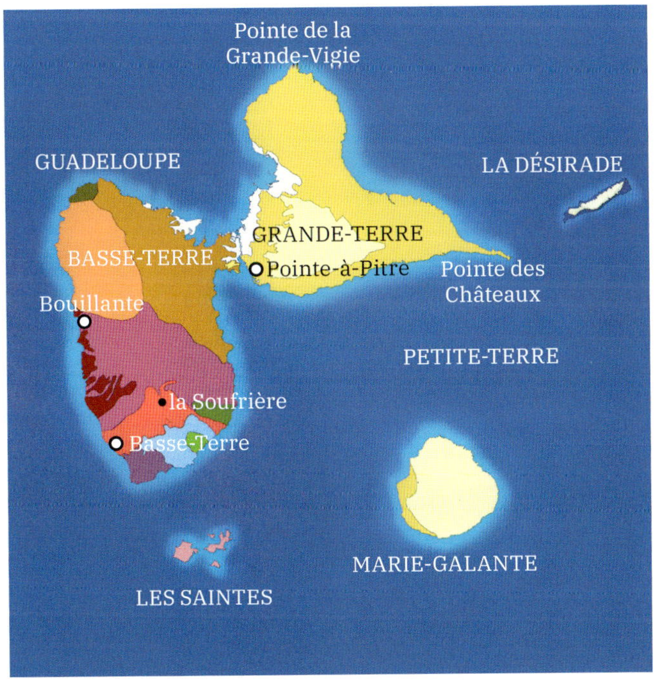

Ces couches calcaires bioclastiques et récifales, qui la recouvrent aujourd'hui sur une épaisseur maximale de 120 mètres, forment des falaises littorales qui lui confèrent un aspect original dans le contexte des Antilles volcaniques, en particulier à la pointe des Châteaux, à la Porte d'Enfer et au trou du Souffleur, dans l'anse Bertrand et à la pointe de la Grande-Vigie.

Par ailleurs, les couches calcaires de Grande-Terre abritent un réseau souterrain karstique, en particulier dans le secteur des Grands-Fonds, paysage disséqué, avec une succession de reliefs chaotiques – les mornes – séparés par d'importantes dolines de dissolution.

Carte géologique simplifiée de la Guadeloupe.
Les différentes couleurs du fond de carte transcrivent les différentes natures de roches qui affleurent en Guadeloupe :

- *des roches calcaires sur Grande-Terre, la Désirade et Marie Galante ;*
- *des roches volcaniques sur Basse-Terre et les Saintes.*

Tout en étant de nature principalement calcaire, la Désirade recèle, sur sa pointe nord-est, les plus anciens témoignages éruptifs de la naissance des Caraïbes.

La plage de sable noir de Malendure, à Bouillante, point de départ pour la réserve naturelle sous-marine Cousteau, particulièrement riche en coraux.

Basse-Terre, une île bouillante !

Sur la côte ouest de Basse-Terre, à une quinzaine de kilomètres à vol d'oiseau de la Soufrière, le site de Bouillante est connu depuis longtemps pour ses sources chaudes, d'où son nom. Une centrale géothermique produisant de l'électricité, la seule dans les Caraïbes, est implantée sur le territoire de la commune. Au sud de Bouillante, la plage de l'anse Thomas est connue pour ses eaux chaudes, dues à la présence de sources sous-marines en bordure du rivage.

Le site géothermique de Bouillante est à mettre en relation avec l'activité magmatique qui provient de la fusion partielle du manteau, à une centaine de kilomètres de profondeur, dans la zone de subduction. Celle-ci est à l'origine d'un gradient géothermique particulièrement élevé, qui provoque le réchauffement de l'eau. Le sous-sol de la région est recoupé par d'importantes fractures liées à des contraintes de distension, dans lesquelles l'eau circule et remonte vers la surface.
Des études récentes menées par le BRGM ont permis de se faire une image précise de la fracturation du sous-sol, aussi bien à terre qu'en mer, dans le but de comprendre les liens entre la circulation des fluides et le régime tectonique régional actuel.

Les sources hydrothermales s'étendent en mer, ce qui indique que le réservoir chaud s'étend sous la mer des Caraïbes et pourrait aller jusqu'à une grande faille majeure régionale qui court de Basse-Terre à l'île de Montserrat. Bouillante se trouve donc à la croisée d'un important système de failles et d'effondrements localisés, expliquant cette forte activité paravolcanique.

L'usine géothermique de Bouillante capte les eaux chaudes du sous-sol par des forages.

Falaises volcaniques sur le littoral sous le vent de Basse-Terre.

LA DÉSIRADE

naissance des caraïbes

La plage de Baie-Mahault et la plate-forme du Carbet, au nord-est de La Désirade (Guadeloupe).

Première terre aperçue par Christophe Colomb lors de son deuxième voyage vers les Antilles en 1493, La Désirade, figure de proue de la Guadeloupe, est accessible en bateau au départ de Saint-François (Grande-Terre). Depuis le port de La Désirade, gagner le bourg de Baie-Mahault, à 10 kilomètres au nord-est, où se situe la réserve géologique.

Il est particulièrement intéressant d'y suivre le littoral sur l'estran et plus en hauteur, pour observer de nombreux objets géologiques : différentes roches et structures, pillow-lavas, coraux fossiles et nombreux dykes. Trois principaux sites sont à découvrir : la plate-forme et la plage du Carbet à Baie-Mahault (ancienne cotonnerie), où vous serez accueillis par des iguanes, le site de l'ancienne station météorologique, et la falaise littorale au nord de Ravine-Glaude.

La plus grande surface de l'île est composée par un grand plateau calcaire, de type récifal, formé en mer peu profonde entre – 4 et – 2 millions d'années. Il repose sur un socle de roches volcaniques très anciennes qui affleurent au pied du plateau, aussi bien sur la côte nord que sur le versant sud, ainsi que dans l'ensemble de la pointe nord-est. Ce sont ces roches, datées d'environ – 150 à – 145 millions d'années, les plus vieilles de tout l'ensemble des Caraïbes, que protège la réserve naturelle.

La plate-forme, la falaise et la plage de Baie-Mahault

La plage de galets – blancs, de corail, et noirs, de basalte – repose sur un estran basaltique supportant localement un grès de plage dénommé généralement par le terme anglo-saxon de *beach-rock*, constitué de sables, de graviers et de galets soudés par la précipitation d'un ciment calcaire (voir encadré page 219).

Depuis la plage, on peut observer l'ensemble de la falaise bordant la plate-forme littorale. Elle est constituée, d'une part, de la masse rocheuse de couleur sombre (basalte) formant le socle de la terrasse et la plage, et, d'autre part, du rebord de l'ancienne terrasse marine (avec des blocs éboulés), elle-même composée de deux niveaux :

- un niveau de base formé d'un conglomérat ayant pour assise une accumulation de coquilles d'huîtres (lumachelle) jadis amassées localement par des courants littoraux ;
- et un niveau supérieur correspondant à un récif corallien.

La présence du conglomérat de base, ancienne zone littorale, traduit l'arrivée progressive de la mer, il y a environ 120 000 ans, conséquence de la montée du niveau marin – transgression marine.

Depuis la falaise, la vue s'étend sur l'autre versant de la baie, avec la continuation de la plate-forme parcourue par de beaux lapiaz sur la pointe du Gros-Rempart. En se retournant, on distingue le grand plateau calcaire qui coiffe l'ensemble de l'île.

En contournant la falaise, on peut remarquer de beaux fossiles (– 100 000 ans) de lambis (gros gastéropodes) incrustés dans le conglomérat, et, sur l'estran, des pillow-lavas de basalte (– 150 millions d'années) parfaitement dessinés.

Corail fossile observable sur la falaise en contournant la pointe de Baie-Mahault.

Pillow-lava sur l'estran de Baie-Mahault.

Falaise de la plate-forme quaternaire récente au niveau de l'ancienne cotonnerie de Baie-Mahault (La Désirade, Guadeloupe).

Interprétation géologique de la falaise de Ravine-Glaude.

Du côté de l'ancienne station météorologique

Un arrêt au niveau de l'ancienne station météorologique donne l'occasion d'observer l'ensemble de la côte, très découpée, ainsi qu'un superbe lapiaz affectant la surface de la plate-forme littorale calcaire récifale sur laquelle le bâtiment est construit. En descendant sur l'estran et en le parcourant vers le nord, on rejoint Ravine-Glaude et son affleurement particulièrement riche en informations sur la genèse de la plaque caraïbe.

La falaise littorale au nord de Ravine-Glaude

L'observation de la falaise permet de décoder les principaux événements à l'origine de la plaque caraïbe, il y environ 150 millions d'années. À cette époque, l'océan Atlantique nord commençait de s'ouvrir. L'Amérique centrale n'existait pas. Quant à l'Amérique du Sud, elle était encore accolée à l'Afrique (Gondwana). Les roches volcaniques qui forment le sous-sol de La Désirade naissaient alors du côté du Pacifique. Tout bouge !

L'affleurement permet d'observer des basaltes océaniques en coussins, entrecoupés de dépôts de radiolarites et de tufs volcaniques, le tout haché par des failles et des dykes particulièrement visibles.

Les radiolarites sont des roches sédimentaires principalement composées de coques siliceuses de radiolaires, organismes planctoniques se développant en mer chaude et s'accumulant, le plus généralement, à des profondeurs relativement importantes. Les radiolaires sont des protozoaires, animaux unicellulaires microscopiques, à coque siliceuse de symétrie axiale ou sphérique.

Les tufs volcaniques sont des roches provenant de la consolidation par l'eau de débris volcaniques de petite taille, le plus généralement des cendres issues d'une éruption aérienne. Ce sont des roches qualifiées de volcano-sédimentaires.

Détail des petites failles recoupant la structure.

Important dyke vertical recoupant à l'emporte-pièce les différentes structures volcaniques de Ravine-Glaude à la Désirade.

Essai de reconstitution du contexte géologique de la formation de La Désirade

L'importance de cet affleurement, caractérisé par l'interstratification des couches de radiolarites et de tufs au sein des basaltes, permet de reconstituer l'histoire des lieux, il y a 150 millions d'années. Des éruptions volcaniques sous-marines profondes ont provoqué la mise en place des basaltes en coussins et le début de la formation de la plaque caraïbe. Puis, pendant une interruption des épisodes volcaniques, sont venus s'interposer des dépôts sédimentaires de radiolarites, alternant avec des dépôts de tufs correspondant à des émissions de cendres dues à l'activité d'un volcan aérien sans doute assez proche. L'histoire géologique du lieu a repris ultérieurement avec de nouvelles émissions de laves sous-marines, toujours sous forme de pillow-lavas. L'âge des radiolarites interstratifiées dans les basaltes et les tufs a permis de dater l'ensemble de la fin du Jurassique. Dans ces mêmes contextes, des fracturations sont apparues au sein des ensembles rocheux, favorisant la montée et la mise en place de laves (andésites) dans les fractures, donnant les dykes qui affleurent, recoupant les structures, en de très nombreux endroits du littoral.

Dyke sur la falaise en contrebas de la station météorologique de La Désirade (Guadeloupe).

Le lapiaz de la plate-forme de l'ancienne station météorologique de La Désirade.

Coussin de lave (pillow-lava) sur la falaise de Ravine-Glaude .

ÎLES ET ATOLLS
de Polynésie

L'île de Bora Bora, perle de la Polynésie française, dans l'archipel de la Société.

Quelle immensité que celle du domaine océanique de Polynésie, à lui seul aussi grand que l'Europe, en plein cœur du Pacifique! Les 118 îles qui le constituent, toutes d'origine volcanique, y sont distribuées en cinq archipels: îles Marquises, îles Tuamotu, îles de la Société, îles Gambier et îles Australes. Organisés de façon linéaire, ils forment des chapelets de volcans!

Les îles s'y présentent sous trois types structures différentes:

- les îles hautes, formées d'un volcan éteint sculpté par l'érosion et dont l'altitude dépend de sa situation géographique actuelle au niveau de l'archipel ainsi que de la hauteur de l'édifice d'origine. Tahiti, par exemple, culmine au mont Orohena à 2 241 mètres d'altitude. Les îles hautes peuvent, selon les cas et leur âge, être entourées d'un récif frangeant, d'un récif-barrière délimitant un lagon, ou sans bordure corallienne ;
- les îles mixtes, en cours de démantèlement et plus éloignées que les îles hautes du point chaud d'origine, comme Maupiti. Au sein de l'archipel de la Société, Maupiti est âgée de 4,2 millions d'années alors que Tahiti, île haute, date de 1,4 million d'années ;
- les îles basses ou atolls, dont le volcan, plus ancien dans l'archipel, est aujourd'hui ennoyé en dessous du niveau de la mer. Il est qualifié de guyot. Ces îles sont constituées d'une barrière corallienne plus ou moins circulaire enserrant un lagon mais dépourvue d'île centrale.

L'histoire et les différentes morphologies des îles des archipels de Polynésie s'interprètent dans le contexte de la tectonique des plaques et de la formation du corail.

Lagon de sable corallien et motu *de Rangiroa (Tuamotu).*

Maupiti (îles de la Société) est entourée d'un lagon et d'un récif-barrière recoupé par une seule passe encadrée par deux petits îlots coralliens ou motu. *Au premier plan, le piton basaltique de Te Rama Ura (266 mètres), résultant d'un volcanisme de point chaud. Le fonctionnement de son lagon est aujourd'hui l'objet d'études spécifiques, en particulier par l'université de Montpellier, de façon à en comprendre le fonctionnement dans le contexte de la dynamique océanique actuelle.*

Polynésie, plaque tectonique et points chauds

Chaque archipel de Polynésie correspond à un point chaud en activité depuis des millions d'années. Par son activité, le panache du point chaud transperce la plaque océanique qui le recouvre et fait naître progressivement depuis le fond océanique un édifice volcanique d'abord sous-marin, puis aérien, à l'instar, actuellement, de l'île de Mehetia et de son volcan actif, dans l'archipel de la Société.

Les plaques tectoniques naissent au niveau des dorsales océaniques et se déplacent latéralement au fur et à mesure de leur formation. Dans le cas de la Polynésie, la plaque pacifique qui supporte les archipels se déplace d'environ 8 à 10 centimètres par an en direction du nord-ouest, et ce depuis des millions d'années. En même temps qu'elles se déplacent, les plaques océaniques s'enfoncent très lentement, affaissant ainsi les planchers océaniques qu'elles supportent.

Quand un point chaud débute son activité, il crée un édifice volcanique à partir de la base du plancher océanique. Le volcan finit par émerger. Mais la plaque se déplace. Le premier volcan s'éteint : l'île volcanique s'éloigne alors du point chaud, c'est-à-dire de sa source. Un autre naît, aligné dans le sens du déplacement de la plaque. Et ainsi de suite ! Les îles les plus anciennes sont donc les plus éloignées du point chaud, et, situées dans les eaux chaudes du Pacifique, elles s'entourent dans un premier temps d'un récif de corail frangeant. Puis l'histoire continue ! Ainsi Bora Bora, au nord-ouest de Tahiti, est plus ancienne que cette dernière.

Les îles-volcans subissent l'érosion en même temps que s'enfonce la plaque sur laquelle elles reposent. En réponse à cet abaissement, le corail se développe vers le haut pour se maintenir à la lumière, au ras de

MEHETIA, LA PLUS JEUNE ÎLE DE LA SOCIÉTÉ !

Située à 110 kilomètres à l'est de Tahiti, plus jeune volcan des îles du Vent dans l'archipel de la Société, Mehetia culmine au mont Fareura à 435 mètres d'altitude. Île haute, elle présente la forme très caractéristique d'un cône volcanique régulier, de type strombolien, terminé par un cratère. Elle constitue la partie émergée d'un important édifice sous-marin de 4 200 mètres de hauteur. Les dernières éruptions de ce volcan actif, siège de sismicité et de fumerolles, semblent avoir eu lieu il y a moins de 2 000 ans, comme en témoignent des légendes polynésiennes y évoquant de grands feux. L'âge des autres îles est proportionnel à leur distance de la dernière-née de l'archipel qu'est Mehetia, Maupiti étant la plus éloignée et la plus ancienne, ce qui s'explique par le déplacement de la plaque pacifique, à l'aplomb d'un point chaud fixe.

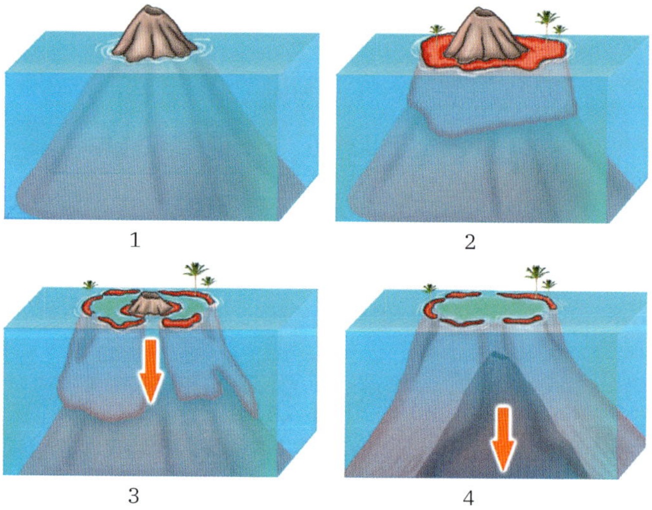

1. Formation d'un volcan sous-marin, puis émergence d'une île haute volcanique sans récif
2. Développement progressif d'un récif frangeant autour de l'île
3. Avec le déplacement et l'abaissement de la plaque océanique, le volcan s'enfonce et s'entoure d'une barrière de corail délimitant un lagon ouvert par une ou plusieurs passes
4. Le volcan finit par disparaître sous le niveau de la mer, ne laissant qu'un atoll corallien

Schéma montrant l'évolution dans le temps des îles volcaniques du Pacifique.

l'eau, et ce aussi en relation avec les fluctuations des niveaux marins au cours des dernières glaciations. Ainsi les récifs poussent-ils et structurent-ils progressivement une barrière, délimitant un lagon autour du volcan éteint dont la surface émergée diminue en raison de l'affaissement et de l'érosion.

Consécutivement au déplacement et à l'enfoncement de la plaque, l'ancien volcan finit par s'ennoyer et disparaître, ne laissant émerger que l'ancienne barrière, laquelle dessine alors un atoll enserrant le lagon. Certains atolls forment un cercle parfait au cœur de l'océan.

Dans les eaux turquoise du lagon de Rangiroa (îles Tuamotu).

Motu *de l'atoll de Rangiroa (îles Tuamotu).*

LES *MOTU*

Un *motu* est un petit îlot constitué de sables coralliens accumulés dans un secteur protégé des courants à proximité d'un récif, d'une barrière ou d'une passe. Certains *motu* sont constitués des restes d'un récif émergé. Ils peuvent naître ou disparaître à l'occasion d'une tempête cyclonique tropicale. Les *motu* supportent une végétation se limitant le plus généralement à quelques cocotiers.

Un atoll des Tuamotu.

À l'approche du littoral de la péninsule Antarctique, au sud du Chili.

IMPACTS DU CLIMAT SUR LE LITTORAL

Depuis le début de l'ère industrielle, les différents éléments qui constituent nos environnements sont impactés par l'humanité. Changement climatique, fonte des glaciers et des calottes polaires se répercutent sur les océans et, de ce fait, sur les littoraux qui abritent aujourd'hui une grande partie de la population mondiale et une grande richesse écologique ! Analyser, comprendre, réagir, protéger...

Les océans induisent la plus grande partie de l'inertie thermique du climat terrestre.

Qu'est-ce que le climat ?

Le climat correspond aux conditions météorologiques moyennes qui règnent sur une région pendant une période donnée : plusieurs dizaines, voire centaines d'années ou davantage. Il dépend d'un ensemble très complexe de paramètres tels que le contexte géographique (océan, continent, latitude, altitude…), le rayonnement solaire, la température et la pression, le vent, l'humidité, les phénomènes électriques et orageux, ainsi que la composition de l'air, les gaz à effet de serre, etc. Les aérosols volcaniques (cendres), par exemple, sont parfois émis en si grandes quantités en très haute altitude qu'ils peuvent provoquer, avant de retomber, un refroidissement important de l'ensemble du climat planétaire.

À la différence de la météorologie qui étudie le temps qu'il fait à court terme, la climatologie porte un regard global sur l'ensemble de ces caractéristiques et sur leurs effets à long terme impactant les différents environnements.

Diversité et variabilité des climats

Il existe une très grande diversité de climats selon les régions du monde : équatorial, tropical, sec ou humide, désertique, méditerranéen, tempéré, océanique, continental, subarctique, polaire, avec de nombreuses déclinaisons locales. Cependant, aucun n'est définitif et tous évoluent à plus ou moins court ou long terme pour une région donnée.

À titre d'exemple, le Sahara, aujourd'hui totalement désertique, était parsemé d'environ 2 000 lacs et drainé par des fleuves il y a seulement 7 000 ans. Ses habitants y chassaient girafes et autres mammifères dans des contrées arborées et arbustives. Il y a 20 000 ans, la région du Saint-Laurent, au Canada, était couverte de plus de 1 kilomètre de glace !

Question climat, avec le temps, tout change tout le temps !

Vue du Prieuré et de la vallée de Chamouni du côté du Glacier des bois. Tiré du Cabinet de Monsieur le professeur de Saussure, *par François Jalabert, gravure aquerellée, 1777. Le climat change ! À la fin du XVIIIe siècle, la mer de Glace descendait jusqu'au village des Bois, dans la vallée de Chamonix (Haute-Savoie).*

Le climat planétaire

Le climat peut aussi s'envisager à l'échelle planétaire, avec les grandes tendances générales qui résultent des interactions globales entre l'air (atmosphère), les masses océaniques (hydrosphère), les domaines glacés (cryosphère), la croûte terrestre (lithosphère) et les êtres vivants (biosphère), le tout sous contrôle de l'activité du Soleil.

Une composante importante du climat général de la Terre est liée aux cycles que décrit son orbite autour du Soleil (cycles de Milankovitch), avec des périodicités de l'ordre de 40 000 et de 100 000 ans à l'origine des différentes phases de glaciation pendant le Quaternaire, depuis plus de 2 millions d'années, et jouant de façon très importante sur les niveaux des océans et l'ensemble des climats terrestres sur les périodes considérées.

Nous vivons actuellement dans un épisode interglaciaire clément, qui a favorisé le développement de l'humanité et de ses activités. Il devrait lui succéder, selon toute logique, un nouvel épisode glaciaire à l'horizon de quelques dizaines de milliers d'années. Mais cela, sur une planète « au naturel », sans compter les activités humaines qui, depuis deux siècles, changent progressivement la composition de l'air.

Le climat au cœur de la géologie !

L'histoire des climats influe, et réciproquement, sur la géologie. À un climat terrestre chaud, sans aucune calotte glaciaire – ce qui est le cas le plus fréquent au long de l'histoire de la Terre –, correspond un niveau moyen des mers et des océans de 100 à 200 mètres plus haut qu'aujourd'hui. Cet état permet, par exemple, de comprendre l'importance des dépôts sédimentaires à la surface des continents, ces derniers étant alors en très grande partie immergés. C'est dans un contexte de climat chaud, par exemple, que se sont développés, en particulier au Jurassique, les récifs coralliens qui constituent de nombreux paysages calcaires du Jura, de Bourgogne ou de Charente, alors que la France était sous une latitude tropicale.

Inversement, un climat général très froid à la surface de la Terre, en particulier si un continent se situe à un pôle ou à un autre, provoque d'importantes glaciations. Le niveau général des océans baisse et les mers épicontinentales disparaissent, favorisant alors les phénomènes d'érosion en de nombreux secteurs de la planète.

Diversité des climats et de quelques environnements associés : polaire, tempéré, désertique, équatorial.

Au cours de son histoire, la Terre a connu de grands changements climatiques, mais à ces époques lointaines ou plus proches, elle n'était pas ou peu habitée. Aujourd'hui, l'enjeu du climat change la donne et devient un impératif urgent de prise en compte de la part des citoyens, des sociétés et des pouvoirs publics, en particulier le long des littoraux où vit une part importante de la population mondiale.

L'observation de certaines roches permet de reconstituer le contexte climatique de l'époque de leur formation. Les ruffes – sédiments fins de type pélites – du Lodévois (Hérault) témoignent d'un climat tropical lors de leur dépôt il y a environ 270 millions d'années, au Permien.

Effet de serre et climat

L'atmosphère qui nous entoure est transparente aux rayons solaires mais retient une partie des rayonnements infrarouges réémis par la Terre! C'est l'effet de serre, phénomène naturel induit par les nuages et d'autres gaz, et en particulier la vapeur d'eau (H_2O), le dioxyde de carbone (CO_2), le méthane (CH_4), l'ozone (O_3) et le protoxyde d'azote (N_2O) présents dans l'atmosphère.

Sans ce phénomène, la température moyenne à la surface de la Terre serait de −19 °C au lieu de 15 °C actuellement! Mais en modifiant la composition de l'atmosphère (émission de CO_2), l'effet de serre augmente, de sorte que la Terre s'est déjà réchauffée de 1 °C en moyenne par rapport à la période préindustrielle. Les 93 % de l'énergie accumulée par ce réchauffement climatique artificiel sont absorbés par l'océan, les 7 % restants réchauffant l'atmosphère, les sols, et faisant fondre les glaciers.

Or ces gaz sont libérés dans l'atmosphère par de nombreux phénomènes naturels, mais aussi, de plus en plus depuis deux siècles, par les activités industrielles et agricoles de l'humanité, dont le nombre d'individus a augmenté de façon considérable.

Depuis les années 1750, le taux de CO_2 atmosphérique a augmenté de 30 %, et il est évident que nous ne changerons pas, ou difficilement, de façon significative, cette dynamique à court terme! Cependant, il est avéré qu'au Pliocène, il y a 3 millions d'années, le taux de CO_2 atmosphérique était équivalent à celui d'aujourd'hui, alors qu'il n'y avait ni humain, ni agriculture et élevage, ni industrie à la surface de la Terre. Quoi qu'il en soit, n'en rajoutons pas une couche et diminuons tant que faire se peut nos émissions de gaz à effet de serre!

La fissure du Laki, en Islande. Son éruption, en 1783, dura huit mois et émit 120 millions de tonnes de dioxyde de soufre (SO_2) dans l'atmosphère, provoquant un changement climatique limité dans le temps avec une chute des températures de 1°C dans l'hémisphère Nord et de 4,8°C en hiver à l'est des États-Unis.

Effets du changement climatique. Incendies ravageurs en Australie, lors de l'hiver 2019-2020. Plus de 300 millions de tonnes de CO_2 émis dans l'atmosphère (source : Météo France).

Le réchauffement climatique

La notion de réchauffement climatique ou changement climatique fait référence au climat planétaire, à ses grandes variations globales et aux conséquences générales et locales qui en découlent. Ce changement est induit par l'augmentation de la quantité de chaleur piégée dans l'atmosphère, l'augmentation des gaz à effet de serre empêchant, de façon sensible, à cette chaleur de repartir vers l'espace.

Il se caractérise principalement par une augmentation de la température de l'atmosphère et des masses d'eau, ce qui entraîne notamment une fonte des calottes polaires et, par voie de conséquence, une augmentation du niveau des océans, et provoque d'importantes modifications des paramètres climatologiques.

Ce réchauffement ne date pas seulement des dernières décennies. Il est installé depuis la fin du dernier maximum glaciaire, il y a environ 18 000 ans. Cependant, l'intensification des activités humaines depuis le début de l'ère industrielle déséquilibre les phénomènes naturels. Dans cette perspective, il est possible que la température moyenne de l'atmosphère augmente de 2 degrés, voire plus, d'ici la fin du XXIe siècle selon certains spécialistes.

Le réchauffement climatique est étudié et surveillé par de nombreux scientifiques dans le monde. Les résultats de leurs études sont synthétisés depuis 1988 par le Groupe d'experts intergouvernemental sur l'évolution du climat (GIEC), sous l'égide de l'Organisation des Nations unies (ONU).

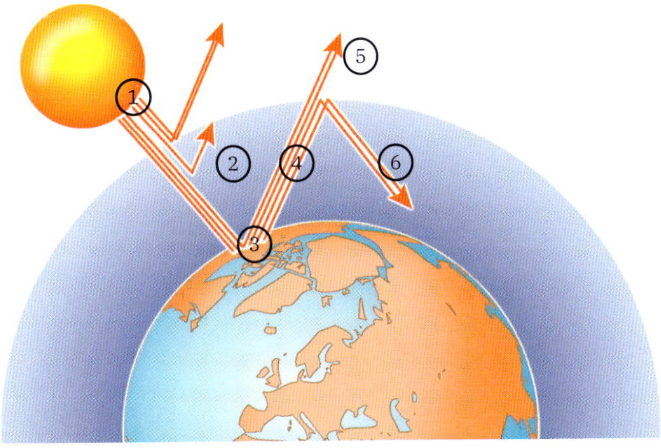

1. Rayonnement solaire
2. Rayonnement solaire renvoyé vers l'espace (30 %) ou absorbé par l'atmosphère (20 %)
3. Rayonnement solaire reçu par le sol (50 %)
4. Rayonnement infrarouge émis par le sol
5. Rayonnement infrarouge renvoyé vers l'espace (5 %)
6. Rayonnement infrarouge retenu par l'atmosphère (95 %) → Effet de serre

Schématisation de l'effet de serre au sein de l'atmosphère terrestre.

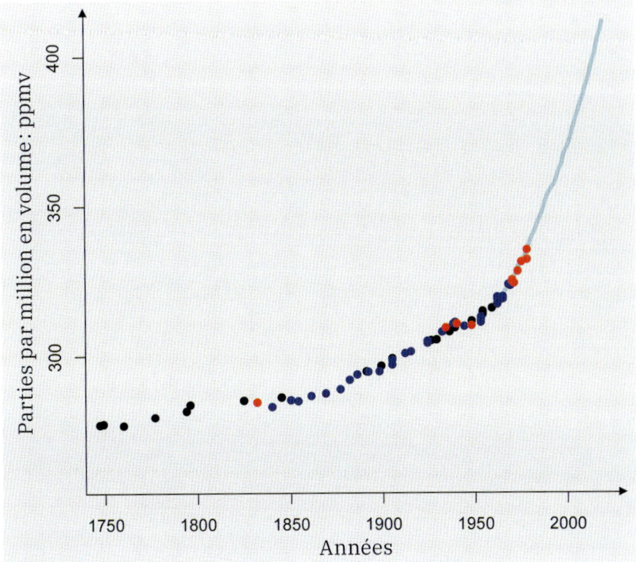

Ligne bleu : mesures directes depuis les années 1960
En points : mesures faites dans des carottes de glace

Courbe de l'évolution de la concentration en dioxyde de carbone (CO_2) dans l'atmosphère, de 1750 à nos jours.

CLIMAT ET OCÉAN

La température de la planète augmente, le climat change : c'est indéniable ! Et cela se répercute sur les mers, les océans et, par voie de conséquence, sur les littoraux. En réponse à cette élévation de la température, le niveau marin monte, contrôlé par deux facteurs principaux qui sont : la fonte des glaces et la dilatation des masses d'eau qui se réchauffent. Le phénomène est enclenché ! Même si les émissions de gaz à effet de serre cessaient totalement, le niveau marin continuerait de monter, du fait de la grande inertie thermique des masses d'eau océaniques.

Élévation actuelle du niveau marin

Alors qu'il était stabilisé depuis 2 000 à 3 000 ans à une élévation moyenne de 0,5 mm par an, le niveau des mers s'est élevé au xxe siècle d'un peu moins de 2 millimètres par an, en moyenne. Depuis les années 1990, il augmente de plus de 3 millimètres par an. Ces valeurs peuvent paraître insignifiantes, ou presque, à l'échelle de la planète et de ses reliefs, mais elles sont susceptibles avoir des répercussions importantes – en particulier sur les littoraux – si elles se poursuivent, voire s'intensifient dans les prochaines années. Les dernières estimations évoquent une élévation du niveau marin de 0,7 à 1,3 m d'ici la fin de ce siècle. Ces données altimétriques de la surface moyenne des océans ne sont pas des vues de l'esprit ! Elles résultent de mesures satellites réalisées tous les 10 jours depuis 25 ans par différents organismes de recherche (CNES, NASA).

Cette augmentation du niveau marin tient en premier lieu des prévisions de fonte des calottes glaciaires antarctique et groenlandaise, auxquelles viennent s'ajouter, pour une moindre part, la fonte des glaciers de montagne. Cependant, il est une donnée que ne maîtrisent pas complètement les scientifiques, c'est celle de la vitesse de fonte de l'Antarctique, qui pourrait contribuer plus vite que prévu à ces changements.

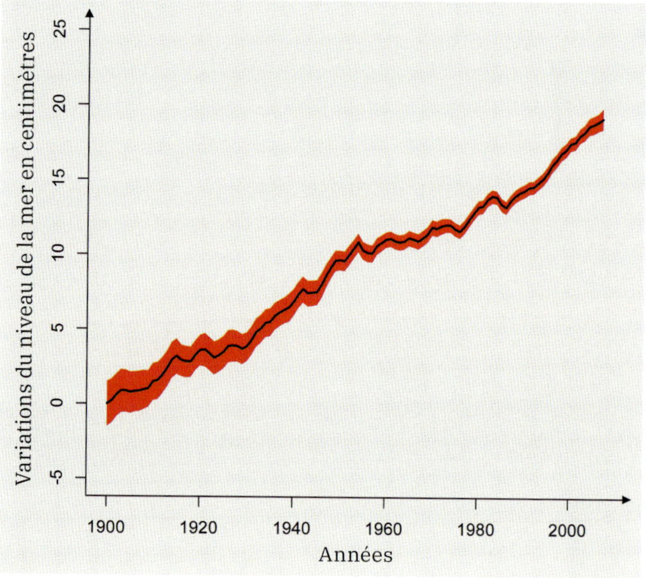

Courbe de l'élévation du niveau des mers et des océans de 1900 à nos jours.
© BRGM

Phénomène encore difficile à évaluer, la fonte des glaces de l'Antarctique peut peser fortement sur l'élévation du niveau moyen des mers du globe.

Changement climatique, vents et tempêtes

Le changement climatique joue aussi de façon non négligeable sur les conflits entre les hautes et les basses pressions, air chaud et air froid, ainsi que sur la surface des océans à l'origine de vents forts, de tempêtes, voire de tornades et de cyclones qui, après leur formation au cœur des océans, peuvent se déplacer vers les continents, provoquant d'importants dégâts sur le littoral. Une simple augmentation des vents, par exemple, favorise une intensification de la houle, qui peut se traduire sur les côtes par un forçage des vagues et de leur pouvoir destructeur.

Dans ce même ordre d'idées, sans en connaître aujourd'hui l'évolution précise, le dérèglement climatique peut jouer sur le fonctionnement et les circulations des grands courants océaniques, en particulier le Gulf Stream qui procure un climat clément à l'Europe occidentale.

Vue satellite de la formation d'une tempête cyclonique au-dessus de l'océan.

Violence destructrice des vagues de tempête, impact de la météorologie sur la surface de la mer.

NAISSANCE D'UNE TEMPÊTE : L'EXEMPLE D'*ADRIAN*

En cours de journée du 29 octobre 2018, une petite anomalie de température chaude de surface de l'eau a interagi avec une anomalie basse de la tropopause sur la Méditerranée occidentale. Cette configuration thermique a engendré un cyclone (cyclogenèse), mettant en rotation une importante masse d'air autour d'un centre de basse pression : la tempête *Adrian* est ensuite remontée en soirée près de la Corse et a atteint la Côte d'Azur et le nord de l'Italie en début de nuit. En avant du cyclone s'est développée une importante zone orageuse, en particulier sur la Corse et la Provence avec des précipitations de l'ordre de 10 centimètres en quelques heures, provoquant des crues dans les cours d'eau. La ville de Bastia, par exemple, a subi d'importantes inondations.

Ce cyclone extratropical des latitudes moyennes a fait naître de très forts vents, provoquant des dégâts, en particulier dans le sud et l'est de la Corse et en Provence : tornade à Porto-Vecchio sur la ville et trombe d'eau observée au large, trombe marine sur Aléria et tornade sur le massif du Tanneron à l'ouest de Cannes.

Après ces prémices violemment orageux, le maximum de la tempête a touché la Corse dans la nuit, engendrant de puissantes rafales de plus de 180 km/h sur les caps exposés : 189 km/h au cap de Pertusato, 188 km/h à l'Île-Rousse et sur le cap Corse, alors que les vents étaient un peu moins forts sur le sud-est de l'île : 115 km/h à Solenzara. Ces vents ont provoqué de très fortes vagues causant d'importants dommages et offrant un spectacle de désolation sur de nombreux fronts de mer.

Plus à l'intérieur des terres, la tempête a provoqué un épisode neigeux entre le courant d'air chaud remontant de la Méditerranée et l'air froid sur la France, avec des hauteurs de précipitations neigeuses de 50 centimètres dans certains secteurs du Massif central.

IMPACTS

du changement climatique

Élévation du niveau marin, vagues et tempêtes sont autant de facteurs qui impactent le littoral et peuvent se résumer à trois grands effets majeurs : risque de submersion et d'inondation, érosion et recul du trait de côte, dégâts sur les infrastructures. On peut aussi souligner des risques d'intrusion d'eau salée dans les nappes d'eau douce du littoral, ainsi que des effets de changement aérologique jouant sur la force des vents et pouvant aussi être à l'origine de migrations dunaires et d'ensablement des infrastructures.

D'une façon générale, l'érosion côtière consiste en une abrasion des matériaux constituant les plages, les dunes et les falaises rocheuses, voire argileuses ou marneuses. Les matériaux – grains, galets, boues ou substances dissoutes – sont ensuite transportés par la mer, parfois sur d'autres secteurs du littoral qu'ils engraissent, mais le plus souvent vers le large où ils s'étalent sur le plateau et le talus continental.

Face à ces changements et à ces risques, se posent des questions de société relatives à la protection des personnes et des biens. Les réponses passent par l'étude et la connaissance précise des phénomènes, la cartographie des aléas, l'analyse des vulnérabilités, la quantification des risques, la réalisation et l'entretien d'ouvrages de protection, ainsi que l'éventualité de la relocalisation des personnes et des biens à court ou moyen terme. Les enjeux sont majeurs !

Cette photographie aérienne du littoral de Biscarrosse (Landes) montre de façon explicite les risques induits par l'érosion et les enjeux pesant sur les infrastructures situées en bordure de l'océan et soumises aux aléas climatiques dans un secteur où la côte recule.

« Par rapport aux risques côtiers, explique Gonéri Le Cozannet, ingénieur de recherche dans l'unité risques côtiers et changement climatique du Bureau de recherches géologiques et minières (BRGM), le service géologique national, il y a un sujet de préoccupation majeure, qui est celui de l'élévation du niveau de la mer. On s'attend à ce qu'elle cause des risques importants de submersion marine et d'érosion côtière. [...] Ce que nous observons de manière assez systématique, c'est qu'à partir du moment où des terrains se situent dans des zones très basses, à peine quelques mètres au-dessus du niveau de la mer, les risques de submersion marine augmentent de façon extrêmement importante dès lors que le niveau de la mer s'élève de 50 centimètres. Or, ce niveau a déjà augmenté de 20 centimètres depuis 1870. Et nous sommes certains que le phénomène va continuer, même si aujourd'hui on stoppait les émissions de gaz à effet de serre. On ne peut pas arrêter cette élévation ! En revanche, ce qu'on peut faire, c'est en diminuer la vitesse en limitant les émissions. »

L'élévation du niveau marin accentue l'impact des tempêtes, agressions récurrentes sur le littoral.

Submersion marine

L'élévation du niveau de la mer a pour la conséquence la plus immédiate le risque de submersion marine, amplifié par l'addition d'autres événements tels que : marée à fort coefficient, vague et tempête ou cyclone. Ce risque est particulièrement important sur les côtes à très faible altitude, dans les plaines littorales, les marais maritimes et leurs polders, et dans les zones d'estuaire généralement très urbanisées, où les facteurs déclenchants peuvent être augmentés par l'amplification de l'onde de marée dans leur embouchure.

D'autres secteurs du monde, tels que ceux des îles basses et des atolls, nécessitent de porter une vigilance accrue aux phénomènes de submersion, sans compter le risque de tsunami (raz de marée) généré par des séismes, éruptions volcaniques, éboulements sous-marins.

La submersion peut résulter de différents processus, tels que :

- le passage de paquets de mer et de vagues au-dessus des défenses côtières naturelles ou artificielles, avec un risque d'inondation et de stagnation de l'eau en arrière du littoral ;
- un débordement statique par simple élévation du niveau d'eau au-dessus des terrains bordiers ou des ouvrages de protection ;
- la rupture des structures de protection sous l'action de très fortes vagues – structures parfois en mauvais état.

Assaut de la mer sur le littoral de Wimereux (Pas-de-Calais) lors de la tempête Johanna du 10 mars 2008. Le changement climatique serait à l'origine de l'augmentation des phénomènes de tempête et de submersion, autant d'agressions récurrentes sur le littoral et ses infrastructures.

Les blockhaus de Capbreton, au sud des Landes, témoignent du recul de la plage depuis les années 1940. © OCA

Érosion de la côte sableuse à la pointe de Gatseau, au sud de l'île d'Oléron (Charente-Maritime).

Érosion des côtes sableuses

Une des conséquences prévisibles du changement climatique sur les littoraux est un recul significatif du trait de côte, en particulier sur les côtes sableuses : plages et zones dunaires en France et dans le monde. La façade atlantique, l'Aquitaine et les côtes de la Manche, ainsi que les rivages languedociens, la Camargue et la plaine orientale de la Corse sont particulièrement concernés, à savoir, en tout, un quart du littoral français qui recule !

Sur les côtes sableuses, l'élévation du niveau marin et ses facteurs aggravants impactent les sédiments meubles. Vagues, courants et vents les décapent et les transportent facilement. D'une façon globale, les plages maigrissent en hiver et pendant les tempêtes, et engraissent pendant la période estivale, mais ces transferts sont aujourd'hui déficitaires en de nombreux secteurs. Les systèmes dunaires sont également en danger, non seulement érodés sur leur façade maritime, mais aussi fragilisés par une hyperfréquentation touristique et un piétinement intense.

De nombreux secteurs littoraux sont aujourd'hui analysés et surveillés, afin de mieux connaître leur fonctionnement interne et ainsi tenter d'enrayer un recul rapide. L'enjeu est important, car de nombreux lotissements ont été construits il y a quelques décennies en arrière des dunes et se trouvent aujourd'hui menacés, à l'instar de l'immeuble Le Signal, bâti 200 mètres en arrière du littoral aquitain, à Soulac-sur-Mer, en 1967. Il a été évacué en 2014 par mesure de sécurité. Aujourd'hui, directement sapé à sa base par l'océan, il doit être démoli après avoir été désamianté.

L'avancée inexorable de la dune du Pilat sur la forêt des Landes provoque progressivement s'ensevelissement et la mort des arbres. La Teste-de-Buch (Gironde).

Les migrations dunaires

Une migration dunaire consiste en son déplacement progressif vers l'intérieur des terres. Ce phénomène affecte des dunes libres, dites « transgressives », qui ne sont pas fixées par la végétation. Poussées par des vents forts, elles avancent, ensevelissant progressivement le versant sous le vent.
Ce phénomène, jadis en partie maîtrisé par des campagnes de plantation au XIXe siècle, en particulier dans les Landes, est encore peu marqué en France. Il peut menacer des habitations, des routes et des surfaces cultivées.

QUELQUES EXEMPLES DE RECUL DE LITTORAUX SABLEUX

- **Sur la côte ouest de la Manche, entre 1947 et 1994, environ 440 hectares ont été érodés.
Le recul a été estimé par endroits à plus de 200 mètres, soit une moyenne de plus de 4 mètres par an (Conseil général de la Manche).**
- **Au nord de Biscarrosse, sur le littoral landais, la côte a reculé de 15 mètres entre 1997 et 2002. Le recul moyen est de 2,5 m par an sur les secteurs aquitains en érosion (Observatoire de la Côte aquitaine).**
- **Sur la période 1829-2000, on observe un creusement de la baie d'Erromardie, à Saint-Jean-de-Luz, sur la côte basque, pouvant atteindre 150 mètres, soit 80 centimètres par an (BRGM).**
- **Le cordon littoral de Sète à Marseillan, sur la côte languedocienne, subit une forte érosion côtière : 45 hectares de plages et dunes ont été gagnés par la mer entre 1954 et 2000, sur seulement quelques kilomètres.**

Érosion des côtes rocheuses

À la différence des côtes sableuses relativement faciles à éroder, les côtes rocheuses présentent des résistances différentes à l'érosion selon la nature des matériaux qui les composent. Il n'en va pas de même entre des falaises granitiques en Corse ou en Bretagne, et d'autres, crayeuses, dans le pays de Caux !

Quelques secteurs des littoraux rocheux sont particulièrement sensibles à l'érosion de par la fragilité de leur constitution, à savoir le cap Blanc-Nez et l'ensemble du littoral cauchois, les falaises calcaires du Calvados, les corniches du Pays basque inscrites dans des flyschs pyrénéens, et la falaise calcaire de Bonifacio à l'extrémité sud de la Corse. Dans un autre registre lithologique, car elles sont principalement marneuses et de terrain mou, les falaises des Vaches noires, sur la côte normande, reculent en moyenne de 20 centimètres par an.

L'érosion et le recul des falaises procèdent en général de la conjonction de deux phénomènes :
- une fragilisation et une déstructuration interne de la falaise, généralement de nature calcaire relativement tendre et sensible aux eaux d'infiltration et aux phénomènes de dissolution, le tout associé à la fracturation naturelle de la roche ;
- le rôle direct joué par la mer qui sape la base des parois puis déblaye progressivement les pans éboulés et peut ainsi continuer son travail d'érosion.

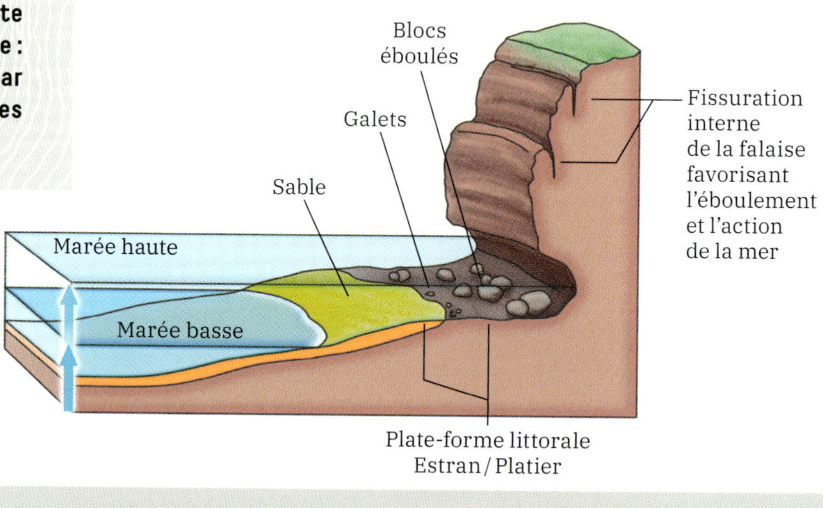

Érosion de la falaise le long de la corniche des Basques (Pyrénées-Atlantiques).

QUELQUES EXEMPLES DE RECUL DE LITTORAUX ROCHEUX

D'après l'Observatoire de la mer et du littoral :

- **le recul du cap Blanc-Nez (Pas-de-Calais) est évalué, selon les secteurs, à 10 à 30 mètres en 50 ans ;**
- **dans le pays de Caux (Seine-Maritime), le recul moyen des falaises crayeuses sur la période 1947-1995 a été de 0,2 à 0,5 m par an entre Saint-Valery-en-Caux et Berneval-le-Grand, et de 0,6 à 1,2 m par an à Criel-sur-Mer entre 1985 et 1998 ;**
- **sur la Côte basque (Pyrénées-Atlantiques), les dernières études font état d'un recul des falaises de l'ordre de 25 centimètres par an en moyenne.**

ALÉA, VULNÉRABILITÉ, ENJEU ET RISQUE !

- **Un aléa est un événement naturel plus ou moins prévisible.**
- **La vulnérabilité est la fragilité d'une emprise humaine (enjeu sur la population, les constructions...) face à un aléa.**
- **Un risque, conjonction d'un aléa et d'un enjeu, est la probabilité de la réalisation d'un événement dommageable, conséquence d'un aléa, dans une zone vulnérable.**

Une submersion marine, un éboulement de falaise, une éruption volcanique, un séisme sont des aléas. Les probabilités qu'ils surviennent dans des sites vulnérables présentant un enjeu et qu'ils créent des dégâts plus ou moins importants deviennent des risques (parfois majeurs).

Éboulement rocheux en pied de falaise à Biarritz (Pyrénées-Atlantiques).

LA TEMPÊTE *XYNTHIA*

Étendue des inondations consécutives à la tempête Xynthia *(2010) dans le secteur de La Faute-sur-Mer et de L'Aiguillon-sur-Mer (Vendée).*

Formée au large de Madère, au cœur de l'Atlantique, le 26 février 2010, la tempête *Xynthia* s'est ensuite propagée vers le Portugal, l'Espagne, la France, et une grande partie de l'Europe. Devant son imminence catastrophique, Météo-France a mis quatre départements en vigilance rouge (Vendée, Charente-Maritime, Deux-Sèvres et Vienne) et soixante-neuf autres départements en vigilance orange.

Le syndrome *Xynthia*

La tempête a frappé la France la nuit du 27 au 28 février 2010 et une partie de la journée du 28, provoquant la mort d'au moins 53 personnes – 35 en Vendée, dont 29 dans la seule commune de La Faute-sur-Mer. Des vents à 160 km/h ont été enregistrés à l'île de Ré, et à 238 km/h au pic du Midi de Bigorre dans les Pyrénées.

La violence de cette tempête cyclonique a provoqué d'importantes submersions marines et inondations, ainsi que la rupture de digues dans différents secteurs, en particulier à La Tranche-sur-Mer, à L'Aiguillon-sur-Mer, à La Faute-sur-Mer, en Vendée, et à Fouras, en Charente-Maritime. De nombreuses personnes ont été déplacées à la suite des inondations.

Les effets de la tempête sur le littoral se sont traduits par :

- une submersion marine très importante, avec un niveau marin ayant atteint 4,70 m de surcote au sud de la Vendée ;
- des inondations en arrière du trait de côte sur de très grandes surfaces, avec 23 000 hectares de surfaces submergées dans la Région Pays de la Loire, dont 13 000 hectares en Loire-Atlantique et un peu plus de 10 000 hectares en Vendée ;
- de très importants dégâts sur les constructions littorales (habitations, ostréiculture, etc.), dans les ports et sur les bateaux ;
- endommagement de digues et de jetées, avec création d'importantes brèches ;
- une érosion de l'ensemble des cordons dunaires, principalement entre l'estuaire de la Loire et celui de la Gironde, avec un recul moyen de 3 à 5 mètres et de 22 mètres dans certains secteurs très exposés.

La tempête *Xynthia*, de par la violence de l'événement, le nombre des morts, l'importance de la submersion, des inondations et des destructions, a eu un effet catalyseur sur les populations et les pouvoirs publics face aux risques naturels, et plus particulièrement ceux touchant les littoraux.

Recul de la plage et destruction des maisons en première ligne sur le littoral de La Tranche-sur-Mer (Vendée) consécutivement à la tempête Xynthia.

Inondation à La Rochelle (Charente-Maritime) lors de la tempête Xynthia.

Avant et après ! Submersion des polders de l'anse de l'Aiguillon par la tempête Xynthia.

ANALYSER
et prévoir

Évaluer les risques et protéger les personnes et les biens. La falaise de Bonifacio, au sud de la Corse.

Au regard des enjeux de société associés au littoral dans son ensemble, il est aujourd'hui absolument nécessaire, face aux aléas climatiques, d'en prévoir les évolutions, de les surveiller, de protéger les personnes et les biens, et de s'adapter.

Prévention et organismes d'étude et de recherche

Dans cette perspective, le Plan de prévention des risques littoraux (PPRL) édité par le ministère de la Transition écologique et solidaire (MTES) constitue un outil de gestion des risques en fonction des différents aléas auxquels les côtes peuvent être soumises : submersion marine, recul du trait de côte, migration dunaire. Il propose aux pouvoirs publics une démarche d'analyse et d'étude pour cartographier les différents risques et réglementer l'urbanisation dans les zones exposées.

De nombreux organismes, en particulier les observatoires du littoral tels que l'Observatoire de la Côte aquitaine (OCA), le Bureau de recherches géologiques et minières (BRGM) et l'Office national des forêts (ONF), ont aujourd'hui en charge la surveillance du trait de côte pour en identifier les fragilités, analyser les évolutions et proposer des stratégies de protection et de défense. Ces études passent par différentes approches pluridisciplinaires : morphologie, histoire, géophysique, modélisation numérique, imagerie 3D, vidéosurveillance…

« Le littoral de Guyane fait partie des côtes les plus instables du monde. Soumis aux tempêtes nord-atlantiques et à la migration des bancs de vase d'origine amazonienne, il connaît d'importants phénomènes d'érosion, avec des variations annuelles du trait de côte qui peuvent atteindre plusieurs dizaines de mètres sur les côtes sableuses et plusieurs centaines de mètres au niveau des mangroves », explique Pierre Bourbon, ingénieur géologue au Bureau de recherches géologiques et minières (BRGM).

Campagne de mesure destinée à l'analyse de l'évolution du littoral sableux dans les Landes.

Surveillance morphologique

Des campagnes systématiques de relevé topographique des terrains permettent d'en connaître l'évolution dans le temps. Ces campagnes réalisées au GPS différentiel – ayant une précision centimétrique – assurent d'obtenir un état des lieux très précis afin d'analyser les changements survenus sur la morphologie et l'éventuel recul du littoral d'une année sur l'autre, en particulier après les tempêtes d'hiver. Les drones sont aussi de plus en plus fréquemment utilisés pour réaliser ce type d'investigation. En outre, des caméras peuvent être installées pour donner une succession d'images révélant l'évolution d'une plage ou d'une falaise.

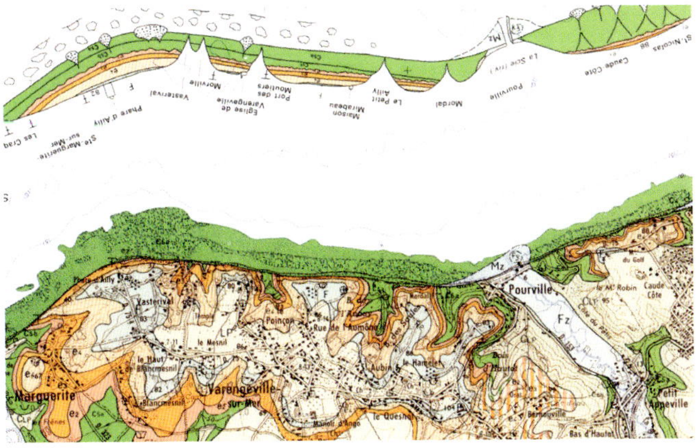

Extrait de la carte géologique de Dieppe-Ouest (Seine-Maritime), secteur littoral particulièrement sensible à l'érosion, à l'échelle 1/50 000.
La connaissance des aléas côtiers passe par les études géologiques des secteurs concernés.

Approche géologique et géophysique

La connaissance des aléas côtiers passe dans un premier temps par des études géologiques et hydrogéologiques, de façon à identifier la nature des terrains, les circulations d'eaux souterraines et les nappes phréatiques en présence, critères jouant de façon importante sur le comportement et la résistance des secteurs littoraux, en particulier les plus vulnérables.

De nombreuses techniques sont utilisées pour « scanner en profondeur » le littoral et établir un état des lieux précis de sa nature, sur les côtes aussi bien sableuses que rocheuses. Des sondages peuvent être réalisés. L'analyse sismique du fonctionnement interne d'une dune, par exemple, permet d'en mieux comprendre les étapes de croissance et les circulations d'eaux souterraines douces et salées. Dans le cas de l'étude de l'aléa d'éboulement de falaise et du recul du trait de côte associé, différentes techniques peuvent être employées, telles que sondage, analyse sismique, cartographie des anomalies magnétiques, photogrammétrie aérienne, levé 3D au scanner mobile…

Exemple de mise en place d'un dispositif tracté d'analyse sismique par géophones pour ausculter le sous-sol d'une plage. Pays de Mont (Vendée).

Analyse des risques de chute de blocs et d'effondrement au niveau d'une cavité de la falaise de Criel-sur-Mer (Seine-Maritime), en Haute-Normandie.

Approche historique

L'étude des différents aléas côtiers liés au changement climatique passe par la recherche systématique, l'analyse et le traitement des données des événements historiques et de leur contexte météorologique et local depuis plusieurs siècles. L'étude des submersions marines, des éboulements de falaises ou du retrait du trait des côtes sableuses, ainsi que des migrations dunaires du passé permet de proposer une première approche des risques pour l'avenir et de la façon dont ils peuvent survenir. Pour ce faire, divers documents sont compilés et synthétisés, tels qu'articles de presse, récits historiques, photographies anciennes, témoignages...

Carte postale permettant d'analyser le littoral de Dieppe (Seine-Maritime) au début du xxe siècle et de le comparer à l'actuel.

Modélisation numérique

En matière de submersion marine principalement, les études ont recours, dans des secteurs sensibles, à la modélisation numérique, qui permet de prévoir une extension des inondations en fonction de différents critères – topographiques, géologiques et hydrogéologiques, météorologiques – et d'hypothèses sur les hauteurs d'eau envisagées pour les années à venir. Ce type de modélisation débouche sur des images concrètes et très parlantes, véritable cartographie d'un aléa permettant aux pouvoirs publics d'envisager des stratégies en matière de sécurité des personnes, de protection des infrastructures et d'autorisation de construire.

Campagne de mesure topographique par drone sur les falaises du pays de Caux (Seine-Maritime).

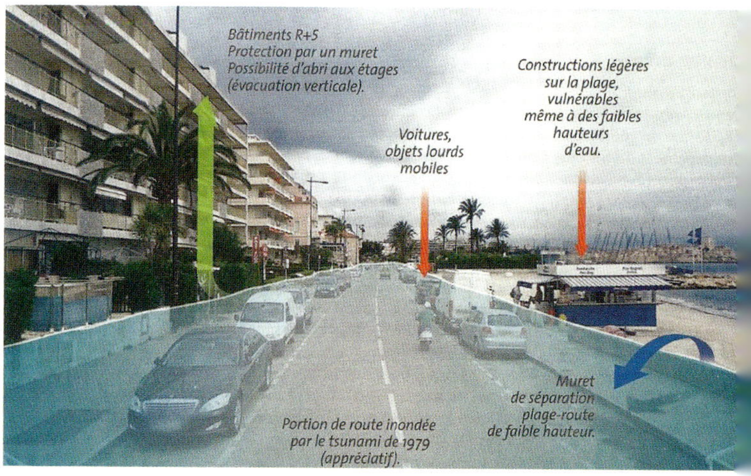

Exemple d'enjeu exposé à la submersion sur le littoral d'Antibes, en cas de tsunami analogue à celui de 1979. © BRGM, d'après Montfort *et al*, 2012, in Géosciences, n° 17.

RECUL DES FALAISES

dans le pays de Caux

Éboulement spectaculaire de 30 000 m³ d'une falaise à Saint-Jouin-Bruneval (Seine-Maritime), en Haute-Normandie, le 15 juillet 2013.

Depuis les années 1960, le littoral du pays de Caux a connu un recul moyen des falaises évalué à environ 15 centimètres par an, avec de grandes disparités en fonction des secteurs. Entre Saint-Valery-en-Caux et Dieppe, dans le département de la Seine-Maritime, la dynamique régressive est nettement plus importante que sur le reste du littoral. Cette disparité des vitesses d'érosion est liée, d'une part, à la nature précise des couches de craie constituant les secteurs de falaises – et de ce fait plus ou moins résistantes – et, d'autre part, à la fracturation des roches et à la présence plus ou moins développée de cavités karstiques et de poches de terrain meuble associées. Ce recul inexorable se fait principalement par écroulement instantané de pans entiers de craie, par glissement de terrain et par fracturation - désagrégation progressive de la paroi de la falaise.

Situé en plein cœur du littoral du pays de Caux, le secteur de Dieppe – Varengeville-sur-Mer – phare d'Ailly, sur la Côte d'Albâtre, est bien connu depuis toujours pour l'instabilité et l'évolution régressive de son trait de côte. Le phare d'Ailly, érigé 150 mètres en retrait du bord de la falaise par les architectes de Louis XV et allumé en 1775, s'écroula en 1964, rattrapé par l'érosion, ce qui représente un recul d'un peu plus de 8 mètres tous les dix ans, une moyenne très importante.

Les questions fondamentales qui se posent par rapport à cette problématique portent sur la compréhension de l'aléa et la détermination des risques potentiels, dans le but de prévoir des adaptations nécessaires pour la sécurité des personnes et l'aménagement du territoire.

Glissement de terrain sur la falaise crayeuse de Dieppe (Seine-Maritime) en 2012-2013 ayant créé un recul de 40 mètres en tête d'escarpement.

Dieppe : retour sur un éboulement spectaculaire

Fin décembre 2012, entre Dieppe et Pourville-sur-Mer, au nord de la D75, la falaise s'écroula violemment ! Un pan d'environ 30 000 m^3 de craie s'éboula instantanément sur l'estran et se propagea horizontalement en quelques secondes, avec une énergie considérable, jusqu'à environ 110 mètres du pied de la paroi. Cet éboulement fut suivi quelques jours après par le glissement d'une énorme masse d'environ 100 000 mètres cubes de matériaux argileux et sableux, emportant deux maisons. Cette déstabilisation a perduré quelques mois, provoquant un recul de la falaise de 40 mètres. Heureusement, il n'y eut pas de victimes.

Le phénomène, d'une ampleur aussi importante et associé à de graves enjeux locaux, ne pouvait pas laisser les autorités indifférentes. Il a donc été confié au Bureau de recherches géologiques et minières (BRGM) et à l'université de Mons, en Belgique, la mission de mener des études pour connaître les raisons exactes d'un tel écroulement.

Pour ce faire, il a fallu, dans un premier temps, analyser précisément l'événement, puis réaliser un diagnostic géologique complet de la structure interne de la falaise et en assurer une surveillance méthodique. Différentes études ont été menées conjointement.

Une sorte d'« échographie » en 3D de la structure du sous-sol été réalisée. Les investigations se sont basées sur des méthodes géophysiques innovantes – sismiques et microgravimétriques – qui ont permis de cartographier en 3D le contexte souterrain. Elles ont été complétées par des forages.

Cette étude a permis d'identifier et de localiser précisément la présence de grandes cavités d'origine karstique en arrière de la falaise, remplies de matériaux meubles argilo-sableux de nature totalement différente de celle de la craie encaissante, ainsi que les degrés d'altération de celle-ci en profondeur. Les géologues ont ainsi pu dessiner de façon précise la géométrie du sommet des couches de craie entièrement cachées car recouvertes de sédiments tertiaires (cénozoïques), d'épandages de cailloutis et de limon des plateaux. La nature précise des parois ainsi que leur degré de fracturation a par ailleurs été étudiée.

Indépendamment de cette « échographie », une étude par photogrammétrie aérienne 3D (avion et drone) a été menée pour « scanner » l'ensemble de la structure et en observer les changements de morphologie au cours du temps. De façon à surveiller le phénomène, dix jalons ont été posés sur le rebord du plateau, associés à une télétransmission quotidienne de photographies.

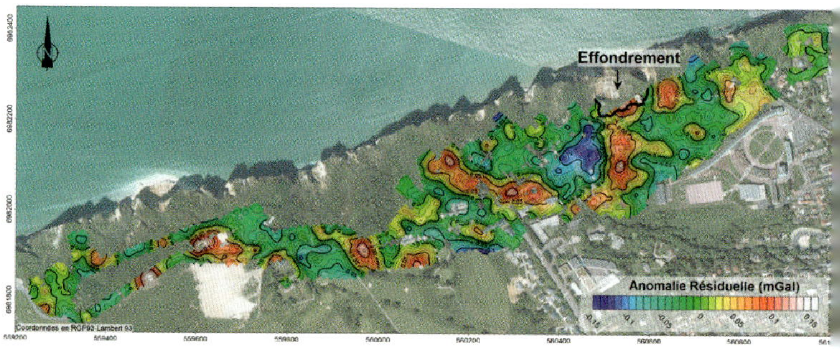

Cartographie des anomalies magnétiques de la zone de falaise étudiée. Les tons rougeâtres marquent les emplacements des poches souterraines d'argile et de sable.

Dans un autre ordre, des analyses comparatives de documents et de photographies récentes et anciennes ont permis de retracer l'historique du recul du trait de côte et mis en évidence qu'un éboulement d'importance équivalente avait eu lieu à proximité un peu plus d'un siècle auparavant, en 1896.

Ces études ont permis d'appréhender les raisons de ce phénomène exceptionnel lié à un contexte géologique très particulier, avec, comme dans la plupart des cas de ce type d'érosion, des causes qui, indépendamment de l'action la mer, sont liées à la nature et à la structure géologique du sous-sol : couverture de terrains argilo-sableux au-dessus de la craie, présence d'importantes cavités karstiques, altération de la craie en profondeur et forte fracturation. Il est à noter que ces terrains argilo-sableux meubles constituent de véritables éponges gorgées d'eau en arrière de la falaise, ce qui les prédispose naturellement aux glissements. Les conditions météorologiques sont également à prendre en compte, les pluies abondantes de l'automne 2012 ayant créé une surpression d'eau dans les terrains meubles d'une poche située en arrière et au-dessus de la falaise, favorisant son éventration, son écroulement, le glissement de terrain qui s'ensuivit et la vidange progressive des matériaux sur la plage. Le recul de la tête d'escarpement menace la route littorale ainsi que des bâtiments et des installations.

D'une façon générale, ce type d'études permet de caractériser la dangerosité de certains secteurs côtiers, d'en connaître les facteurs, de réaliser des prévisions à court, moyen ou long terme, et, de ce fait, de donner aux acteurs de la gestion des territoires des éléments de réflexion afin d'éclairer leurs décisions concernant la sécurité des personnes et des biens et la réalisation d'aménagements sur le littoral ou à proximité. Ces études sont donc un préalable indispensable à l'élaboration, pour l'ensemble des territoires, des plans de prévention des risques.

PHOTOGRAMMÉTRIE AÉRIENNE

Afin de comprendre l'érosion des falaises, la photogrammétrie (*Structure from Motion* [SfM] : structure restituée en déplaçant la caméra de prise de vue) permet de reconstruire une morphologie en relief (3D) à partir de photographies stéréoscopiques en 2D.

« Cette technique est une révolution pour comprendre la géomorphologie. Elle permet d'avoir une vision très détaillée du relief, au centimètre près sur de très grandes surfaces. Cette nouvelle technique permet d'obtenir une meilleure compréhension de l'évolution du site, du phénomène observé et des processus à l'œuvre. Dans le cas d'une falaise, il peut s'agir de fracturation de la roche, de détails lithologiques, de suivi de désagrégation de blocs à différentes échelles et du moment où ils tombent », explique Thomas Dewez, ingénieur en mouvements de terrain au Bureau de recherches géologiques et minières (BRGM).

Évolution des reliefs de la falaise de Dieppe (Seine-Maritime), reconstituée à partir de photographies aériennes obliques. Les tons rouges montrent les zones d'érosion entre 2013 et 2014, postérieures à l'éboulement.

Exemple de fracturation du sommet d'une falaise, entre Dieppe et Pourville-sur-Mer, favorisant son éboulement à court terme.

PROTÉGER

les littoraux

Digue de protection d'immeubles battue par les vagues à Saint-Malo (Ille-et-Vilaine).

Digues et murs, brise-lames, perrés et enrochements sont depuis très longtemps les infrastructures les plus utilisées pour défendre le littoral contre les assauts de la mer dans les zones sensibles. Nombre d'ouvrages de défense ont été construits dans les siècles passés pour gagner des territoires sur la mer au niveau des polders ou pour protéger une ville, des installations portuaires ou des fortifications militaires : les remparts de Saint-Malo, en Ille-et-Vilaine, sont battus par les flots !

Dans tous les cas, l'objectif principal des protections est d'empêcher que la mer gagne du terrain soit par érosion progressive, soit par submersion. Les ouvrages sont alors disposés parallèlement au rivage en limite du trait de côte, ou perpendiculairement pour freiner les dérives littorales, parfois dans l'eau de façon à amortir l'effet des vagues au niveau ou en avant leur déferlement. Ils peuvent aussi être directement maçonnés au pied des constructions. D'une façon générale, ils empêchent l'arrachement opéré par les vagues en en dissipant l'énergie sur les estrans sableux, les dunes ou au pied d'une falaise.

Les digues sont des ouvrages maçonnés pouvant présenter des faces verticales ou en forte pente. Généralement édifiées au pied de sites très exposés et urbanisés, elles réfléchissent totalement l'énergie des vagues. Les perrés et les enrochements sont composés de blocs de pierre ou de béton non liés entre eux et dont les dimensions doivent être proportionnées aux impacts de la mer. Autre sorte d'enrochement, les tétrapodes en béton constituent une forme souvent utilisée à cause de leur fort pouvoir de dissipation de l'énergie des vagues lorsqu'elles s'engouffrent dans les vides de la structure. D'autres techniques sont également

Boudin géotextile antiérosion protégeant le haut de plage des assauts de la mer à Capbreton (Landes).

Perré et épis protègent le site de Capbreton (Landes).

employées, comme l'installation de gros boudins de textile remplis de sable. Ils peuvent être installés sous l'eau pour enrayer l'énergie de la houle ou en haut de plage pour protéger le pied de la dune. De façon à bloquer le transit latéral lié à de fortes dérives littorales, des épis transversaux dressés avec des palplanches ou de gros blocs de pierre peuvent être disposés perpendiculairement à la plage.

Cependant, ces différentes structures ne possèdent pas que des avantages. L'implantation d'un enrochement en face d'une zone à protéger a souvent comme conséquence de provoquer une accélération de l'érosion sur ses bords, fragilisant alors le cordon dunaire latéral.

La protection des falaises peut parfois aussi être effectuée par des enrochements en pied de paroi. Une autre technique, quand la nature des terrains le permet, consiste par exemple en une sorte de talutage de la côte – talutage en pente d'environ 45 degrés, ou en espaliers –, avec ou non un enrochement au pied de la structure.

Néanmoins, avec l'évolution de l'érosion littorale, le trait de côte va, en de nombreux endroits, reculer de façon inexorable. Hormis les secteurs nécessitant une protection immédiate et intense, il est aujourd'hui nécessaire de réfléchir à des stratégies moins rigides et plus douces pour rendre les espaces bordiers aux phénomènes naturels qui les affectent, en éloignant le plus possible les enjeux vulnérables en arrière du littoral. Cela nécessite de reculer et de s'adapter, ce qu'il est bien sûr aujourd'hui impossible de programmer dans les zones très urbanisées et industrialisées, mais envisageable en d'autres secteurs moins fréquentés.

Une des techniques douces utilisées est le rechargement des plages en sable, l'apport de sédiments venant contrecarrer la perte par érosion, freinant l'énergie de la houle et limitant ainsi le recul du rivage. D'autres techniques sont également mises en œuvre, comme l'implantation de ganivelles brise-vents pour stabiliser le sable. Dans certains secteurs, pour freiner les actions érosives, on a recours à des plantations d'espèces végétales adaptées, voire même à la présence d'un herbier à posidonies au niveau de plages immergées.

Et pour terminer ce tour d'horizon, il faudra certainement, dans certains secteurs côtiers, avoir recours, dans un délai plus ou moins long ou court, à un repli stratégique des populations et de leurs implantations, ce qui ne se fera vraisemblablement pas sans heurts !

Exemple d'implantation d'un mur de tétrapodes brise-lames en protection d'une digue portuaire.

Reprise d'une érosion latéralement à un enrochement par retour de courant.

1

2

3

1. *Exemples d'aménagement du littoral sableux avec trottoir de circulation en bois, couloir de cheminement et plantation d'oyats sur la côte des Landes.*
2. *Aménagement de digues rocheuses pour protéger le littoral des Saintes-Maries-de-la-Mer (Bouches-du-Rhône), en Camargue.*
3. *Les perrés parallèles au rivage qui protègent le littoral méditerranéen de La Grande-Motte (Hérault) ont provoqué, en jouant sur les courants, la formation de nouvelles plages.*

LE RISQUE TSUNAMI

Sous la Grande Vague au large de la côte de Kanagawa, *par Hokusai, estampe japonaise, 1830-1832.*

Qu'il s'agisse des côtes métropolitaines ou, plus particulièrement, d'outre-mer, les littoraux français ne sont pas à l'abri des tsunamis. On en observe principalement dans le Pacifique et dans l'océan Indien, car ces derniers sont bordés de zones de subduction génératrices de forts séismes sous-marins, ce qui n'exclut pas pour autant les autres domaines océaniques, comme l'océan Atlantique, notamment au niveau des Antilles, ou la Méditerranée.

Le monde a encore en mémoire le tsunami catastrophique et dévastateur du 26 décembre 2004, qui occasionna la mort de 230 000 à 250 000 personnes dans les îles et sur le pourtour de l'océan Indien. Ce tsunami fut provoqué par un très puissant séisme en mer au large de l'île indonésienne de Sumatra, dont la côte vit déferler la plus haute vague, de 30 mètres.

Le terme japonais *tsunami* a été officialisé par la communauté scientifique en substitution de « raz de marée » après celui de 1960 sur les côtes du Chili. Depuis le 1er juillet 2012, la France métropolitaine est dotée d'un Centre national d'alerte aux tsunamis (Cenalt) pour la Méditerranée occidentale et l'Atlantique nord-est. Les îles françaises du Pacifique sont également dotées d'un système d'alerte, en collaboration avec le centre de surveillance américain basé à Hawaii.

Un tsunami est une onde (ou une série d'ondes) de très grande amplitude se propageant en mer à très grande vitesse (plusieurs centaines de kilomètres par heure) et dont l'origine est le plus généralement un séisme sous-marin. Il peut aussi être déclenché par une éruption volcanique ou un important glissement de terrain sous-marin – sur la pente du talus continental ou dans une fosse océanique de subduction.

Dégâts provoqués par le tsunami du 11 mars 2011 au Japon.

Un tsunami : pourquoi et comment ?

À la différence des vagues de houle ou de tempête qui naissent poussées par le vent et n'affectent que la surface de l'eau, un tsunami résulte d'un puissant mouvement du plancher océanique – mouvement d'une faille lors d'un séisme, le plus souvent –, lequel provoque un très important déplacement d'eau qui se traduit par la formation d'une onde elle-même naturellement portée à se propager. Contrairement à la houle, et c'est ce qui caractérise les tsunamis, le mouvement oscillatoire de l'onde agite toute l'épaisseur de la tranche d'eau depuis le plancher océanique jusqu'à la surface et se propage donc aussi par le fond, ce d'autant plus puissamment que le séisme est violent. Cette onde de très grande longueur se déplace rapidement et peut parcourir des milliers de kilomètres. En arrivant à proximité de la côte, la longueur d'onde et la vitesse de l'oscillation diminuent au contact des hauts-fonds de la plate-forme continentale, ce qui provoque une très forte augmentation de l'amplitude de la vague : celle-ci se développe alors en hauteur. Un retrait de la mer sur une distance importante peut précéder le déferlement de la ou des vagues. Ce qu'on appelle le *run-up* du tsunami se définit à la fois par la hauteur de la vague et par la distance qu'elle parcourt sur la côte en déferlant ; il peut être largement augmenté par la morphologie des fonds et celle du littoral – étroitesse d'une baie, par exemple. Le *run-up* du tsunami déclenché en 1883 par l'explosion du Krakatoa, en Indonésie, transporta un bateau à plus de 2 kilomètres à l'intérieur des terres et à une altitude de plus de 25 mètres.

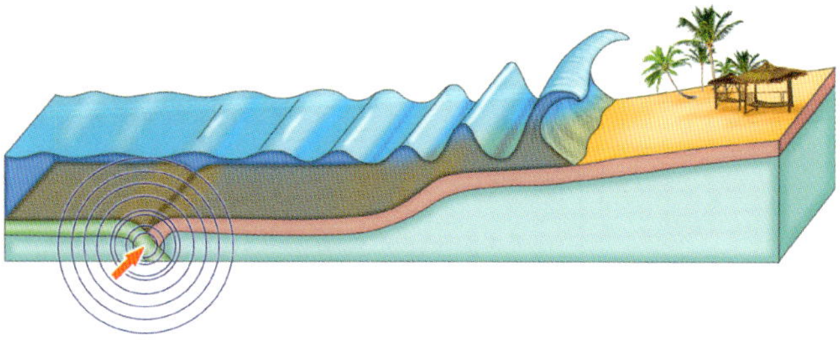

Schématisation du principe de déclenchement d'un tsunami.

Vague du tsunami du 5 mai 1902 sur la côte de Saint-Pierre (Martinique), au cours de l'éruption de la montagne Pelée. Ce tsunami a été déclenché par un lahar (coulée de boue) qui déferla dans la mer ; il précédait la nuée ardente du 8 mai, qui détruisit la ville et fit 30 000 morts.

Photomontage évoquant l'arrivée d'un tsunami sur la ville.

Nice, 16 octobre 1979, 14 heures

À la confluence des canyons sous-marins du Var et du Paillon, au large de Nice, dans les Alpes-Maritimes, un brusque glissement de terrain d'environ 10 millions de mètres cubes de sédiments occasionnait l'effondrement partiel du chantier du nouvel aéroport le 16 octobre 1979. Neuf ouvriers périrent. Le tsunami qui suivit, provoqué par l'effondrement des digues et le déplacement de la masse d'eau, engendra, 8 minutes plus tard, trois vagues successives qui déferlèrent sur la côte entre Antibes et Beaulieu-sur-Mer. Deux autres personnes périrent dans la catastrophe.

Des simulations par modélisation ont été réalisées en tenant compte des infrastructures actuelles de façon à évaluer le risque potentiel. Dans le contexte d'aujourd'hui, une centaine de bâtiments seraient impactés et environ 2 000 à 4 000 personnes pourraient être touchées si l'événement se produisait un 15 août en milieu d'après-midi.

Effets destructeurs du tsunami survenu dans le secteur de l'aéroport de Nice le 16 octobre 1979. Ici sur le littoral d'Antibes (Alpes-Maritimes).

ALERTE AU TSUNAMI EN NOUVELLE-CALÉDONIE

5 décembre 2018, 15 h 18

Ordre d'évacuation immédiate des populations vers les zones refuges à 300 mètres du littoral et application des consignes de sécurité sur la côte est de la Nouvelle-Calédonie (île de la Grande-Terre), ainsi que sur l'île des Pins et les îles Loyauté, émanant de la direction de la Sécurité civile et de la gestion des risques (DSCGR) de Nouvelle-Calédonie.

Cet ordre déclenché par les sirènes faisait suite à une alerte lancée par le Centre d'alerte aux tsunamis dans le Pacifique (PTWC) à la suite du séisme de magnitude 7,7 sur l'échelle de Richter localisé à l'est-sud-est des îles Loyauté.

Des vagues de 2 mètres furent observées, ne faisant ni dégâts, ni victimes. L'évacuation ne concerna pas la côte ouest de la Nouvelle-Calédonie, pour laquelle le risque était moindre. Il fut cependant demandé à la population de rester vigilante face à d'éventuels mouvements d'eau importants.

ESPACE ET TEMPS

en géologie

Étangs et lidos de Camargue. Fragilité de certains espaces littoraux que l'histoire peut emporter à tout moment !

La plage de la Mine d'or (Morbihan). Décapé par les assauts de la mer, le littoral constitue en de nombreux secteurs un espace d'affleurement privilégié pour observer et étudier les roches et leur histoire.

Aborder les sciences de la Terre nécessite d'intégrer quelques concepts importants pour appréhender leur univers et décoder l'histoire géologique. Loin de tout embrasser, et de façon très succincte, ces quelques pages proposent l'ébauche d'une approche globale de notre planète. La Terre s'observe alors, non pas figée, mais tel un objet dynamique et vivant dont les rythmes et les soubresauts peuvent changer les environnements en quelques secondes – impact de météorite, éruption volcanique – ou les faire évoluer très lentement en quelques milliers, voire millions d'années et plus – dérive des continents, sédimentation…

Principe d'actualisme, cycle des roches et cycle orogénique, déformations tectoniques, fossiles et fossilisation, le temps et son échelle, le tout en partie gravé sur la carte géologique, document de synthèse, constituent des regards croisés qui permettent d'« entrer en géologie » !

Affleurements naturels ou artificiels

Pour travailler, le géologue a besoin de voir, d'analyser, de cartographier et d'échantillonner afin de pousser plus loin son expertise. Il ne peut le faire, dans un premier temps, qu'en approchant les structures et les roches, les affleurements où le sous-sol est à nu !

Un affleurement est une zone de la surface au niveau de laquelle la ou les roches du sous-sol sont directement visibles, non recouvertes par un sol. Il peut être naturel (paroi, falaise, chaos, dalle, plage…) ou artificiel (front de taille de carrière, tunnel, tranchée…). Sur les littoraux, en montagne comme en région aride ou désertique, les affleurements peuvent occuper de très grandes surfaces, voire la totalité d'une zone. Les roches y sont alors en grande partie à nu. En région humide, forestière ou agricole, les affleurements sont beaucoup moins nombreux, ce qui rend plus difficile la connaissance précise des sous-sols. Dans de nombreux cas, la géologie a recours à d'autres techniques d'investigation comme les sondages, la sismique-réflexion et diverses mesures physiques.

Incisions spectaculaires recoupant les reliefs, les littoraux constituent des zones d'affleurement de prédilection pour l'étude géologique.

Presqu'île de Scandola (Corse). La comparaison de ces dépôts volcaniques très anciens avec des éruptions actuelles permet de retracer les épisodes particulièrement violents – nuées ardentes – qui leur ont donné naissance il y a environ 230 millions d'années.

Le principe de l'actualisme : de cause à effet

Très court à énoncer, mais fondamental à intégrer, le principe de l'actualisme régit de façon importante la démarche des géologues.

« C'est ainsi que la géologie s'efforce de représenter tous les changements du monde passé par le seul jeu des causes actuelles. » (Marcellin Berthelot, *Leçon d'ouverture du cours de chimie organique au Collège de France*, 1864).

L'histoire géologique s'interprète à partir des morphologies, des structures, des roches, des minéraux et des fossiles, ainsi qu'au travers des phénomènes qui en sont la cause. Le mode de raisonnement utilisé s'appuie en grande partie sur le principe de l'actualisme, ou uniformitarisme, qui peut se définir simplement de la façon suivante : « Hier, comme aujourd'hui, aux mêmes causes, les mêmes effets ! » Ou, formulé un peu différemment : « Si une cause a des effets aujourd'hui, une même cause avait les mêmes effets hier. » L'étude des phénomènes géologiques actuels est donc primordiale pour la compréhension des événements passés, mais, toutefois, pas toujours suffisante.

La présence de ces schistes sur la côte vendéenne témoigne de la longue histoire et des filiations qui, à partir de roches sédimentaires préexistantes, les ont métamorphisés lors d'un voyage en profondeur, avant qu'ils reviennent vers la surface : cycle des roches ! Ici à Bretignolles-sur-Mer (Vendée).

Cycle des roches : succession et filiation

Assis sur le rocher à contempler l'horizon, il est parfois difficile d'imaginer que tout bouge, que ce caillou n'est pas là depuis la nuit des temps, mais qu'il résulte non pas d'une mais de plusieurs longues histoires qui se sont enchaînées : cycle des roches au fil du temps, des ères géologiques et de la succession des grands chamboulements tectoniques et des cycles orogéniques.

Les roches naissent les unes aux dépens des autres dans un grand brassage de la matière minérale entre l'intérieur et la surface de la planète. Issus des profondeurs du manteau, des magmas se mettent en place et approchent la surface dans une diversité de contextes : points chauds, zones d'accrétion, de subduction, de collision, de fractures… Les uns se solidifient et se cristallisent en profondeur, d'autres s'épanchent à la surface : roches plutoniques comme

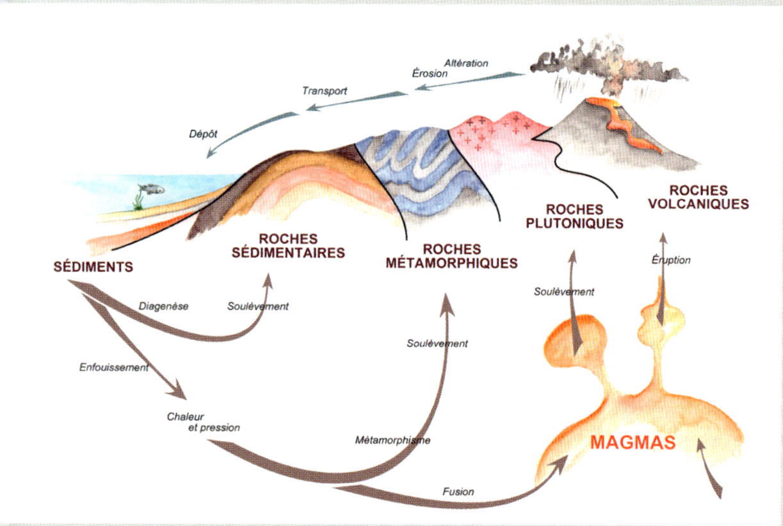

Schéma de principe évoquant les grandes filiations du cycle des roches.

Le torrent de l'Arveyron, à Chamonix (Haute-Savoie). Quel devenir pour ces alluvions, boues argileuses, sables et galets dans le grand brassage du cycle des roches, étape transitoire de leur évolution dans l'histoire de la Terre ?

le granite, roches volcaniques comme le basalte, mais toutes magmatiques quant à leur origine !

Par les effets combinés de la tectonique, de l'isostasie et de l'érosion, les roches nées en profondeur se rapprochent progressivement de la surface. Certaines finissent par affleurer. L'érosion prend le relais et agit de différentes façons. Dissolution, altération, desquamation, désagrégation transforment les roches d'origine en substances dissoutes, en particules, en miettes, en grains ou en galets. La gravité les emporte vers d'autres horizons où ils se déposent, le plus souvent en mer ou en bord de mer. Ils s'accumulent en couches de sédiments que le temps consolide en roches plus ou moins cohérentes et dures – nouvelle naissance : diagenèse –, cortège de roches sédimentaires que sont les argiles, les sables et les grès, les calcaires et d'autres matériaux nés de phénomènes plus particuliers comme les évaporites, par exemple – gypse ou sel gemme. À leur tour, ces roches finissent par se retrouver soulevées et exondées, en proie à l'érosion…

Mais l'histoire ne s'arrête pas là, et l'entreprise Terre continue son grand brassage ! Embarquées dans les mécanismes tectoniques à l'origine de la fermeture des océans et de la surrection des chaînes de montagnes, bon nombre de roches replongent en profondeur. Elles subissent alors des augmentations de pression et de température qui les transforment, les métamorphosent. De nouveaux minéraux se forment aux dépens des anciens : métamorphisme ! Les unes vont jusqu'à fondre et alimenter de nouveaux magmas, alors que d'autres finissent par revenir vers la surface : ce sont les roches métamorphiques, dont l'étude retrace la grande aventure en profondeur.

Isostasie *: état d'équilibre des roches de la croûte terrestre flottant sur l'asthénosphère ductile du manteau, comme le fait un iceberg sur l'eau. Une chaîne de montagnes possède des racines profondes nées des contraintes tectoniques à l'origine de sa surrection. Quand ces contraintes cessent, la chaîne ne subit plus que l'érosion en surface, perdant peu à peu de sa masse et de son poids. En application du principe d'Archimède, les racines de la chaîne remontent alors, poussées par l'asthénosphère sous-jacente et plus dense, jusqu'à un état d'équilibre qui aboutit au nivellement de l'épaisseur de la croûte continentale. Ce phénomène a, entre autres choses, pour conséquence de mettre progressivement au jour des roches plutoniques ou métamorphiques jadis formées en profondeur.*

La pointe du Payré, à Jard-sur-Mer (Vendée).
Le contact discordant entre les schistes paléozoïques plissés et les couches sédimentaires horizontales du Jurassique sus-jacentes évoque la longue histoire du cycle orogénique de la chaîne hercynienne: dépôts de sédiments marins, enfouissement, métamorphisme et plissement, surrection, érosion et pénéplanisation, retour sous la mer, nouveaux dépôts, érosion… Et l'histoire continue!

Cycle orogénique: océan, collision, soulèvement, érosion

Le cycle de la matière et des roches ne s'entend pas seul mais dans la grande dynamique des cycles orogéniques – sens etymologique d'orogenèse: « naissance des reliefs ». Divergence et convergence! Les océans s'ouvrent et se ferment! Les continents se déchirent, se séparent et se rapprochent: valse des territoires au fil des millions d'années, embarqués par la dynamique de la tectonique des plaques.

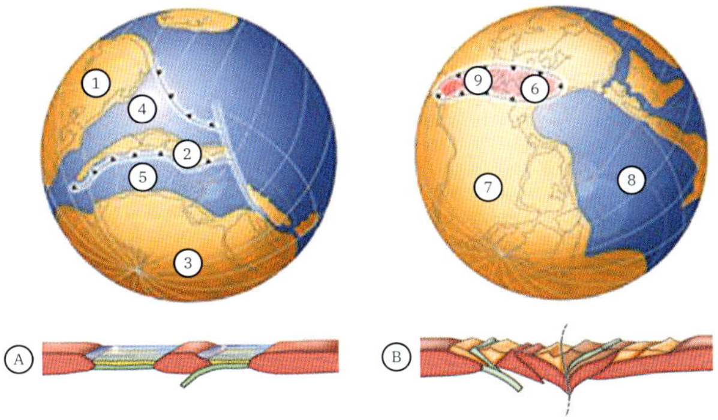

Dévonien inférieur
Fermetures océaniques
Subductions

1. Laurussia
2. Armorica
3. Gondwana
4. Océan Rhéique
5. Océan Centralien

Carbonifère supérieur
Collisions continentales
Orogenèse hercynienne

6. Chaîne hercynienne
7. Pangée
8. Océan Téthys
9. France

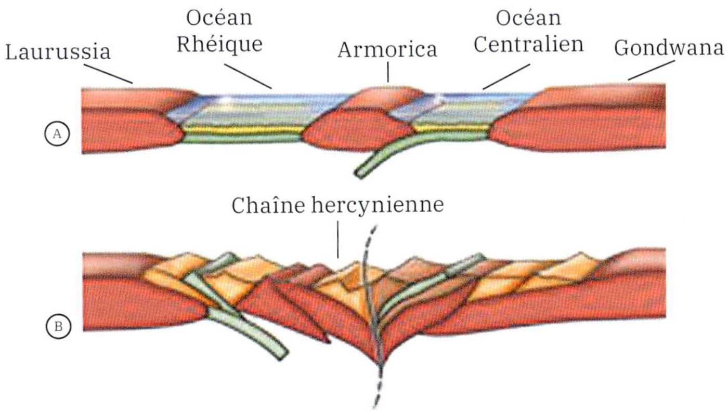

Schématisation simplifiée des événements tectoniques qui ont fait naître la chaîne hercynienne, principale ossature du sous-sol français affleurant en de nombreux secteurs du littoral. Divergence et convergence orchestrent le grand ballet des espaces océaniques et continentaux à la surface de la Terre.

On entend par « cycle orogénique » l'ensemble des étapes de la formation et de l'évolution des chaînes de montagnes : sédimentation, surrection et érosion. Celles-ci résultent de phénomènes de convergence tectonique qui ont pour effet de refermer des espaces marins ou océaniques comblés de dépôts sédimentaires plus ou moins épais. La première phase d'un cycle orogénique est donc celle de la sédimentation. Puis – convergence, fermetures océaniques et collisions obligent – viennent les étapes de la surrection au cours desquelles la chaîne de montagnes se met en place, sur des millions d'années. Dans le même temps, en profondeur, des roches se métamorphisent et d'autres fondent, donnant naissance à des magmas qui vont lentement se solidifier et se cristalliser.

Ces couches horizontales de la pointe de Chassiron, dans l'île d'Oléron (Charente-Maritime), témoignent du peu de déformations subies depuis leur dépôt au Jurassique, il y a 160 millions d'années.

À la fin de l'orogenèse, la dynamique de surrection cesse, et celle de l'érosion l'emporte sur les reliefs. En quelques dizaines de millions d'années, en même temps que les racines de la chaîne remontent, poussées par isostasie, l'érosion rabote les reliefs et finit par donner naissance à des surfaces d'aplanissement, ou pénéplaines, provoquant l'affleurement des roches magmatiques profondes, en particulier des granites, et des roches métamorphiques.

Faille de la Mort-Anglaise affectant les terrains paléozoïques, Camaret-sur-Mer, presqu'île de Crozon (Finistère).

Les déformations tectoniques : ça plisse ou ça casse

La tectonique – du grec tektôn, « bâtisseur », à l'instar du mot « architecture » – s'emploie à décrire les structures et les déformations qui affectent la Terre ainsi que les dynamiques qui y correspondent, soit à l'échelle de la planète soit à une échelle plus localisée comme les plis et failles qui torturent paysages et roches. Une approche schématique très simplifiée de la tectonique des plaques est abordée dans cet ouvrage pour évoquer les domaines marins et océaniques (voir pages 12 à 15). C'est aussi dans le contexte de cette tectonique globale que se développent la plupart des territoires des DROM-COM (voir pages 210 à 213).

Au niveau des paysages et des affleurements rocheux, les effets de la tectonique se traduisent en particulier par des plis et des failles et, *a contrario*, l'absence de déformations. Les littoraux de France en recèlent ainsi quelques beaux spécimens tels que la faille des Hachettes sur le littoral du Bessin (voir page 85), le pli de la Mort-Anglaise à Camaret-sur-Mer dans la presqu'île de Crozon (voir page 118) ou ceux qui affectent les flyschs du Pays basque (voir pages 158 à 163).

Peu ou pas de déformations !

De nombreuses zones littorales de la façade ouest de la France s'inscrivent dans un des deux grands bassins sédimentaires – le Bassin parisien et le Bassin aquitain – qui structurent une grande partie du sous-sol français. Les roches sédimentaires qui les constituent y sont, pour la plupart, disposées en couches horizontales superposées ou faiblement inclinées. Cette disposition est héritée :

- des différents épisodes sédimentaires, pour la plupart marins, qui sont venus déposer les matériaux les uns au-dessus des autres dans leur ordre historique ;
- du fait que ces régions, sauf parfois localement, n'ont pas subi de déformations tectoniques importantes.

Les couches les plus récentes y sont donc situées au-dessus des couches plus anciennes : c'est le principe de superposition. Dans d'autres anciens bassins sédimentaires, comme celui du Sud-Est – Provence –, par exemple, la tectonique a, en de nombreux endroits, bousculé l'agencement des terrains.

Pli à la pointe Sainte-Barbe, à Saint-Jean-de-Luz (Pyrénées-Atlantiques), au Pays basque. Quelles forces, quels contextes pour plisser des roches dures et cassantes comme un simple tissu froissé ?

Pli anticlinal de la Mort-Anglaise formé au Paléozoïque supérieur, lors de 'orogenèse hercynienne, à Camaret-sur-Mer (Finistère).

Plissé comme un tissu souple !

Les montagnes qualifiées de récentes – Jura, Alpes, Pyrénées –, mais aussi les massifs anciens montrent souvent des roches plissées. Les plis constituent l'une des signatures que la nature a inscrites dans les paysages, signifiant de façon lisible les contraintes qu'elle subit lors de la formation d'une chaîne de montagnes.

Un pli est une déformation souple des roches qui se traduit par une ondulation présentant une alternance de parties creuses, les synclinaux, et de parties bombées, les anticlinaux. En fonction des déformations subies et de la position de leur axe, on peut distinguer différents types de plis : droits, couchés, étirés, et faillés quand les matériaux n'ont pas résisté au plissement et ont fini par se rompre. On observe des plis à toutes les échelles, du centimètre au kilomètre et beaucoup plus.

Les plis peuvent affecter pratiquement toutes les catégories de roches. Or celles-ci sont généralement rigides. Quand on les soumet à des contraintes de flexion, elles ne plient pas mais cassent ! Par contre, on constate que des plaques de marbre, roche dure et cassante, entreposées en porte à faux chez un marbrier, se déforment et acquièrent une courbure avec le temps, alors qu'elles cassent si on cherche à les déformer rapidement ! Ceci nous permet de penser, et force est de l'observer dans la nature, que des roches dures et cassantes peuvent se comporter différemment dans la durée et ce, de façon encore plus évidente, sous une charge et une température importantes en profondeur.

Pour réaliser des plis avec un tissu, mieux vaut raccourcir sa longueur que soulever son centre! Les plis sont principalement le résultat de contraintes latérales de raccourcissement. Celles-ci entrent en jeu quand les compartiments rocheux subissent des contraintes de convergence associées aux déplacements – dérives – des continents. Les roches situées en surface ont tendance à casser, alors que celles situées plus en profondeur vont en partie se plisser. Quand l'ensemble se soulève, l'érosion décape les reliefs, faisant apparaître les terrains plissés sous-jacents.

Détail d'une faille à décalage vertical sur la falaise littorale de Ravine-Glaude, à La Désirade (Guadeloupe).

Quand ça casse : les failles

Résultat des contraintes de convergence et de collision, l'architecture des reliefs se traduit, certes par des plis, mais aussi par des cassures et des déplacements de compartiments rocheux les uns par rapport aux autres, à différentes échelles : ce sont les failles.

Le long des failles, les roches se décalent, séisme après séisme. Parmi celles-ci, on distingue les failles normales, les failles inverses et les failles décrochantes ou coulissantes (transformantes). Au niveau d'une faille normale, le compartiment situé au-dessus du plan de faille descend par rapport à l'autre. Pour une faille inverse, le compartiment situé au-dessus du plan de faille vient chevaucher celui situé en dessous. Une faille décrochante fonctionne par coulissage latéral d'un compartiment par rapport à l'autre. Chaque séisme, même très faible, peut être l'occasion d'un déplacement des compartiments rocheux le long d'un plan de faille. Et il ne faut pas oublier qu'en géologie, millimètre après millimètre, sur des millions d'années, les choses bougent sur des kilomètres, voire beaucoup plus !

Fossiles de trilobites de la presqu'île de Crozon (Finistère). Ces crustacés primitifs ont pullulé dans les mers au Paléozoïque.

Fossiles et fossilisation

Traces de vie inscrites dans la pierre ! Les fossiles ne seraient-ils que des coquilles jetées en chemin par les pèlerins se rendant à Saint-Jacques-de-Compostelle, comme ironisait Voltaire, ou des coquillages abandonnés sur place lors du déferlement du Déluge ?

Le fossile : objet de la paléontologie

D'une façon générale, un fossile est le reste pétrifié d'une partie ou de la totalité d'un organisme animal ou végétal, ou la trace de son activité. Parfois, la roche ne garde qu'un moulage, le corps ou la coquille ayant totalement disparu. La « chance » de devenir fossile dépend de nombreux paramètres comme :

Fossile d'huître daté du Miocène sur l'estran de Carry-le-Rouet (Bouches-du-Rhône). La présence de fossiles d'animaux marins vivant à faible profondeur d'eau permet de reconstituer le contexte environnemental du dépôt du sédiment dans lequel ils sont pris.

Fossile de bélemnite daté du Bajocien, sur l'estran de Port-en-Bessin (Calvados). La présence de ces animaux nageurs dans une roche ne permet pas de reconstituer un contexte marin de faible ou forte tranche d'eau lors du dépôt du sédiment.

Ce corail fossile récent sur un récif perché en bordure littorale, à Baie-Mahault, à La Désirade (Guadeloupe), permet de retracer les variations relatives du niveau marin par rapport au rivage actuel.

Les fossiles les plus abondants sont ceux que nous ne voyons pas: ici, des coccolithes de la craie du littoral du pays de Caux (Seine-Maritime), observés au microscope électronique à balayage (MEB).

- le lieu du dépôt: fond marin, lac, cours d'eau ou surface du sol ;
- la nature du sédiment qui s'accumule à cet endroit ;
- la vitesse des phénomènes ;
- et, surtout, la nature et la résistance des tissus de l'organisme qui meurt.

Les fossiles de mollusques sont fréquents. Cela n'est guère étonnant, ces animaux étant pour la plupart pourvus, de leur vivant, d'une coquille de nature minérale calcaire. L'huître en est un bon exemple ! À la mort de l'animal, les chairs molles se décomposent rapidement ou sont mangées par d'autres, alors que la coquille reste: c'est déjà de la matière minérale !

Lors de la fossilisation, il peut s'opérer progressivement une substitution de la matière de l'organisme par de la matière minérale. C'est ainsi que la silice peut remplacer, élément par élément, la matière végétale d'un tronc d'arbre pour donner un bois silicifié conservant la structure du bois d'origine. La fossilisation semble parfois paradoxale. Les oursins ont, de leur vivant, un test calcaire. Cependant, dans la craie, sédiment calcaire, de nombreux oursins sont siliceux et forment des rognons de silex. Pourquoi ? La silice que contient la craie de façon diffuse a migré autour de pôles d'attraction comme les tests d'oursins et s'est progressivement substituée à la matière de ces derniers.

Beaucoup de fossiles ne sont que des empreintes. C'est le cas, par exemple, des végétaux dans les schistes houillers. On peut également retrouver des empreintes, non pas d'organismes, mais du passage d'un animal – trace de vie – sur un sédiment meuble: empreintes de pas de dinosaures sur une ancienne plage de sable aujourd'hui transformée en grès, par exemple.

Les fossiles les plus abondants, et de loin, sont ceux que nous ne voyons pas. Ils sont microscopiques ou ultramicroscopiques et correspondent à des accumulations de microcoquilles, de fragments ou de tests d'organismes planctoniques comme les coccolithes de la craie.

Faire parler les fossiles

Dans la roche qui les contient, les fossiles témoignent de l'histoire de la vie comme de celle de la Terre. Ils sont à la base de la reconstitution des paléomilieux, de la mise au point de l'échelle du temps et de la théorie de l'évolution. Les fossiles ne sont pas sur la roche, mais dans la roche ! En les « interrogeant », on peut donc obtenir des informations sur le contexte de la genèse de la roche où on les observe: l'étude des fossiles est utile pour dater les couches de terrain.

Les fossiles de nummulites ont permis de dater du Rupélien (Oligocène) le calcaire gréseux du rocher de la Vierge à Biarritz (Pyrénées-Atlantiques), au Pays basque.

Ce dyke recoupe à l'emporte-pièce les roches préexistantes: sa formation leur est postérieure. Il illustre parfaitement le principe de recoupement – datation relative.

Quelques groupes ou espèces n'ont vécu qu'un laps de temps relativement court au regard des temps géologiques. Leur présence dans une roche atteste une époque précise. Retrouver ces mêmes fossiles dans des roches géographiquement très éloignées permet de dire qu'elles sont contemporaines. Les paléontologues ont ainsi mis au point des catalogues de fossiles servant de repères stratigraphiques pour le calendrier de l'histoire de la Terre.

Le temps et son échelle en géologie

L'aventure de la Terre s'étend sur une période très longue d'environ 4,6 milliards d'années. L'histoire géologique se compte en millions et en dizaines de millions d'années. Cependant, elle est aussi marquée par des événements qui n'ont duré que quelques secondes, comme les traces de pas d'un animal, l'impact d'une météorite, ou l'explosion d'un volcan, et qui, parfois, marquent pour longtemps la mémoire de la Terre. Difficile, en géologie, d'appréhender le temps! Pour raisonner sur l'histoire de la planète, le géologue, comme tout historien, doit:

- tenter de reconstituer l'ordre chronologique des événements: ***datation relative***,
- et leur attribuer un âge le plus précis possible: ***datation absolue***.

Datation relative

Elle se base sur quelques principes fondamentaux de raisonnement.

Le ***principe de superposition***, à savoir qu'une couche de terrain est plus récente que celle située en-dessous, n'est valable que dans les régions relativement stables depuis l'origine des dépôts. En montagne, les mouvements tectoniques ont pu chambouler les terrains au point de les retourner et de faire passer au-dessus ceux qui étaient en dessous.

Le ***principe de recoupement*** consiste, comme son nom l'indique, à observer les structures qui se recoupent. Si un filon volcanique traverse une autre formation rocheuse, le filon lui est postérieur.

L'observation de couches géologiques, éventuellement éloignées, mais possédant les mêmes caractéristiques, permet de les dater de façon contemporaine: c'est le ***principe de continuité latérale***. Mais attention, l'inverse n'est pas toujours valable! Une couche bien définie et en continuité géographique peut changer d'aspect d'un endroit à un autre, les conditions de sédimentation d'origine y étant différentes. On parle, dans ce cas, de «changement latéral de faciès».

Dans le même ordre d'idées, la comparaison de deux unités géologiques possédant les mêmes associations de fossiles, en particulier si ceux-ci sont de bons repères stratigraphiques, permet de les dater de la même époque : c'est le ***principe de l'identité paléontologique***.

Ce qui nous semble éternel et immuable n'est présent en surface que depuis peu de temps à l'échelle géologique. Nés en profondeur il y a 300 millions d'années, ces rochers de Ploumanac'h (Côtes-d'Armor) témoignent d'une longue histoire qui finira par les emporter.

Les Tas de Poix de la pointe de Pen Hir sont sculptés dans les grès armoricain datés du Paléozoïque inférieur, Crozon (Finistère).

Datation absolue – radiochronologie

La datation absolue se fonde sur la radioactivité de certains éléments chimiques et sur le fait que celle-ci décroît de façon régulière et connue au fil du temps. L'élément radioactif d'origine, ou élément père, se transforme progressivement en élément fils de masse différente. L'uranium 238 (radioactif), par exemple, se transforme en plomb 206. En mesurant les quantités de l'un et de l'autre, on peut connaître l'âge du début du phénomène de transformation et, par la même occasion, l'âge du minéral qui contient ces éléments. Cela permet d'en déduire l'âge de la roche dans le cas où sa formation est contemporaine de celle du minéral, ce qui est généralement le cas pour les roches magmatiques. Avec la méthode potassium-argon, on peut mesurer des âges de l'ordre du milliard d'années, d'où son importance en géologie. Les mesures réalisées avec le carbone 14 (^{14}C) permettent de remonter à environ 50 000 ans : c'est pour cela que cet élément est surtout utilisé par les préhistoriens.

L'échelle des temps géologiques

Depuis plus d'un siècle et demi, les géologues ont progressivement mis au point puis affiné un calendrier de la Terre et de la vie : c'est l'échelle des temps géologiques. Celle-ci débute avec la formation de la planète, il y a environ 4,6 milliards d'années, mais reste relativement floue pendant presque 90 % des périodes qui ont suivi.

Après les périodes lointaines de l'Archéen et du Protérozoïque, l'échelle commence de se préciser fortement au Cambrien, il y a 541 millions d'années. Pourquoi ? Tout simplement parce qu'à partir de cette période, le monde animal évolue et de nombreuses espèces acquièrent coquilles et squelettes. Les fossiles deviennent dès lors beaucoup plus nombreux et le calendrier plus détaillé, et ce, d'autant plus que l'on avance dans le temps et que l'on se rapproche d'aujourd'hui.

Trois grandes ères

L'échelle des temps géologiques les plus récents, à partir de – 541 millions d'années, se divise en ères : Paléozoïque ou ère primaire (de – 541 à – 252 millions d'années), Mésozoïque ou ère secondaire (de – 252 à – 66 millions d'années), Cénozoïque ou ère tertiaire et ère quaternaire réunies (de – 66 millions d'années à l'époque actuelle). Le Quaternaire n'est plus considéré comme une ère – son identité était liée à l'Homme, par convention !

Chaque ère se divise à son tour en systèmes, en séries et en étages. Toutes ces subdivisions possèdent des noms évocateurs : Jurassique, du massif du Jura ; Crétacé, qui signifie « âge de la craie » : Bajocien, de la ville de Bayeux, où l'étage a été défini pour la première fois (voir pages 82 à 84) ; Aptien, de Apt, dans le Luberon ; Permien, de Perm, en Russie ; Cambrien, de Cambria, nom latin du pays de Galles ; etc.

Fronde de fougère Pecopteris. *Le carbonifère a vu le développement d'une flore luxuriante et de très grandes forêts à l'origine des couches de charbon.*

Reconstitution d'un poisson cœlacanthe, véritable fossile vivant, apparu il y a environ 350 millions d'années. Sa morphologie évoque celle des premiers vertébrés terrestres.

Le Paléozoïque

Le Paléozoïque, étymologiquement « le temps de la vie ancienne », ou ère primaire, a duré de – 541 à – 252 millions d'années. Après s'être très lentement développée pendant plus de trois milliards d'années, la vie animale « explose » au Cambrien, au début du Paléozoïque, époque de l'apparition de la carapace, de la coquille, du squelette, puis de la colonne vertébrale. Tous les grands groupes d'invertébrés sont alors représentés. Les premiers poissons sans mâchoire apparaissent à l'Ordovicien et les vrais poissons au Silurien. C'est aussi pendant ces périodes que les premiers végétaux terrestres se développent et commencent à coloniser la terre ferme. Au Dévonien, la vie envahit la surface des continents, une étape favorisée par l'enrichissement de l'atmosphère en oxygène et permise par la présence de la couche d'ozone protectrice des rayons ultraviolets. C'est de cette époque que date Ichtyostega, le premier tétrapode, amphibien primitif capable de se déplacer à « quatre pattes » à l'air libre. Au Carbonifère, de nombreuses régions se couvrent de forêts luxuriantes, notamment les zones marécageuses. Les accumulations de leurs débris sont à l'origine de la formation d'épaisses couches de charbon, en particulier dans le nord de la France et dans le Massif central. C'est aussi l'époque de l'apparition de l'œuf amniotique, qui libère les reptiles de l'obligation de retourner dans l'eau pour se reproduire. Au Permien, des reptiles particuliers, les thérapsides ou reptiles mammaliens, développent le placenta, ce qui en fait les premiers vertébrés véritablement vivipares. La voie est ouverte pour les mammifères.

Le Mésozoïque

Le Mésozoïque, étymologiquement « le moyen âge de l'histoire de la vie », ou Secondaire, est une ère géologique constituée du Trias, du Jurassique et du Crétacé, qui s'étend de – 252 à – 66 millions d'années. Au Mésozoïque, la vie se diversifie de façon extraordinaire, dans les mers et sur les continents. Quelques grands groupes d'animaux

Le Mésozoïque a été l'ère du développement des Ammonites, qui ont pullulé dans toutes les mers du monde.

Reconstitution d'un droméosaure au musée-parc des dinosaures et de la Préhistoire à Mèze (Hérault). Le Mésozoïque a été l'ère du développement des dinosaures, aussi bien sur terre qu'en mer et dans les airs.

Fossile d'oiseau dans les calcaires oligocènes du Luberon (Vaucluse). Apparus au Mésozoïque, les oiseaux prennent leur essor au Cénozoïque.

aujourd'hui fossiles dominent pendant cette période puis disparaissent avec la crise qui en marque la fin : en particulier les ammonites, les dinosaures et d'autres reptiles apparentés. Ces stars de la paléontologie ne doivent pas faire oublier que le Mésozoïque est aussi l'ère de l'apparition des mammifères, des oiseaux et des plantes à fleurs. Les premiers mammifères datent du Trias. Ils ont alors la taille et l'aspect d'une musaraigne. Durant cette période, le supercontinent de la Pangée, soudé à la fin du Paléozoïque, se disloque progressivement. L'océan Atlantique commence à s'ouvrir au Jurassique : un bras océanique se forme à l'emplacement des Alpes ; l'Inde se sépare de l'Afrique et migre vers le nord à la rencontre du Tibet ; l'Antarctique et l'Australie débutent leur aventure solitaire. Au Crétacé, d'épaisses couches de craie se déposent, en particulier dans le nord de la France et le sud de l'Angleterre. Le Mésozoïque se termine par une grande crise biologique : la crise KT (K pour Crétacé et T comme Tertiaire). La crise KT n'est pas la plus importante de l'histoire géologique, mais elle est la dernière et la plus connue. Elle marque la fin du temps des dinosaures, petites ou grosses bêtes qui sollicitent notre imaginaire.

Le Cénozoïque

Le Cénozoïque, étymologiquement « le temps des nouveaux animaux » est l'ère géologique la plus récente, qui s'étend de – 66 millions d'années à nos jours. Il recouvre la durée des deux anciennes ères appelées Tertiaire et Quaternaire. Après la crise dévastatrice de la fin du Crétacé (KT), la vie rebondit. De nombreuses niches écologiques sont vides. La place est libre. On assiste donc – les fossiles en témoignent – à l'essor très rapide des mammifères, qui étaient restés particulièrement discrets pendant tout le Mésozoïque, dominé par les dinosaures. Le Cénozoïque est aussi l'ère de l'épanouissement des oiseaux et des plantes à fleurs. Dès le début de cette période, faune et flore commencent à présenter des caractéristiques assez semblables à celles qu'elles possèdent encore aujourd'hui. Dans le domaine de la paléogéographie, la Terre acquiert progressivement sa silhouette actuelle : le choc de l'Inde et du Tibet provoque la surrection de l'Himalaya ; l'océan Atlantique continue de s'élargir et s'ouvre sur l'océan Arctique au nord ; l'Afrique remonte vers le nord et les Alpes se soulèvent ; l'espace océanique de la mer Rouge s'ouvre entre l'Afrique et l'Arabie… C'est dans ce contexte que, il y a plus de 3 millions d'années, quelque part du côté du grand rift est-africain, en Éthiopie, une jeune australopithèque aujourd'hui nommée Lucy vaque à ses occupations. Et l'histoire continue…

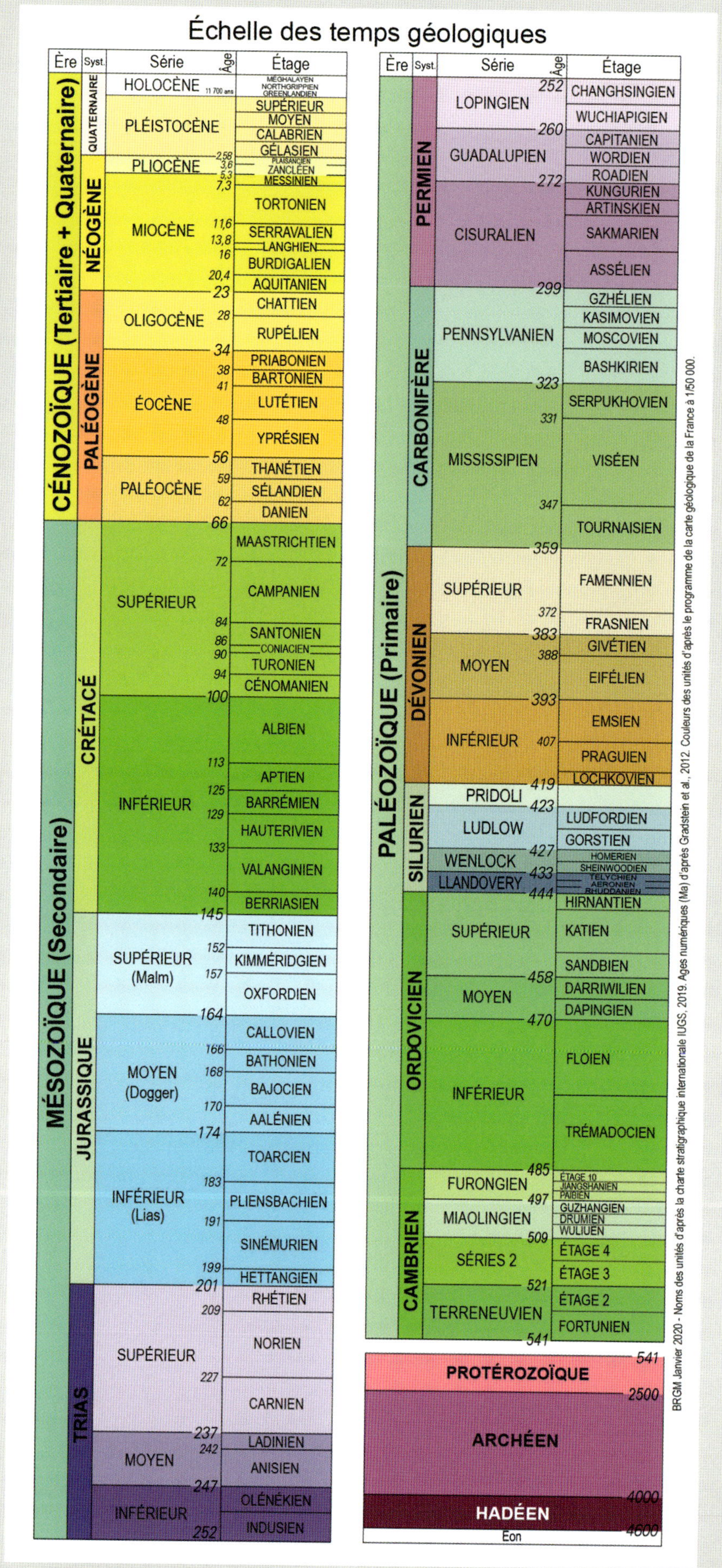

Échelle des temps géologiques. Janvier 2020.

La carte géologique, document de synthèse

Riche et belle, la carte géologique est un kaléidoscope d'informations. Brun, rouge, violet, vert, jaune : à la fois carte du temps et carte des roches, véritable « œuvre d'art », elle séduit l'œil du géologue comme celui du profane par ses couleurs et ses formes. Document scientifique de référence, la carte et sa notice constituent, pour une région donnée, un ouvrage de synthèse réalisé par une équipe de géologues de terrain qui a cherché à y représenter un maximum de renseignements. Elle est aussi un document de travail indispensable pour celui qui arrive pour la première fois sur un lieu et souhaite connaître l'âge, la nature et la localisation des roches.

La carte géologique de référence, éditée par le BRGM (Bureau de recherches géologiques et minières) est à l'échelle 1/50 000. Chacune est marquée par un nom et un numéro indexé à un tableau d'assemblage de feuilles couvrant toute la surface de la France. Il en existe à d'autres échelles : cartes régionales au 1/250 000, carte de France au 1/1 000 000, et cartes basées sur différentes thématiques et découpages géographiques.

Une carte géologique ne représente pas tous les terrains qui composent le sous-sol : elle ne montre que le niveau supérieur, abstraction faite du sol qui le recouvre. Les relations géométriques qui existent entre le tracé des couches et la topographie – représentée par des courbes de niveau – permettent aux géologues d'interpréter l'organisation du sous-sol dans un plan vertical et de réaliser des coupes géologiques.

De nombreuses cartes possèdent, en plus du ***document cartographique*** et de sa ***légende***, une ***coupe géologique*** représentative de la disposition des terrains dans le sous-sol, une ***colonne stratigraphique*** – ou log – et un ***schéma structural***, ce qui enrichit le document.

Les différents types de terrains sont représentés par des couleurs conventionnelles et des figurés qui indiquent l'âge des dépôts et/ou la nature de la roche qui les compose. Chaque couleur est accompagnée d'une notation correspondant à l'étage géologique et/ou aux roches considérés. La légende de la carte indique qu'il peut s'agir, en fonction des lieux, de calcaires, de marnes, de sables, de basaltes, de schistes, de granites, etc.

Indépendamment des couleurs, de nombreux signes conventionnels, définis en légende, donnent des informations ponctuelles telles que les gisements fossilifères, les emplacements de carrières, les sondages, le sens de pendage – inclinaison des couches –, etc.

De grands traits noirs barrent certaines zones de la carte : ils marquent les failles suivant lesquelles les compartiments rocheux ont été fracturés et décalés les uns par rapport aux autres. Le déplacement est quelquefois si important que la faille met en continuité horizontale des ensembles rocheux qui ne l'étaient pas à l'origine, ce que la carte souligne en juxtaposant des terrains représentés par des couleurs différentes de part et d'autre du trait de faille.

L'ensemble de la carte est réalisé sur un fond topographique montrant les courbes de niveau, les routes, les villes, les cours d'eau, etc. Une notice explicative plus ou moins détaillée l'accompagne. Elle décrit les terrains et donne une multitude de renseignements sur la géologie régionale : coupe de forage, gisements exploitables, etc. Un guide de lecture permet une première approche pour les personnes peu habituées à ce type de décodage géologique.

Aujourd'hui, les cartes sont numérisées, ce qui permet de les exploiter plus facilement, de les afficher à différentes échelles et d'en extraire, à la demande, des données spécifiques ainsi que des vues en trois dimensions et les coupes correspondantes. Les techniques numériques actuelles permettent également de venir superposer une image des reliefs sur les données géologiques et de rendre ainsi le document cartographique plus lisible et plus compréhensible.

En fonction des territoires qu'elles recouvrent, les cartes sont d'une approche plus ou moins simple ou complexe. Les unes sont marquées par un seul ou très peu d'étages géologiques différents et disposés de façon horizontale ou presque : c'est le cas de la carte de l'île de Ré ou de celle des Landes, par exemple. D'autres se présentent sous l'aspect d'un patchwork coloré traduisant l'extrême complexité des terrains formant le sous-sol régional : c'est le cas de la carte très récente du secteur du golfe du Morbihan. 1 060 cartes couvrent l'ensemble du territoire metropolitain.

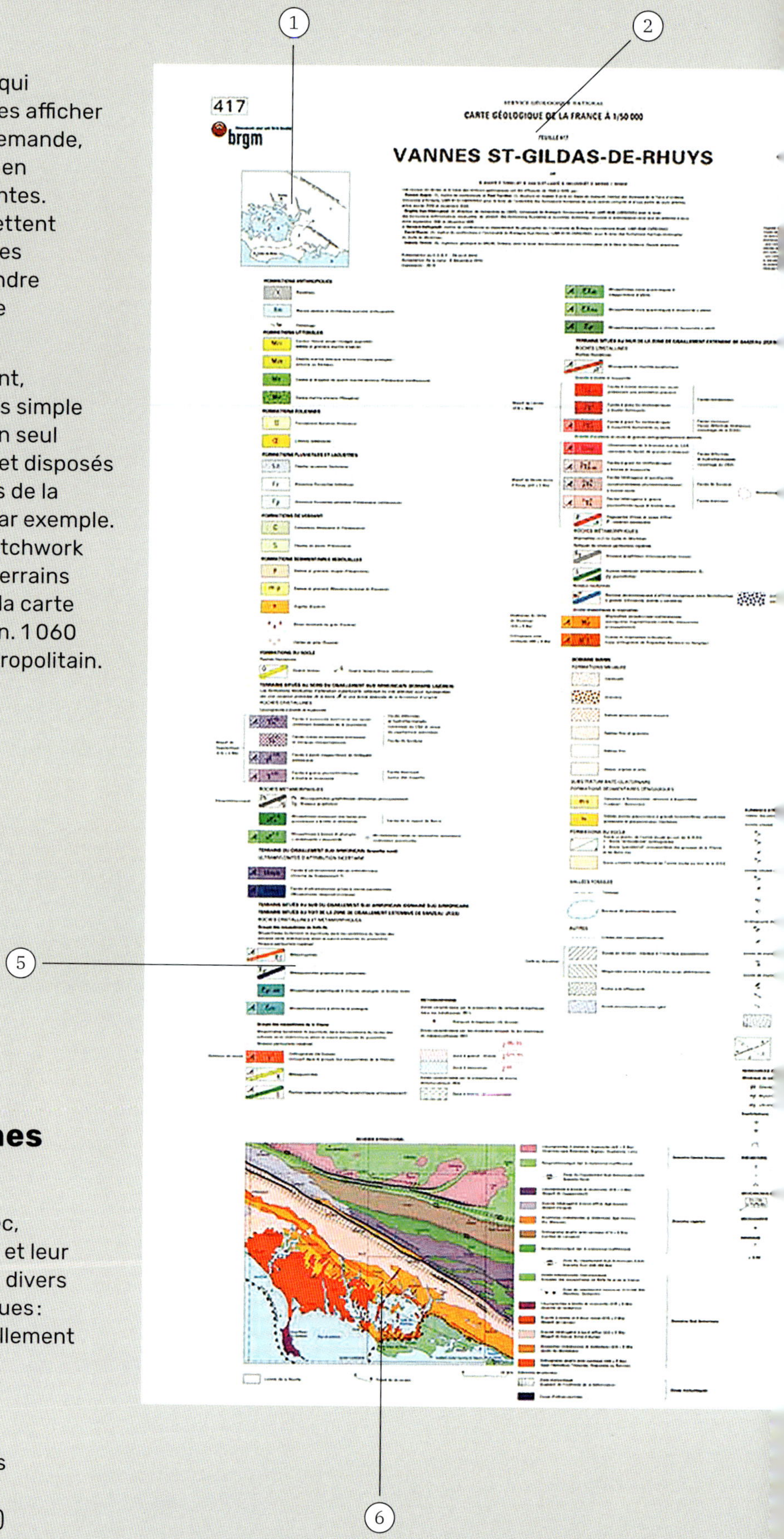

Exemple de la carte de Vannes – Saint-Gildas-de-Rhuys

Décrivant une partie du sud du Morbihan avec, en particulier, le golfe, la presqu'île de Rhuys et leur arrière-pays, la carte ci-contre s'inscrit dans divers types de granites et de roches métamorphiques : anatexies, gneiss et schistes, au sud du cisaillement sud-armoricain.

1. Contexte géographique
2. Nom de la feuille et liste des auteurs
3. Repères et coordonnées cartographiques
4. Nom de la feuille adjacente
5. Légende des terrains (couleurs et figurés)
6. Schéma structural
7. Légende des symboles et éléments structuraux
8. Coordonnées géographiques
9. Coupe géologique
10. Cartographie de l'île Dumet

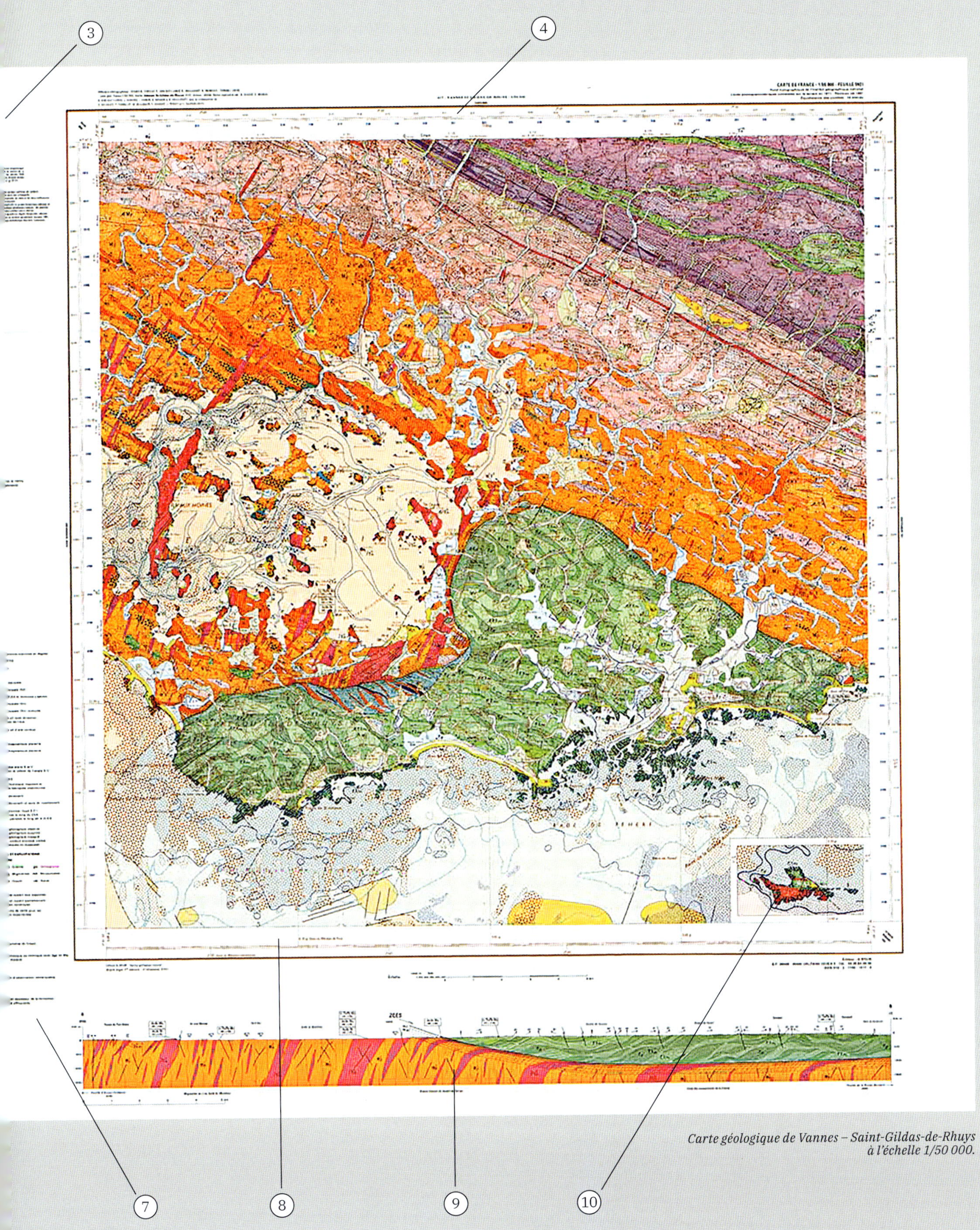

Carte géologique de Vannes – Saint-Gildas-de-Rhuys à l'échelle 1/50 000.

Exemple de la carte géologique de La Rochelle – Île de Ré

Numérotée 633 dans le tableau d'assemblage des cartes géologiques à 1/50 000, la feuille de La Rochelle – Île de Ré recouvre pour une part la péninsule rocherais et d'autre part la totalité de l'île de Ré, sites emblématiques du littoral français.

À la différence de la feuille de Vannes – Saint-Gildas-de-Rhuys, la carte de La Rochelle – Île de Ré, de lecture beaucoup plus simple, s'inscrit totalement sur un substratum jurassique (Oxfordien et Kimméridgien) localement recouvert de formations très récentes : plages de sables, dunes, cordons littoraux et alluvions.

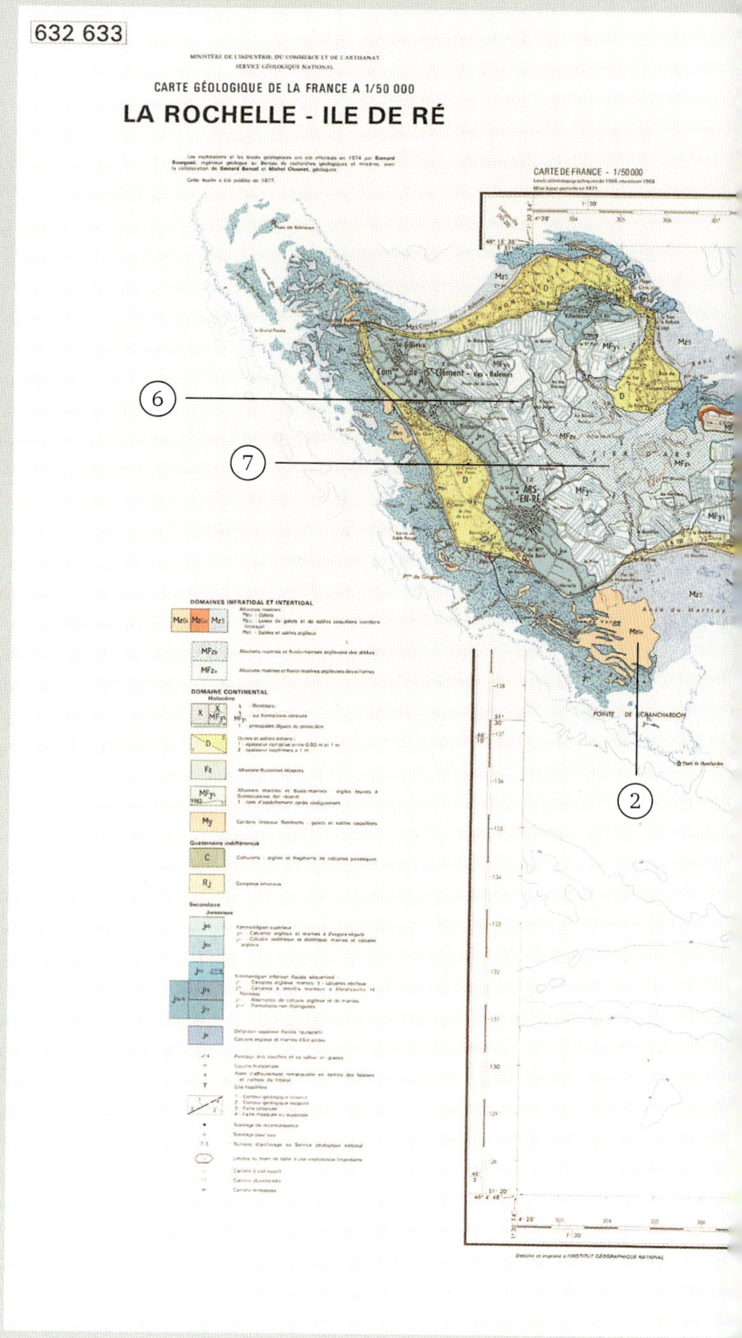

1. Estran calcaire daté du Kimméridgien
2. Alluvions marines – épandages de galets
3. Dunes de sable éolien
4. Sous-sol calcaire daté du Kimméridgien
5. Cordon littoral de galets et sable coquillé
6. Marais salants
7. Zone déprimée du cœur de l'île. Alluvions marines et fluviomarines : slikke.
8. Sable et sable argileux
9. Pertuis Breton : ancienne vallée continentale
10. Pertuis d'Antioche : ancienne vallée continentale

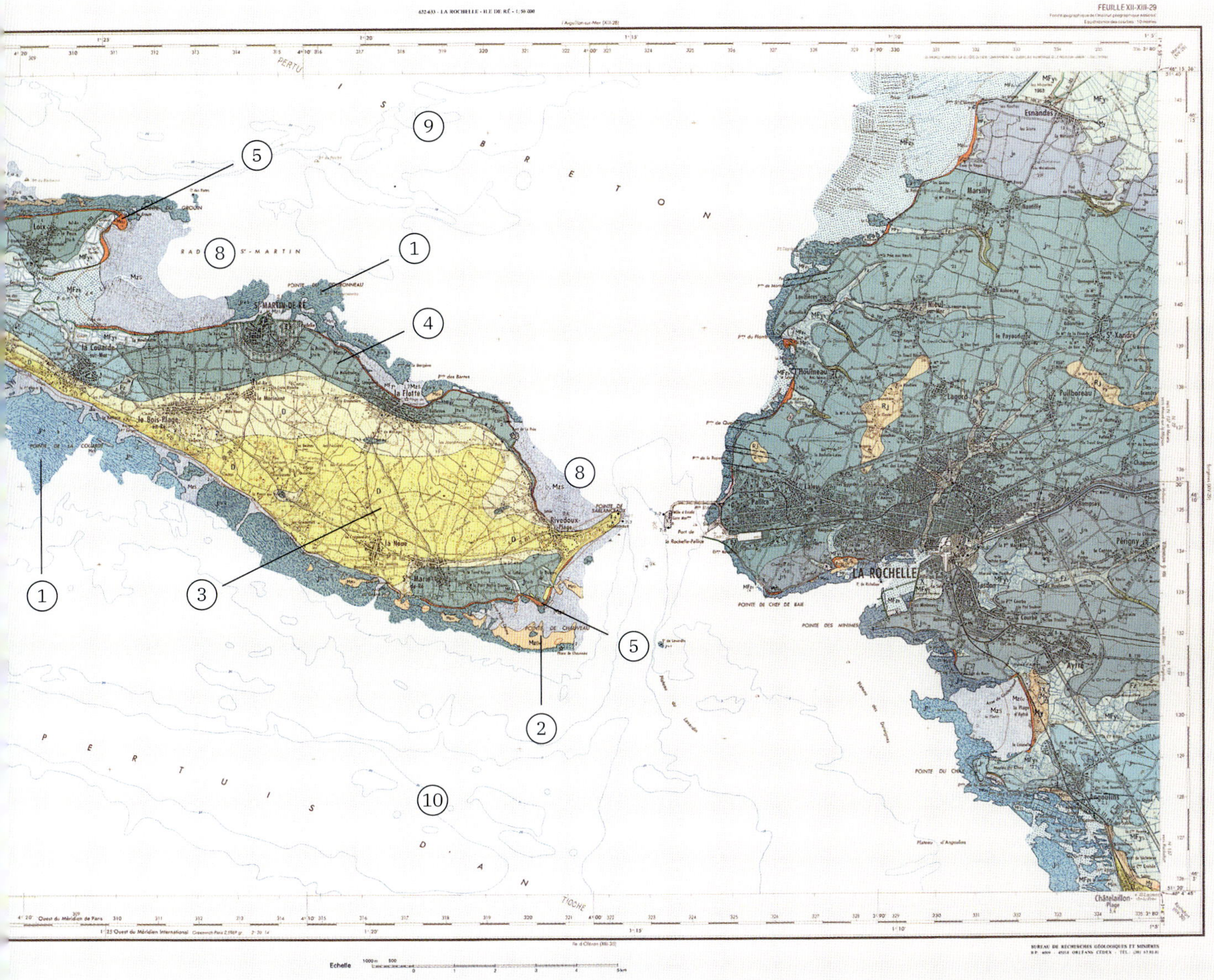
FEUILLE XII-XIII-29
P E R T U I S B R E T O N
P E R T U I S D A N T I O C H E
RADE S^T-MARTIN
S^T MARTIN DE RÉ
la Flotte
le Bois-Plage-en-Ré
la Noue
Rivedoux-Plage
POINTE DE CHAUVEAU
Esnandes
Marsilly
Nieul
Lagord
Puilboreau
St Xandre
LA ROCHELLE
POINTE DE CHEF DE BAIE
POINTE DES MINIMES
Aytré
Périgny
Châtelaillon-Plage
1
2
3
4
5
8
9
10
Echelle

QUELQUES MOTS
de géologie

A

Aber Terme breton désignant la partie littorale d'une vallée fluviale ennoyée par la montée du niveau marin depuis la fin de la dernière glaciation. Un aber subit le phénomène de la marée. Les abers sont des rias. Ils présentent des rives vaseuses à marée basse avec, en aval, une slikke composée de vases molles, recouverte à chaque marée, et, en amont, un schorre, ou herbu, caractérisé par une végétation halophile, recouvert uniquement lors des grandes marées. Le pays des Abers – Aber-Wrac'h, Aber-Benoît et Aber-Ildut – se situe dans le nord-ouest du Finistère.
Voir pages 115-116

Accrétion Accroissement progressif du volume d'un corps inorganique. L'accrétion océanique correspond à la formation de nouvelles portions de lithosphère au niveau des dorsales océaniques. *Voir pages 12-13*

Actualisme Hier comme aujourd'hui, aux mêmes causes, les mêmes effets.
Voir page 263

Affleurement Quand la roche est à nu!
Voir page 262

Alluvion Les alluvions sont des matériaux sédimentaires à la granulométrie plus ou moins fine ou grossière (limons, sables, graviers, galets, blocs) issus de l'érosion, puis transportés et déposés par accumulation, soit en aval des glaciers (alluvions fluvio-glaciaires), soit dans le lit d'une rivière ou d'un fleuve (alluvions fluviatiles), soit sur le littoral ou en mer au niveau de l'embouchure des cours d'eau (alluvions fluviomarines et marines).
Voir pages 38 à 41

Altération Ensemble des processus physico-chimiques qui affectent les roches et leurs minéraux, provoquant leur transformation et la perte de leur cohésion, et qui, de ce fait, favorisent leur désagrégation et leur érosion. *Voir pages 38 à 41*

Amiante Le terme «amiante» – ou «asbeste» – désigne un ensemble de minéraux de type silicate (serpentines et amphiboles) qui se présentent sous l'aspect de fibres souples et sont utilisés dans l'industrie pour leurs propriétés réfractaires et thermoprotectrices. De l'amiante affleure sur le littoral du cap Corse.
Voir page 205

Amphidromique Cet adjectif qualifie une zone où la surface de la mer est soumise à des contraintes de marée qui s'annulent entre elles: la marée y est donc nulle, comme au niveau du point amphidromique situé au milieu de la mer du Nord à mi-chemin entre la Hollande et l'Angleterre.
Voir page 20

Antarctique Centré sur le pôle Sud, l'Antarctique est un vaste continent entièrement couvert de glace (98 %) sur une épaisseur moyenne de 1,7 km. Il est entouré par l'océan Austral, constitué des parties sud des océans Pacifique, Atlantique et Indien. De par sa nature continentale, le pôle Sud se différencie totalement du pôle Nord, situé dans l'océan Arctique. «Antarctique» signifie «opposé à l'Arctique».

Anticlinal Forme de pli dessinant une bosse convexe tournée vers le haut. Dans un anticlinal, les pentes des flancs du pli divergent de part et d'autre de la charnière du plissement.
Voir pages 60 et 118

Arc insulaire Ensemble d'îles océaniques d'origine volcanique, dont l'alignement plus ou moins régulier forme une courbe, soulignant une zone de subduction entre deux plaques tectoniques. Le chapelet d'îles des Petites Antilles constitue un arc insulaire caractéristique, où la plaque nord-américaine plonge par subduction sous la plaque caraïbe.
Voir pages 211 et 223

Arctique L'Arctique, à la différence de l'Antarctique – de nature continentale –, est un océan localisé autour du pôle Nord. Sa surface est recouverte par une banquise de 1,5 à 2 mètres d'épaisseur moyenne. Son nom vient du grec arktos signifiant «ours», en référence aux constellations – Grande Ourse et Petite Ourse – qui permettent de localiser l'étoile Polaire.

Arène granitique Sable grossier hétérogène issu de l'altération d'un granite. *Voir pages 38 à 41*

Arkose Variété de grès grossier hétérogène composé de grains de quartz, à ciment argileux, mais particulièrement riche en grains de feldspaths et, pour une moindre part, en micas. Les arkoses correspondent à la diagenèse d'un ancien sable généralement déposé à proximité de sa source de production de type arène granitique, d'où sa richesse en feldspaths non encore totalement altérés.
Voir pages 106-107

Atoll Île constituée par un récif corallien émergeant d'une très faible hauteur au-dessus du niveau de la mer. Cette construction récifale s'adosse sur les flancs d'un ancien volcan océanique progressivement ennoyé du fait du déplacement de la plaque océanique qui le porte.
Voir pages 233 à 235

Aven Terme occitan désignant l'ouverture à l'air libre de la partie haute d'une cavité souterraine, à la surface d'un plateau calcaire karstique. *Voir pages 172-173*

B

Baie Échancrure marquant le dessin du littoral, une baie montre un trait de côte concave et ouvert sur la mer. De taille moyenne, inférieure à celle d'un golfe, une baie se différencie d'une rade, profonde et plus étroite dans le trait du littoral.
Voir pages 103 à 105

Baïne, bâche Dépression littorale située entre un banc de sable et la plage. On rencontre de nombreuses baïnes sur le littoral des Landes et, d'une façon plus générale, sur les estrans sableux de grande largeur. Elles se nomment «bâches» sur les côtes de Bretagne et de la Manche. Leur vidange à marée descendante peut engendrer un courant violent, dangereux pour qui s'y aventure.
Voir pages 43, 78, 151 et 153

Basalte Roche volcanique la plus fréquente, le basalte constitue la très grande majorité des laves émises

à la surface de la Terre. Les coulées de basalte, émises à environ 1 200 °C, sont très fluides. Les épanchements sous-marins au niveau des dorsales océaniques sont à l'origine de la constitution et de l'accroissement des planchers océaniques.
Voir pages 33 et 174-175

Bassin sédimentaire Grande zone déprimée présentant la forme d'une très vaste cuvette à la surface d'un continent, dans laquelle se sont accumulées, ou s'accumulent encore aujourd'hui, des couches de sédiments, émergées ou immergées selon les contextes. Le Bassin parisien constitue un bel exemple de bassin sédimentaire. La Manche en est une partie immergée dans laquelle des sédiments continuent de se déposer. Un bassin sédimentaire est marqué par une succession d'épisodes paléogéographiques marins ou lacustres alternant avec des périodes pendant lesquelles il est totalement émergé. Au cours de ces émersions, l'érosion se substitue à la sédimentation. Dans un bassin sédimentaire, les couches géologiques sont empilées les unes au-dessus des autres dans l'ordre de leur dépôt, les plus anciennes sous les plus récentes. Dans la suite de son histoire, un bassin sédimentaire peut être soulevé et plissé. C'est le cas de la Provence. Alors que les trois grands bassins sédimentaires français – le Bassin parisien, le Bassin aquitain et le bassin du Sud-Est – datent du Mésozoïque et du Cénozoïque, il en existe de plus anciens datant du Paléozoïque, comme le bassin de Châteaulin, au cœur du Massif armoricain, en Bretagne. *Voir pages 11, 49 à 51, 133 à 135 et 165 à 167*

Bioherme Masse rocheuse le plus généralement calcaire résultant de l'activité des êtres vivants tels que le corail, des algues encroûtantes, voire d'autres végétaux ou animaux comme certaines éponges qui se développent en colonie et dont l'activité favorise la précipitation et l'accumulation de calcaire. *Voir page 77*

Bouchon vaseux Importante concentration locale de sédiments fins en suspension dans l'eau (forte turbidité), un bouchon vaseux naît de la rencontre entre les eaux douces et les eaux salées dans un estuaire soumis à la marée. *Voir pages 70 à 72 et 146 à 149*

C

Calanque Une calanque, sorte de ria, est une petite vallée littorale étroite et profonde de type canyon, débouchant directement sur la mer et bordée de falaises abruptes.
Voir pages 184 à 187

Calotte glaciaire Une calotte glaciaire (ou inlandsis) est une grande accumulation de glace recouvrant la surface d'un continent et s'écoulant de part et d'autre vers sa périphérie. L'Antarctique comme le Groenland sont recouverts d'une calotte glaciaire.
Voir pages 209 et 236-237

Caoudeyre Mot occitan désignant une cavité de déflation dans une dune.
Voir page 45, 56, 62 et 152

Cénote Gouffre d'origine karstique, ouvert à l'air libre et totalement ou en partie ennoyé. Bon nombre de cénotes, situés à proximité d'un rivage, sont reliés à la mer par un réseau souterrain de fractures. Quand la structure karstique et le gouffre sont entièrement ennoyés, ils constituent des « trous bleus ».
Voir pages 172-173

Cénozoïque Ère géologique débutée depuis 66 millions d'années et se poursuivant de nos jours.
Voir page 273

Chaos de granite
Voir pages 41, 111 à 114 et 201 à 203

Coccolithe Fragment de test (enveloppe externe) d'algues marines unicellulaires microscopiques, les coccolithophoridés, qui constituent une partie du phytoplancton. Lorsque l'algue meurt, les microplaques de calcaire de son test tombent et s'accumulent sur le fond où elles forment une boue à l'origine des couches de craie. *Voir pages 68-69*

Concordance On parle de concordance quand une couche sédimentaire repose normalement, dans la suite logique de l'histoire géologique, en position d'origine au-dessus de la couche sous-jacente plus ancienne. Le terme de « concordance » s'oppose à celui de « discordance ».

Confessionnaux Forme particulière d'érosion de certaines falaises calcaires littorales. *Voir pages 76 et 82-83*

Corail Les coraux sont des animaux constructeurs marins appartenant à l'embranchement des cnidaires. Ils se constituent une sorte de « squelette externe » (exosquelette) calcaire et se développent en colonie, croissant les uns sur les autres et créant ainsi de véritables masses rocheuses qui finissent par former des récifs. Les fossiles de coraux sont très fréquents, en particulier dans les roches calcaires formées jadis dans des mers chaudes, à des époques où la France se situait sous les tropiques.
Voir pages 143 et 214 à 217

Cornéenne Roche métamorphique très dure et très compacte qui se forme par forte élévation de température au contact d'un magma intrusif, lors de la mise en place d'un pluton, au milieu de terrains encaissants. *Voir pages 99 et 100*

Coupe géologique Une coupe géologique représente la disposition relative, suivant un plan vertical, des terrains formant le sous-sol. Elle se construit à partir de la carte géologique et d'autres moyens d'investigation tels que des sondages ou des données géophysiques.
Voir page 276

Coussin de lave, pillow-lava Les laves en coussins, ou pillow-lavas (dénomination anglo-saxonne de ce type de formation), sont des laves épanchées sous forme de paquets de quelques décimètres de diamètre, lors d'éruptions sous-marines. Les coussins de lave présentent une enveloppe vitrifiée au contact de l'eau froide. Un pédoncule marque la zone d'alimentation du coussin. Ce type de formation caractérise en particulier les épanchements volcaniques qui surviennent au niveau des dorsales océaniques. *Voir pages 109, 110 et 229 à 232*

Craie Calcaire blanc, parfois légèrement jaunâtre, tendre, friable et poreux, qui forme des couches géologiques d'épaisseur importante, en particulier dans le Bassin parisien et dans le sud de l'Angleterre. *Voir pages 51, 57 à 59, 64 à 69 et 148-149*

Crétacé Période géologique du Mésozoïque s'étendant de – 145 à – 66 millions d'années. On rencontre de nombreux affleurements de roches datant du Crétacé sur les littoraux de France. *Voir pages 64 à 72, 148-149, 158 à 163 et 184 à 189*

Crise biologique L'étude des fossiles depuis le début du Paléozoïque (– 541 millions d'années) montre qu'à certaines époques de son histoire, la Terre a traversé des bouleversements rapides et violents qui ont fait disparaître un très grand nombre d'espèces vivantes, de familles et parfois de groupes entiers. On dénombre cinq crises biologiques majeures : à la fin de l'Ordovicien, du Dévonien, du Permien, du Trias et du Crétacé. Des causes diverses sont à l'origine de ces crises: impact d'une grosse météorite, épanchements volcaniques très intenses, variation du niveau marin, glaciation, réchauffement, inversion ou annulation du champ magnétique, etc. Dans l'avenir, l'activité humaine peut devenir une source de crise biologique.

La crise Crétacé-Tertiaire, dénommée «crise KT», il y a 66 millions d'années, semble avoir été initiée par deux causes principales: la chute d'une grosse météorite dans la région de Chicxulub, au Mexique, et des épanchements volcaniques particulièrement importants dans la région du Deccan, en Inde. *Voir pages 159, 160 et 212*

Croûte continentale Partie de la croûte terrestre formant le socle des continents. Elle est composée de roches magmatiques et métamorphiques de type granite, granitoïde, gneiss ou schiste, localement recouvertes de roches sédimentaires sur de plus ou moins grandes épaisseurs. Sa densité moyenne est de 2,7. L'épaisseur de la croûte continentale varie de 20 à 70 kilomètres selon les contextes tectoniques. *Voir pages 12 à 15*

Croûte océanique Partie supérieure de la lithosphère océanique, la croûte océanique est une partie de la croûte terrestre formant le fond des océans et principalement composée de roches basiques – basaltes, gabbros – localement recouvertes de dépôts sédimentaires plus ou moins épais. Elle se forme par accrétion au niveau des dorsales médio-océaniques. Son épaisseur moyenne est de 6 à 7 kilomètres. *Voir pages 12 à 15*

Cycle orogénique Divergence, ouverture océanique, sédimentation, convergence, fermeture océanique, collision, surrection, érosion constituent les étapes d'un cycle orogénique. *Voir page 265*

Cycle des roches Les roches naissent les unes aux dépens des autres dans un grand cycle de la matière minérale entre la surface et l'intérieur de la Terre. *Voir page 263*

D

Datation L'aventure de la Terre s'étend sur une période très longue – 4,6 milliards d'années. L'histoire géologique se compte en millions et en dizaines de millions d'années. Toutefois, elle est aussi marquée par des événements ponctuels qui n'ont duré que quelques secondes, comme les traces de pas d'un animal dans un sol mou, l'impact d'une météorite ou l'explosion d'un volcan, et qui, parfois, marquent pour longtemps la mémoire de la Terre. Pour raisonner sur l'histoire de la planète et les événements qui s'y sont succédé, le géologue, comme tout historien, doit tenter de reconstituer leur ordre chronologique – datation relative – et leur attribuer un âge le plus précisément possible – datation radiochronologique, dite «absolue». *Voir page 270*

Déflation (cavité de) Cavité sculptée par le tourbillonnement du vent sur les flancs d'une dune. Ce type de cavité est dénommé «caoudeyre» dans les Landes. *Voir pages 45, 56, 62 et 152*

Delta Embouchure de fleuve dans laquelle les sédiments se déposent selon un tracé plus ou moins triangulaire évoquant la forme de la lettre grecque majuscule delta (Δ). *Voir pages 176 à 181*

Dérive littorale Courant marin qui longe le littoral et provoque le déplacement, l'étalement ou l'ablation des sédiments. Le sens de la dérive dépend de plusieurs facteurs tels que la direction de la houle, les marées, la proximité des embouchures fluviales, etc. *Voir page 27*

Désagrégation Produite par la déstructuration et la séparation plus ou moins complète des éléments minéraux qui constituent une roche, la désagrégation résulte à la fois de phénomènes physiques (tension, rétraction, dilatation, notamment, liées aux variations de température) et de la transformation chimique de certains minéraux, en particulier les silicates, sous l'effet de l'eau (hydrolyse). *Voir pages 38 à 41 et 203*

Diagenèse Ce terme décrit les processus physico-chimiques provoquant la transformation d'un sédiment meuble en une roche sédimentaire plus cohérente et plus ou moins indurée. Un grès, par exemple, naît par diagenèse d'un ancien sable dont les éléments se soudent entre eux. *Voir pages 107 et 110*

Diaclase Fracture plus ou moins ouverte au sein d'une masse rocheuse, sans déplacement d'un compartiment par rapport à l'autre. Elle se différencie d'une faille, qui est marquée par les déplacements relatifs des compartiments rocheux en présence. *Voir pages 76, 85 et 131*

Discordance Surface de contact entre des terrains sous-jacents plus anciens ayant été déformés (basculés, plissés), puis érodés, relativement aplanis, et les formations sédimentaires qui les recouvrent. Le terme de «discordance» s'oppose à celui de «concordance» qui décrit le dépôt successif de couches les unes au-dessus des autres dans un ordre stratigraphique régulier, sans surrection ni plissement. *Voir pages 136-137*

Dolérite Roche magmatique de coloration grise à bleu verdâtre et de texture intermédiaire entre un basalte et un gabbro. Une dolérite présente un aspect microcristallisé provenant du refroidissement relativement lent d'un magma basaltique dans un filon. *Voir page 108*

Dorsale océanique Une dorsale, ou ride, médio-océanique est une frontière divergente entre deux plaques tectoniques, où se forme la lithosphère océanique par des remontées volcaniques (accrétion) sous-marines issues du manteau. *Voir pages 12 à 15*

Dune Une dune éolienne est un important tas de sable au profil dissymétrique érigé par le vent, en pente douce face au vent et plus raide sur le côté opposé. *Voir pages 44 à 47*

Dyke Lame (ou filon) de roche volcanique recoupant les roches encaissantes d'un sous-sol. Un dyke correspond au remplissage d'une ancienne fracture par du magma liquide qui s'est par la suite solidifié. Il peut être mis au jour par l'érosion différentielle des terrains qui l'entourent et former alors une sorte de mur, ou lame, isolé dans le paysage. *Voir page 232*

Échelle d'intensité Échelle servant à mesurer les effets ressentis et observés lors d'un séisme, en un point donné de la surface du globe. L'échelle aujourd'hui utilisée en France est l'échelle Medvedev-Sponheuer-Karnik (MSK), établie en 1964 et graduée de 1 à 12. Elle permet de dresser la carte isoséiste qui délimite les zones géographiques ayant ressenti un séisme avec la même intensité. *Voir pages 55, 129 et 259 à 261*

E

Échelle de Richter Établie par le sismologue américain Charles Francis Richter en 1935, cette échelle évalue la magnitude d'un séisme, c'est-à-dire la quantité d'énergie libérée à son foyer. Une élévation de 1 degré correspond à une amplitude de mouvement des roches multipliée par 10 et à une énergie libérée multipliée par 30. L'échelle de Richter est dite « ouverte » : elle ne possède pas de limite définie. Elle ne comporte toutefois que 9 graduations, aucun séisme de magnitude supérieure à 9,5 n'ayant été mesuré sur Terre à ce jour. *Voir pages 55, 129 et 259 à 261*

Échelle stratigraphique Calendrier de l'histoire de la Terre découpé en ères, systèmes, séries et étages. *Voir page 274*

Estuaire Embouchure de fleuve dans laquelle pénètrent les eaux marines. À la différence d'un delta, les sédiments apportés par le fleuve y sont en très grande partie évacués vers le large. Un estuaire se forme généralement quand le fleuve débouche dans une mer agitée et marquée par les marées, comme la Manche ou l'océan Atlantique. *Voir pages 70 à 72, 75, 101, 115, 116, 146 à 149 et 152*

Étier Chenal reliant un marais – maritime ou salant – à la mer. *Voir pages 128-129*

F

Faille Fracture au sein des roches présentant un décalage des compartiments en présence. *Voir pages 85 à 87, 231-232 et 268*

Falaise En géomorphologie, une falaise est un escarpement rocheux à forte pente situé le long d'un littoral, soit battu par les vagues (falaise vive), soit isolé en retrait de la mer (falaise morte ou paléofalaise). *Voir pages 28-29*

Flot, flux Période de montée de l'eau dans le phénomène des marées. « Flot » et « flux » s'opposent aux termes de « jusant » et de « reflux ». *Voir pages 18 à 21*

Flysch Formation sédimentaire marine de nature détritique, généralement épaisse, composée de niveaux gréseux alternant de façon régulière avec des niveaux de schistes argileux ou marneux. Le flysch se forme en eau relativement profonde, par dépôts successifs de sable et de boue, lors d'avalanches sous-marines, en bordure d'une chaîne de montagnes en surrection. *Voir pages 158 à 163*

G

Galet perforé Les pholades, mollusques bivalves marins, forent dans des roches calcaires du littoral des trous où elles se logent. Il en résulte des galets d'aspect pittoresque, percés d'une multitude de trous dont certains renferment des coquilles. *Voir page 145*

Glaciation Période froide pendant laquelle de grandes quantités de glace s'accumulent à la surface de la Terre, aussi bien aux pôles qu'à des latitudes plus basses et sur les reliefs. La fin du Tertiaire et le Quaternaire ont vu se succéder six périodes glaciaires importantes. La dernière, le würm, a connu son maximum il y a seulement 18 000 ans. Nous sommes aujourd'hui dans une période interglaciaire au sein des glaciations quaternaires. À quand la prochaine phase de glaciation ? Mais quid du réchauffement climatique ? *Voir pages 236 à 241*

Gouffre Cavité souterraine karstique de grande taille généralement ouverte à l'air libre du fait de l'effondrement de son toit ou par le biais de conduits (ou boyaux) annexes. Cette morphologie est désignée par le terme « aven » en langue d'oc. *Voir pages 172-173*

Grès de plage, beach-rock Roche sédimentaire formée dans la zone de balancement des marées, par cimentation et consolidation d'un sable généralement associé à des graviers ainsi qu'à des éléments coquillés et des débris coralliens, en fonction des contextes. *Voir page 219*

H

Havre Indépendamment de la ville portuaire qui porte ce nom, « havre » est un terme générique qui désigne un estuaire abrité sur une côte basse. Il est en particulier usité sur la façade occidentale du Cotentin, où on dénombre huit havres, dont ceux de Carteret et de Portbail. *Voir pages 101 et 102*

Hercynien Nom donné à la grande surrection montagneuse qui affecta la Pangée, en particulier la France au Carbonifère. *Voir page 272*

Hermelle Vers polychètes, les hermelles (Sabellaria alveolata) vivent dans un tube de sable aggloméré. Elles se développent en colonie et construisent ainsi des massifs par accolement des tubes entre eux. Les plus grands massifs à hermelles de France se rencontrent dans le secteur est de la baie du mont Saint-Michel. *Voir page 105*

Holocène Période géologique interglaciaire actuelle, de – 10 000 ans à nos jours.

I

Icartien Période géologique du Paléoprotérozoïque, datée d'environ – 2 milliards d'années. C'est l'âge des plus vieilles roches de France, à savoir des gneiss qui affleurent dans les Côtes-d'Armor, ainsi qu'au niveau du nez de Jobourg, dans le Cotentin (Manche). *Voir pages 93 et 95*

Intertidal Qualifie la zone de balancement des marées (marnage) entre la plus haute et la plus basse mer. *Voir pages 18 à 21*

J

Jusant, reflux Période de descente et retrait de l'eau dans le phénomène des marées. « Jusant » et « reflux » s'opposent aux termes de « flot » et de « flux ». *Voir pages 18 à 21*

L

Lagune littorale Plan d'eau salée en bord de mer (dénommé « étang » sur les littoraux languedocien et landais), séparé de celle-ci par un cordon de sable ou de galets (lido). La lagune est en communication avec la mer par une passe ou « grau ». *Voir pages 150 à 53, 169 à 171 et 176 à 181*

Lahar Coulée boueuse de débris éruptifs non consolidés, sur les flancs d'un volcan. Les lahars présentent un grave danger pour les populations locales. Ils sont le plus souvent provoqués par de très fortes pluies (en période de mousson dans certaines régions, par exemple) ou, parfois, par la fonte d'une calotte glaciaire, comme ce fut le cas en 1985 lors de l'éruption du Nevado del Ruiz, en Colombie, dont les coulées boueuses engloutirent environ 25 000 personnes. *Voir pages 198 et 225*

Laisse de mer Accumulation des produits – algues, bois flotté, coquillages ou déchets – déposés par la mer, sous la forme d'un cordon, à la limite de la marée haute. La découverte de laisses coquillées fossiles dans d'anciens sédiments de plage livre des informations sur lescontextes paléoenvironnementaux. *Voir page 43*

Lapiaz, lapiez Morphologie caractéristique de certaines surfaces calcaires, qui se présente sous forme de sillons plus ou moins profonds et ouverts, pour la plupart en continuité avec les fissures sous-jacentes dans lesquelles l'eau s'infiltre et continue son travail de dissolution en profondeur. *Voir pages 172-173 et 230-231*

Lithosphère Enveloppe solide rocheuse de la planète Terre (planète tellurique), composée de la croûte et de la partie supérieure du manteau. La lithosphère se divise en deux grands domaines : la lithosphère continentale et la lithosphère océanique, cette dernière occupant environ les deux tiers de la surface terrestre. *Voir pages 12 à 15*

Lœss Également nommé « limon des plateaux », le lœss est un dépôt sédimentaire meuble d'origine éolienne, déposé par le vent dans les environnements périglaciaires lors des dernières glaciations. De nature mélangée – argilo-calcaro-sableuse –, il présente une granulométrie fine. Le lœss est poreux et constitue un type de sol très fertile, en particulier dans le nord de la France. *Voir page 76*

M

Maar Cratère volcanique circulaire en forme de cuvette, entouré d'un anneau de débris (lèvres du cratère), un maar résulte de la rencontre du magma avec de l'eau (nappe phréatique, cours d'eau), ce qui provoque une éruption très explosive. On qualifie ce type de dynamisme éruptif de « phréatomagmatique ». *Voir page 213*

Manteau Principale enveloppe de la Terre, le manteau se situe entre le noyau et la croûte. Il est divisé en manteau inférieur et en manteau supérieur. Présentant un caractère déformable (asthénosphère), le manteau est animé de mouvements – cellules – de convection responsables de la tectonique des plaques et, par conséquent, de la dérive des continents. La roche qui constitue le manteau supérieur est bien connue, car parfois expulsée lors des éruptions volcaniques : la péridotite. La limite entre le noyau et le manteau se situe à 2 900 kilomètres de profondeur. Sa limite supérieure varie d'environ – 70 kilomètres sous les secteurs montagneux des continents à seulement – 5 à – 7 kilomètres, voire moins, sous les océans.

Marais, zone humide Endroit où le sol gorgé d'eau est localement et temporairement inondé sur une faible profondeur. Les marais constituent des zones écologiques de première importance.Un **marais maritime** est un marais ouvert sur la mer. Les mangroves sont assimilables à des marais maritimes. Le bassin d'Arcachon est un marais maritime. *Voir pages 150 à 155 et 218-219.* Les **marais salants**, ou **salins**, sont constitués par un ensemble de bassins artificiels aménagés dans une zone de marais maritimes naturels. L'eau y pénètre au niveau des étiers, puis s'évapore dans les bassins successifs où le sel finit par se déposer. Les ouvriers des marais salants sont nommés « paludiers » ou « sauniers » selon les régions. *Voir pages 126-127*

Marge continentale active Limite continent-océan caractérisée par une activité sismique importante, des phénomènes volcaniques et la présence d'une fosse marine en bordure océanique. Une marge active constitue une forme de transition instable entre la croûte continentale et la croûte océanique, où s'effectue le phénomène de subduction par lequel la plaque océanique plonge sous la plaque continentale. *Voir pages 210 à 213 et 223 à 232*

Marge continentale passive Correspond au rebord d'un continent (talus continental) issu d'une ouverture océanique. À la différence d'une marge active, une marge passive constitue une zone de transition stable entre la croûte continentale et la croûte océanique, sans phénomène de subduction. C'est le cas de la marge atlantique, face à l'océan du même nom. Sauf épiphénomènes locaux, une marge passive se caractérise par une absence de sismicité importante et une absence d'activité volcanique. *Voir pages 12 à 15*

Marnage Différence de hauteur d'eau mesurée entre la basse et la haute mer dans le phénomène de marée – on parle aussi d'« amplitude » de la marée. Le marnage évolue en fonction des jours et de la position des astres. Il dépend également des courants marins et de la configuration géographique du littoral. Son ampleur est indiquée par une valeur numérique appelée « coefficient de marée ». En France, le plus fort marnage est celui de la baie du mont Saint-Michel, qui peut atteindre 13 mètres d'amplitude lors des grandes marées. Le record mondial (16 mètres) est celui de la baie de Fundy, entre la Nouvelle-Écosse et le Nouveau-Brunswick, dans l'est du Canada. *Voir pages 18 à 21*

Mascaret Train de vagues particulier se formant dans un estuaire et sur le cours aval de certains fleuves lorsque le flot de la marée montante s'oppose au courant naturel descendant du cours d'eau. Les mascarets sont importants lors des grandes marées. Ils remontent ainsi parfois à contre-courant sur plusieurs dizaines de kilomètres, voire plus, comme dans le cours de la Gironde, puis dans ceux de la Garonne et de la Dordogne. *Voir page 147*

Massif granitique intrusif Issu d'un pluton solidifié en profondeur et mis à l'affleurement par le double jeu du soulèvement et de l'érosion, un massif granitique intrusif s'intercale comme un intrus au sein d'autres terrains qu'il recoupe à l'emporte-pièce. Il présente des contours bien délimités, entourés d'une auréole de métamorphisme de contact. *Voir pages 96 à 100 et 111 à 113*

Mésozoïque Ère géologique qui a duré de – 252 à – 66 millions d'années. *Voir page 272*

Messinien Étage géologique tenant son nom de la ville de Messine, en Sicile, qui s'étend de – 7,3 à – 5,3 millions d'années. Le Messinien a été marqué, entre – 5,7 et – 5,3 millions d'années, par un phénomène très étonnant : la fermeture du détroit de Gibraltar, l'évaporation de la mer Méditerranée et l'abaissement de son niveau d'eau sur 1 500 à 2 500 mètres de hauteur, provoquant le dépôt d'importantes couches de sel sur ses fonds. À cette époque, le niveau de la mer Méditerranée étant très bas, les fleuves qui s'y jetaient et leurs affluents ont creusé profondément leur lit en canyons qui, par la suite, se sont remplis d'alluvions. C'est, en France, le cas des vallées du Rhône, de la Durance ou du Gard. *Voir page 168*

Métamorphisme « Métamorphose » des roches correspondant à un ensemble de transformations subies par les roches soumises à des élévations de pression et/ou de température. Dans les zones de convergence des plaques tectoniques, en particulier là où se forment les chaînes de montagnes, des roches, quelle que soit leur nature d'origine, se trouvent progressivement enfouies à des profondeurs plus ou moins importantes, où elles subissent des transformations qui s'effectuent à l'état solide. De nouveaux minéraux apparaissent par recombinaison chimique. Leur nature dépend de la composition de la roche d'origine et de l'intensité des différents facteurs : pression, chaleur, présence d'eau… Sous l'effet des contraintes tectoniques qu'elles subissent, les roches se déforment. Leurs éléments s'orientent et un feuilletage (schistosité) peut apparaître perpendiculairement

aux contraintes de pression maximales. La roche d'origine se réorganise, se métamorphise. Dans certains secteurs, en profondeur, l'augmentation de la température est si forte qu'elle peut provoquer la fusion des matériaux, ce qui entraîne la formation de magmas.
Si des roches métamorphiques affleurent aujourd'hui, c'est qu'elles ont été soulevées et que les terrains qui les recouvraient ont été décapés par l'érosion. Autour d'un massif de granite intrusif, on peut observer une auréole de roches métamorphiques de 1 à 2 kilomètres de largeur.
Lors de sa mise en place, le pluton granitique, chaud et fondu, a recuit et transformé les roches (sédimentaires, magmatiques, métamorphiques) préexistantes et encaissantes autour de lui. Les roches qui se forment alors à proximité du pluton, les cornéennes, sont des matériaux très durs. Ce phénomène est appelé «métamorphisme de contact».
Voir pages 36-37, 99-100 et 122-123

N

Nuée ardente Avalanche de gaz brûlants mélangés à de très grandes quantités de cendres, de paquets de lave et de blocs, une nuée ardente dévale à grande vitesse les pentes d'un volcan en détruisant tout sur son passage lors d'une éruption qualifiable de «cataclysmale». De telles nuées ont anéanti la ville de Saint-Pierre lors de l'éruption de la montagne Pelée, en 1902, à la Martinique.
Voir pages 197, 198 et 224-225

Nummulite Foraminifère possédant un test calcaire en forme de disque aplati, évocateur d'une pièce de monnaie, d'où son nom issu du latin nummus, «monnaie», et du grec lithos, «pierre». Les nummulites ont pullulé dans certaines mers du Cénozoïque, au point que l'on nommait autrefois «Nummulitique» la période du Paléogène qui s'étend de – 66 à – 23 millions d'années. D'un diamètre moyen de 2 à 10 millimètres, elles peuvent toutefois atteindre une taille «géante» de 10 centimètres. La structure interne de leur test est formée de loges disposées en spirale autour d'une loge centrale où vivait le protozoaire. *Voir page 159*

O

Orgue volcanique Formations caractéristiques de certaines coulées de lave, les orgues volcaniques présentent l'aspect de prismes de section hexagonale. Elles se façonnent par rétraction de la lave dans des conditions de refroidissement progressif et régulier. Des prismes se forment alors perpendiculairement à la surface de refroidissement. Si les contraintes de rétraction sont très homogènes, la section des prismes tend vers l'hexagone. *Voir page 198*

Orogenèse Ensemble des étapes tectoniques donnant naissance à une chaîne de montagnes.
Voir page 265

Ouverture océanique Mis en mouvement par la tectonique des plaques et les contraintes divergentes qui en découlent, les continents se rapprochent ou s'écartent, engendrant dans ce dernier cas de nouveaux espaces océaniques. Une ouverture océanique débute par la formation d'un fossé d'effondrement, ou rift, accompagné de remontées volcaniques. Le phénomène peut s'arrêter à ce stade – c'est le cas de la vallée du Rhin (Alsace) – ou se poursuivre. L'étape suivante est marquée par un élargissement du fossé, une intensification du volcanisme et l'apparition de lacs – c'est la situation actuelle du grand rift africain (Rift Valley).
Puis les eaux marines envahissent progressivement le domaine, tandis qu'un plancher océanique se constitue par intensification des venues volcaniques. La mer Rouge en est un exemple. La poursuite du phénomène au fil des millions d'années ouvre un espace océanique de plus en plus large, comme celui de l'océan Atlantique. Les vitesses d'expansion océanique, le long des dorsales, varient en moyenne de 2 à 15 centimètres par an selon les secteurs. La Terre présentant un volume constant, les ouvertures océaniques sont compensées par autant de fermetures qui se traduisent par les phénomènes de subduction et de collision. *Voir pages 12 à 15*

P

Paléogéographie Reconstitution des géographies et des paléomilieux, la paléogéographie cartographie à la lumière des données géologiques et géophysiques les époques passées de l'histoire de la Terre. Elle se traduit notamment par la réalisation de cartes paléogéographiques, aussi bien à l'échelle locale qu'à celle des continents, illustrant dans ce cas leur répartition à la surface de la Terre à différentes périodes. *Voir pages 22 à 24, 150, 168 et 177*

Paléozoïque Ère géologique qui a duré de – 541 à – 252 millions d'années.
Voir page 272

Pénéplaine Une pénéplaine, ou surface d'aplanissement, est une zone géographique relativement plane, de type plateau, sans grande dénivellation, phase ultime de l'érosion d'une ancienne chaîne de montagnes.
Voir pages 106-107 et 124-125.

Pillow-lava Dénomination anglo-saxonne et la plus généralement usitée pour nommer les laves en coussins émises sous l'eau. *Voir Coussin de lave*

Plage perchée, plage fossile
Ancienne plage soulevée en altitude par le jeu des mouvements relatifs entre le niveau de la mer et le littoral.
Voir pages 98 et 118

Plateau continental Un plateau continental (marge ou plate-forme) est la partie d'un continent actuellement située sous le niveau de la mer. La plus grande partie des plateaux continentaux était exondée il y a encore 18 000 ans, lors du dernier maximum glaciaire, lorsque le niveau des mers et des océans était environ 120 mètres plus bas qu'aujourd'hui. Le plateau continental s'achève par un talus à la forte dénivellation qui le sépare des plaines océaniques abyssales.
Voir pages 12 à 15

Point chaud Certains volcans, comme le piton de la Fournaise dans l'île de La Réunion, ne correspondent pas aux deux grands phénomènes tectoniques responsables du volcanisme à la frontière des plaques que sont l'activité des dorsales océaniques et celle des zones de subduction. Ils appartiennent à un type de volcanisme hors contexte et intraplaque. Les laves qu'ils émettent sont de nature basaltique, avec une activité effusive de type volcan rouge. L'île de La Réunion correspond à un point chaud qui fonctionne par intermittence depuis plus de 100 millions d'années. L'activité de ce point chaud est à l'origine des fantastiques entablements de basalte du Deccan (trapps), dans la région de Bombay, en Inde, puis de la formation de la ride et de l'archipel des Maldives, de celui des Mascareignes avec les îles Rodrigues, Maurice et de La Réunion, elle-même née du piton des Neiges. Aujourd'hui, le point chaud y est responsable du volcanisme du piton de la Fournaise. *Voir pages 210 à 213, 220 à 222 et 233 à 235*

Polder Surface de terre artificiellement conquise – on parle

de « prise » – sur la mer, et isolée de celle-ci par des digues. Son niveau altimétrique est inférieur à celui des grandes marées hautes.
Voir pages 53-54, 62-63, 103 à 105, 128-129 et 138 à 141

Poulier Cordon de galets présentant l'aspect d'une flèche plus ou moins détachée de la côte. Il se forme par l'action des courants sur un littoral riche en galets, en particulier en bordure d'estuaire ou de baie.
Voir pages 63, 95 et 114

R

Rade À la différence d'une baie ou d'un golfe qui sont largement ouverts sur la mer, une rade est un bassin littoral en eau profonde, très protégé et doté d'une ouverture étroite. Elle permet à une flotte de navires de mouiller en sécurité, à l'abri des tempêtes. Nombre de rades sont occupées par des bases navales militaires, comme celles de Brest ou de Toulon. *Voir page 117*

Régression Phénomène inverse de la transgression, la régression correspond au retrait de la mer d'un territoire. *Voir pages 22 à 24*

Ria Terme d'origine espagnole qui désigne une morphologie littorale correspondant à une vallée littorale ennoyée par la montée du niveau marin lors de la dernière déglaciation.
Voir pages 115-116 et 184 à 186

Ride de courant, *ripple-mark*
Les rides de courant sont les traces en forme de petites crêtes allongées, régulières et relativement parallèles, formées par des courants (rides à flancs dissymétriques) ou la houle (rides à flancs symétriques) sur un fond constitué de sédiments meubles et fins. *Voir pages 43 et 118*

S

Schorre Secteur littoral de côte basse, couvert de végétation herbacée, le schorre – dit aussi « pré salé » ou « herbu » – est envahi par la mer lors des marées à fort coefficient.
Voir pages 103 à 105, 116 et 139

Slikke Zone vaseuse bordant un littoral, recouverte par la mer à chaque marée haute. Ce type de morphologie caractérise plus particulièrement les zones de balancement des marées dans les embouchures des fleuves littoraux, les rias, les abers et certaines baies.
Voir pages 103 à 105, 116 et 139

Stratotype Affleurement spécifique et localisé, un stratotype constitue la référence mondiale pour la définition d'un étage géologique donné. Au fur et à mesure de l'avancement des connaissances, les stratotypes évoluent. Voir pages 82 à 84.

Subduction Le phénomène de subduction – terme signifiant « conduire en dessous » – consiste dans le glissement « plongeant » d'une portion de lithosphère sous une autre : une plaque océanique sous une autre plaque, continentale ou océanique.
Voir pages 210-211 et 223 à 232

T

Taffoni Mot d'origine corse désignant une cavité arrondie de taille décimétrique à plurimétrique, façonnée par une érosion de type alvéolisation au sein de roches dures et grenues telles que les granites et les grès. *Voir pages 201 à 203*

Talus continental Le talus continental constitue le rebord d'un plateau continental. Il correspond à une importante marche altimétrique sous-marine, rupture de pente qui marque la limite entre le domaine continental de nature granitique et le domaine océanique de nature basaltique. Au niveau du talus, les profondeurs marines passent de – 200 mètres environ à – 3 800 mètres, profondeur moyenne des plaines abyssales. Au pied du talus continental se forme un glacis correspondant à une accumulation importante de sédiments en provenance de l'érosion continentale.
Voir pages 12 à 15

Tangue Sédiment des zones envasées du littoral de la Manche. C'est un matériau fin composé d'argile, de sable et d'une fraction non négligeable de boue calcaire. Gorgée d'eau, la tangue présente des caractéristiques thixotropiques importantes qui lui valent l'appellation de « sables mouvants ».
Voir pages 104-105

Test Enveloppe rigide, le plus généralement calcaire, de certains invertébrés et planctons tels que les oursins ou les coccolithophoridés.
Voir pages 68-69

Tombolo Cordon (ou flèche) de sable ou de galets, un tombolo relie entre elles deux terres émergées – deux îles, ou une île et le continent. Un tombolo accroche la presqu'île de Quiberon au littoral du Morbihan. La presqu'île de Giens (Var) est reliée à la côte par un double tombolo. *Voir pages 124-125, 167 et 190-191*

Transgression Une transgression correspond à une avancée progressive de la mer sur le continent. Elle peut résulter d'une montée du niveau marin ou de l'affaissement du continent.
Voir pages 22 à 24 et 52 à 54

Troposphère Partie de l'atmosphère comprise entre le sol et la stratosphère, responsable de l'effet de serre. *Voir pages 240-241*

Tuf, tuff Termes usités pour désigner deux roches différentes, d'aspect généralement vacuolaire et relativement tendres. Le tuf calcaire (tuf et travertin) est une roche de structure plus ou moins alvéolaire, formée le plus souvent dans un contexte de source pétrifiante.
Le tuf volcanique, ou tuff, est une roche formée par l'accumulation et l'induration de cendres et de scories volcaniques de petite taille pouvant englober gros blocs ou bombes.
Voir pages 81, 174-175 et 231-232

U

Uniformitarisme Hier comme aujourd'hui, aux mêmes causes, les mêmes effets. *Voir page 263*

Urgonien L'Urgonien n'est pas un étage géologique spécifique. Il correspond à un faciès récifal développé dans une mer chaude, constitué de couches calcaires épaisses datées du Crétacé inférieur (Barrémien, Aptien). *Voir pages 184 à 187*

BIBLIOGRAPHIE

J.-C. Audru, M. Le Roy, J.-P. Rançon.
Curiosités géologiques de la Martinique,
2015, BRGM, ORPHIE

S. Blais, M. Ballèvre, P. Graviou, J. Rolet.
Curiosités géologiques du Pays bigouden,
2011, BRGM, Éditions Apogée

O. Blein, J.-C. Audru, V. Cormier ; en collaboration avec F. Briand et S. Allen-Mahé.
Curiosités géologiques de Saint Pierre-et-Miquelon,
2017, BRGM, collectivité territoriale de Saint-Pierre-et-Miquelon

P. Bouton, C. Roy, J.-M. Viaud, G. Godard.
Curiosités géologiques du littoral vendéen,
2020, BRGM, conseil départemental de la Vendée

P. Bourbon, H. Théveniaut.
Curiosités géologiques de la Guyane,
2017, BRGM, ORPHIE

M. Caroff, B. Le Gall.
Curiosités géologiques du Léon : de l'île d'Ouessant à l'île de Batz,
2013, BRGM, Éditions Apogée

M. Caroff, B. Le Gall.
Curiosités géologiques de la baie de Saint-Brieuc au Mont-Saint-Michel,
2015, BRGM, Éditions Apogée

N. Charles.
Curiosités géologiques de l'Aunis et de la Saintonge,
2012, BRGM, Éditions Apogée

R. Couëffé.
Curiosités géologiques des plages du Débarquement en Normandie,
2019, BRGM

P. Graviou, E. Nowak, R. Maury, S. Blais.
Curiosités géologiques de la Polynésie française,
2013, BRGM, ORPHIE

P. Graviou, O. Guérin.
Curiosités géologiques de la Côte de Granit Rose,
2017, BRGM

P. Graviou, J.-P. Rançon.
Curiosités géologiques de la Mayotte,
2019, BRGM, ORPHIE

P. Graviou, E. Augier, E. Le Goff.
Curiosités géologiques du Morbihan,
2020, BRGM

E. Le Goff, M. Calvet, A.-M. Moigne.
Curiosités géologiques des Pyrénées-Orentales,
2018, BRGM, conseil départemental des Pyrénées-Orientales

T. Mulder.
Curiosités géologiques de la Gironde,
2016, BRGM, OCA

T. Mulder.
Curiosités géologiques de la Côte Basque,
2014, BRGM

M. Papillard, P. Jégouzo.
Curiosités géologiques du Pays de Guérande,
2017, BRGM

Y. Plusquellec et al.
Curiosités géologiques de la Presqu'île de Crozon,
2010, BRGM, Éditions Apogée, SGMB

Remerciements

L'auteur tient à remercier plus particulièrement :
Le Bureau de Recherches Géologiques et Minières, et son directeur de la Communication, Pierre Vassal, sans lequel ce livre n'aurait pas vu le jour ;
Frédéric Simien, géochimiste, pour sa relecture et ses photos ;
Gonéri Le Cozanet et Thomas Dewez, ingénieurs BRGM, pour leurs conseils et leurs documents ;
Hélène Fournié pour l'ensemble des schémas ;
Claire Lemoine pour sa relecture rigoureuse et ses corrections ;
Benjamin Heuzé – Justeciel - pour la maquette et la mise en pages du livre,
Les éditions Delachaux et Niestlé, Stéphanie Zweifel, éditrice, et Mathilde Blanchard, assistante d'édition, pour le suivi éditorial et la réalisation de l'ouvrage.

Pour l'accès à leur photothèque et le prêt d'un grand nombre de visuels :
L'Observatoire des Côtes d'Aquitaine (OCA) ;
Les Terres Australes et Antarctiques Françaises (TAAF).

Ainsi que les réserves naturelles du Sillon de Talbert, du courant d'Huchet, de la Baie de l'Aiguillon, de Camargue ; la Maison des minéraux de Crozon, les dunes de Flandre/DMG (lesdunesdeflandre.fr), le Centre de météorologie spatiale de Météo France, les offices de tourisme de Leucate, du Grau-du-Roi et d'Aigues-Mortes, et la mairie de Saint-Denis-d'Oléron.

Crédits photographiques

Toutes les cartes géologiques sont du BRGM. Tous les schémas sont d'Hélène Fournié – © BRGM (sauf page 264 b : © Gaëlle Guyétant). Toutes les photographies sont de François Michel, sauf :

1re de couverture h OCA ; 4e de couverture h Picturereflex ; m Michel Bureau/Biosphoto ; b Tuul/Robert Harding Picture Library/ Biosphoto.

L'espace littoral

p. 6-7 Pat on Stock/Fotolia ; p. 8 hd OCA ; p. 8 bg OCA ; p. 8 bd Gonéri Le Cozannet/ BRGM ; p. 9 bg Dominique Demouy ; p. 9 bd Nelly Gravier/TAAF ; p. 12 h Bernard Bachot ; p. 14 m Mairie de Saint-Denis-d'Oléron ; p. 14 b Ifremer ; p. 15 h Tharp et Heezen, 1977 ; p. 16 h Pascal Robin ; p. 20 bg Bernard Bachot ; p. 21 h Daniel Menet/IGN ; p. 21b Mairie de Saint-Denis d'Oléron ; p. 22 g Patrick de Giovanni ; p. 25 hd Jean-Michel Schroetter/BRGM ; p. 27 b OCA ; p. 29 h Alexandre Trouvilliez/TAAF ; p. 31 h Silke Blefeld SNPN ; p. 32 bd Frédéric Simien ; p. 45 h Hervé Conge ; p. 46 b et 47 bd : Aline Bué.

Le littoral du Bassin parisien

p. 48-49 Picturereflex ; p. 54 m Les Dunes de Flandre/DMG lesdunesdeflandre.fr ; p. 53 Archives de Hondschoot (Nord) ; p. 55 h et p. 56 hg Image'in/Fotolia ; p. 56 d Aline Bué ; p. 58 b et p. 59 m Gaëlle Guyétant ; p. 59 b Olivier Averbuch ; p. 62 b Alonbou/Fotolia ; p. 71 hg Pvince7/Fotolia ; p. 71 b Kruwt/Fotolia ; p. 75 hd DIGITALGLOBE 2007, avec la courtoisie d'Eurimage-Traitement GEOSYS ; p. 76b Anne-Lise Giommi.

Le littoral du Massif armoricain

p. 88-89 Michel Bureau/Biosphoto ; p. 91 h Gilbert Guyommarc'h ; p. 93 hg et mg Pierrick Graviou ; p. 94 hg USGS 2007-Traitement GEOSYS ; p. 101 g Marie-Noël Aubert ; p. 104 b Jean-François Delanoë/ Guide de la baie du mont Saint-Michel ; p. 114 g RNR du Sillon de Talbert ; p. 118 bg Maison des Minéraux ; p. 118 bm et bd Quentin Paulet/Maison des Minéraux ; p. 119 h USGS 2007-Traitement GEOSYS.

Le littoral du Bassin aquitain

p. 132-133 OCA ; p. 135 hm et hd OCA ; p. 137 m et mb Coll. musée de l'Abbaye Sainte-Croix, Les Sables-d'Olonne (Vendée)/ Jacques Boulissière, Franck Garreau ; p. 138 ONCFS-Réserve naturelle nationale de la baie de l'Aiguillon ; p. 142 g et 144 USGS 2007-Traitement GEOSYS ; p. 145 hg Mairie de Saint-Denis d'Oléron ; p. 146 b USGS 2007-Traitement GEOSYS ; p. 147 hg et mg Smiddest ; p. 147 bg Florent Kunzelmann/ Photo-Club du Mascaret ; p. 150 g USGS 2007-Traitement GEOSYS ; p. 151 b OCA ; p. 153 h AIMIE/Fotolia ; p. 153 b OCA ; p. 154 USGS 2007-Traitement GEOSYS ; p. 155 m et b OCA ; p. 157 hg Marie Bordier ; p. 158 OCA ; p. 159 hd Pierre Tarbouriech ; p. 162 h et 163 h et b OCA.

Le littoral du Bassin méditerranéen

p. 164-165 Georges Lopez/Biosphoto ; p. 168 hg Frédéric Simien ; p. 168 md Maurice Ribière ; p. 169 h Philippe Devanne/Fotolia ; p. 169 m LianeM/Fotolia ; p. 170 hg Lotharingia/ Fotolia ; p. 171 b Michel Bakalowicz/BRGM ; p. 176 USGS 2007-Traitement GEOSYS ; p. 177 b Frédéric Simien ; p. 178 et 179 Silke Befeld/ SNPN ; p. 186 hd Jean Clottes ; p. 190 Olivier Pastor/Communauté d'agglomération Toulon-Provence-Méditerranée ; p. 193 hg Dominique Rossie ; p. 196 bg Marie Tharp et Bruce Charles Heeze.

Les littoraux d'Outre-mer

p. 206-207 Tuul/Robert Harding Picture Library/Biosphoto ; p. 209 hg Alexandre Trouvilliez/TAAF ; p. 209 mg et md Nelly Gravier/TAAF ; p. 210 et 212 Séverine Bès de Berc/BRG ; p. 213 h Pierre Nehlig/ BRGM ; p. 214 Gabriel Barathieu/Biosphoto ; p. 215 bd Stréphanie Zweifel ; p. 216 h Dmitry/ Fotolia ; p. 217 hg Peter Scoones/Science Photo Library/Biosphoto ; p. 216 b Alexandre Trouvilliers ; p. 219 mg Gilbert Guyomarc'h ; p. 219 bd Nelly Gravier/TAAF ; p. 220 h René Carayol /BRGM ; p. 222 h Benoit Le Moigne/ BRGM ; p. 222 b Emmanuel Virin/IRT ; p. 224 b Alfred Lacroix ; p. 225 bg et bd Gilbert Guyommarc'h ; p. 228 m et b BRGM ; p. 233 h Frans Lanting/Mint Image/Biosphoto ; p. 233 b Gonéri Le Cozannet ; p. 234 hg Khy-Meng Nay/ BRGM ; p. 234 hm : Tahiti-Héritage ; p. 235 hg Sophie Lecacheux/BRGM ; p. 235 hd Gonéri Le Cozannet/BRGM ; p. 235 b : Justin Case/ Author's Image/Photononshop.

Impact du climat sur le littoral

p. 236-237 Patrick de Giovanni ; p. 238 h NASA ; p. 238 b Musée alpin, Chamonix-Mont-Blanc ; p. 239 hd Sébastien Mourot/TAAF ; p. 241 h Toa555/Fotolia ; p. 241 bg et 242 h BRGM ; p. 242 b Sébastien Mourot/TAAF ; p. 243 mg MODIS Land Rapid Response Team, NASA GSFC ; p. 243 bg Zacarias da Mata/Fotolia ; p. 243 bd Centre de météorologie spatiale-Météo France ; p. 244 h OCA ; p. 244 b Drew/Fotolia ; p. 245 bg Didier Leuliet/BRGM ; p. 245 hd OCA ; p. 245 md Jean Cestac ; p. 247 h et bd OCA ; p. 248 Jean-Paul Bichon/BRGM ; p. 249 h Daniel Monfort/BRGM ; p. 249 m Bernard Gautier/ Fotolia ; p. 249 bg et bd CNES ; p. 250 b BRGM/ULCO ; p. 251 h OCA ; p. 251 b Angélie Portal/BRGM ; p. 252 hg Astuti Briard/BRGM ; p. 252 bg Thomas Dewez ; p. 252 bd BRGM, d'après Montfort *et al*, 2012 ; p. 253 Pierre Pannet ; p. 254 h Thomas Dewez ; p. 254 b et 255 md : BRGM/T. Jacob in Pannet *et al*, 2015 ; p. 255 b Pierre Pannet/BRGM ; p. 256 h Laurent Renault/Fotolia ; p. 257 h OCA ; p. 257 bg ThamKC/Fotolia ; p. 257 bd Jean Cestac ; p. 258 h et m OCA ; p. 258 b OT La Grande-Motte (Hérault) ; p. 259 Rawpixel.com/ Fotolia ; p. 260 h Fly_and_Dive/Fotolia ; p. 260 b BRGM ; p. 261 h Christophe Fouquin/Fotolia ; p. 261 b Nice Matin/BRGM.

Espace et temps

p. 262 h Frédéric Simien ; p. 264 h Gaëlle Guyétant ; p. 268 b Armel Ménez/Maison des Minéraux-Crozon ; p. 271 h Frédéric Simien.